科教管理与创新战略研究文库

本书是上海市哲学社会科学教育学青年项目《理工科高层次人才成长规律及培育策略研究：基于生命历程模式》（编号 B1802）和华东理工大学基本科研业务费探索研究专项基金的研究成果。

华人精英科学家成长规律研究

过程特征及影响因素

高芳祎　著

上海交通大学出版社

内容提要

　　本书借鉴生命历程研究模式的理论框架,以汤森·路透集团遴选出的华人高被引科学家作为研究对象,勾勒其职业发展与知识生产随年龄变化的脉络,并探索影响其成长为顶尖人才的内外部因素和成长规律。

　　本书适合高等教育与人才学领域的研究者、科研政策制定者和管理者使用,亦可供对精英科学家成长感兴趣的广大师生参考。

图书在版编目(CIP)数据

华人精英科学家成长规律研究/高芳祎著. —上海:上海交通大学出版社,2020
(科教管理与创新战略研究文库)
ISBN 978 - 7 - 313 - 23941 - 9

Ⅰ.①华…　Ⅱ.①高…　Ⅲ.①科学工作者一人才成长-研究　Ⅳ.①G316

中国版本图书馆 CIP 数据核字(2020)第 203685 号

华人精英科学家成长规律研究：过程特征及影响因素
HUAREN JINGYING KEXUEJIA CHENGZHANG GUILÜ YANJIU:
GUOCHENG TEZHENG JI YINGXIANG YINSU

著　　者：高芳祎
出版发行：上海交通大学出版社　　　　　地　　址：上海市番禺路 951 号
邮政编码：200030　　　　　　　　　　　电　　话：021 - 64071208
印　　制：常熟市文化印刷有限公司　　　经　　销：全国新华书店
开　　本：710mm×1000mm　1/16　　　印　　张：14.75
字　　数：241 千字
版　　次：2020 年 12 月第 1 版　　　　　印　　次：2020 年 12 月第 1 次印刷
书　　号：ISBN 978 - 7 - 313 - 23941 - 9
定　　价：78.00 元

总　序

这是一个充满变数、急剧变革的时代。人类正经历百年未有之大变局，新一轮科技革命和产业变革正在重塑经济社会发展格局和人类生活面貌。大学当然不会置身事外。正如工业革命需求催生一大批新兴大学，进而倒逼古典大学在办学理念、学科设置、学术范式、培养模式上产生巨大革新一样，当前的大学也正面临着前所未有的挑战，经历着更加深刻、更为全面的变革。

从挑战的角度来看，如今对于大学在社会发展全局中的地位的认识似乎开始模糊起来。一方面，我们常说，随着经济社会的不断发展，大学已经远离象牙塔而走向社会的中心，日益成为社会的轴心机构；另一方面，对于大学还能否扮演社会发展中知识发源地、创新发动机的角色，已有不少怀疑的目光。究其原因，从根本上说，是人类面临挑战的日趋复杂化对大学发展提出了更为迫切和更为高端的需求。

就科技创新而言，很多发现、发明并非首先出现在大学，甚至与大学没有直接关系。大学在有组织研究和重大成果产出上，不断面临来自领军型企业、一流科研机构的挑战。

就人才培养而言，虽说是大学最核心、最传统的功能，一时半会尚难被其他社会机构所完全替代。但不容忽视的事实是，许多新兴科教机构已经抛开了传统的物理校园和教育组织体系，在招生与培养方式、课程体系、教学模式等方面进行了颠覆性变革。

再从大学内部的变革实践来看，传统的院系-学科结构正遭遇巨大挑战，跨学科、交叉学科机构和平台大量涌现，科学研究的范式和组织体系正在发生快速变化。以上种种，都说明大学如不顺势而为，勇于变革，真有被其他组织"挤出"

的危险。

"双一流"建设是当前国内影响高等教育系统运行最为强大的政策话语，可以说是吹响了中国高等教育迈向世界一流的冲锋号。核心政策诉求在于，以师资队伍和学科建设为基本抓手，通过一系列改革举措，强化质量和贡献导向，着力实现大学内涵式发展。

实践层面的挑战和变化也深刻影响着高等教育研究。在我看来，深入实践、回应需求、聚焦问题、讲求实证，应该成为高等教育研究必须做出的范式转变。高等教育正在发生着翻天覆地的变化，我们的研究不能只停留在过去，止步于经典，应当更多地关注现实，面向未来，做出更多能够创新理论、影响实践、引领发展的成果。

我们策划科教管理与创新战略研究文库，重要目的之一就是关注和回应迅速发展的实践变革，尝试回答其中的一些学术问题。我们把"科教管理"与"创新战略"合在一起作为丛书名称，体现着实践层面的发展趋势，当然另一方面也是为了有较好的覆盖面。文库聚焦全球视野下的中国科教管理与创新战略，主题涵盖人才培养、"双一流"建设、科技政策、院校管理等，将持续推出新品种，形成相关领域优秀学者成果展示的学术品牌和开放平台。

加入文库的作者，都是国内各大学的中青年骨干教师，长期从事与大学发展相关的学术研究，其中部分人兼有行政职务，具有学术研究与管理实践相结合的天然优势。难能可贵的是，他们当中的许多人有着较为密切的研究合作，并发表过高水平的研究成果。这对于提高著作质量无疑将会有很大帮助。丛书设计策划得到浙江大学中国科教战略研究院吴伟博士和上海交通大学出版社易文娟编辑的大力支持，在此表示衷心感谢。最后，我要感谢各位作者，是他们的不懈努力和严肃认真，使得丛书达到了一个较高的水平。

浙江大学教育学院院长、教授

顾建民

前　言

本书是在我博士论文的基础上修改而成的。当初选定这个主题,固然是出于"有价值选题"方面的种种考虑,也源自年少时起便埋藏心底的点点好奇。在中国接受教育的孩童,恐怕很少有不崇敬科学家、不对他们的成长经历感到好奇的。这种崇敬和好奇不仅表现在我们会将他们写进"我的理想"之类的命题作文,也表现在无数次对他们成为科学家、做出杰出贡献之历程的探求、想象,甚至演绎上。为了满足这种好奇心,年少时曾读过不少中外知名科学家的传记,这些传记也的确为我撩开了科学家神秘面纱的一角,但若要借此完整回答"优秀科学家是怎样炼成的"就远远不够了。而对这一问题的回答,在当今时代背景下已经日益显得迫切。

近年来,随着我国经济社会发展水平的提高,由"中国制造"向"中国创造""中国智造"的转变已经成为新的主攻方向,对人才发展的普遍需求势头不减,对尖端人才、领军人才的需要尤为突出。尽管改革开放以来,我国已逐步建成世界范围内体量居前的高等教育体系,在科技发展上也取得了一系列重大的、突破性的成就,令国人心心念念的首个诺贝尔科学奖也已于 2015 年获得,但"钱学森之问"仍然是一道横亘在科学界与教育界面前待解的艰深命题,如何立足本土,培养、引进、支持尖端人才、领军人才的体制机制环境建设仍需加强。

循着这一导向,国家、地方和高校皆出台了一系列旨在加强高层次人才队伍建设的政策,推出了各种级别的人才工程。例如,在人才强国战略背景下,具有标志性意义的《国家中长期人才发展规划纲要(2010—2020 年)》就提出了 12 项重大人才工程,向全球范围的顶尖科技人才伸出橄榄枝。高校也调整了科研奖励、办学质量评价标准等具体政策,向原创性、高级别的科研成果倾斜。这些政策的推出和实施目前已经取得了一些可见的成效,但同时也引发了一定的争议。

例如对在国际顶级期刊发表论文给予重奖的科研奖励政策，是否真能达到鼓励原创性成果的初衷，就曾吸引了来自不同视角的争鸣。对这些问题的回应关乎未来人才政策走势，更关系我国在重大历史机遇期，能否在从未如此接近中华民族伟大复兴的关键时刻，为之提供强韧的人才支撑和科技支持这一大局。而要想科学回答这些事关高端人才成长的政策问题，我们就必须回到事物自身规律，即高端人才成长规律的严谨探求上来。

　　那么，现有的相关研究是否足以回答这一时代问题呢？回顾相关的多学科发展历程，对精英科学家的成长、发展规律的探求虽未必像今日，有着明确的发展政策动因，但却在中外早已有之。其中，有从人才学角度揭示高层次人才结构和人才涌现需要的社会条件的，有从科学学和科学社会学角度研究科学精英脱颖而出的社会过程，有从心理学角度探讨创新型人才的思维特征，还有从教育学角度回应"钱学森之问"。总结起来，涉及精英科学家的学术研究多以呈现该群体的共时性特征数据为主，似乎很难回答"优秀科学家是怎样炼成的"这一历史性问题。解决这一问题需要引入新的研究视角。为此，本书借鉴了生命历程研究模式（life course research）的理论框架，将科学精英的学术生涯视为一个连续、流变的长时段人生轨迹，去勾勒其职业发展与知识生产随年龄变化的脉络，并探索影响其成长为顶尖人才的内外部因素。

　　确定了研究视角和框架，又该以哪些科学家为对象展开研究呢？从族裔背景出发，我们首先确定了华人精英科学家这一范围。但依据科学界的社会分层理论，即便是精英科学家内部，也包含多样的群体。在选取哪一群体展开研究方面，国内外研究者有不同的处理方式，且各有利弊。国外关于精英科学家的样本一般以诺贝尔奖获得者为主，但放在华人群体中就不那么适用了。毕竟，华人诺贝尔奖得主人数过少，无法构成有效样本。国内关于精英科学家的研究主要聚焦中科院院士，但早年院士的选择标准可能还无法与国际接轨。从本研究的目的出发，我们希望选择一个遴选标准在国际范围内受到认可，且有一定规模的学者群体。于是，近年来关注度迅速提升的高被引科学家就成为一个恰当的选择。高被引科学家在精英科学家群体中具有一定代表性，是在国际范围内依据相对客观的标准遴选出来的高层次人才，其中的华人科学家在规模上也能满足研究要求，而且在以往研究中关注相对不够。选择华人高被引科学家为研究对象既能满足回答本研究的研究问题的需要，也具有可行性。

这里需要对本研究作为数据来源的数据库版本选取问题做一特别说明。最早发布高被引学者名单的机构是汤森·路透集团(后重组更名为科睿唯安公司),汤森·路透首先于 2001 年,对引文数据库 Web of Science 收录的 1981—1999 年间的研究性论文和综述类文章进行定量分析,在计算作者所有论文总被引次数的基础上确定了第一批高被引研究者(highly cited researchers)。2013 年之前,数据库再次增补了近期发表的文章,更新了高被引学者名单。在这种统计口径下,科研人员的被引量与论文发表数量高度相关。因此,这一版高被引研究者以年长资深学者为主。2014 年之后,汤森·路透改变了统计口径,仅计算科研人员在过去十年间发表的高被引论文的总被引次数,遴选出的新高被引研究者以中青年学者为主。且 2014 年之后每年更新名单,入选人员变动较大。由于本书想要探讨的是精英科学家的成长机制,经历过长时段生命历程的年长资深学者显然是更理想的研究对象,能为我们提供一个透视科学家从青年到资深,再到衰老的完整轨迹。因此,本书最终确定将 2001 版高被引科学家作为研究对象。

尽管有强大的数据库作为数据来源,但并不意味着数据搜集整理工作就易如反掌。出于本研究的需要,笔者在研究初期不得不依据自行设计的框架选取、补充信息自建数据库。这项乍一听十分简单的工作却因一些起初想不到的原因,而在实际操作中变得困难重重,枯燥繁琐。尤其因为 Web of Science 数据库中的许多早期论文并没有和作者的 Research ID 关联起来,而作者又多采用"姓＋名首字母"的署名格式(如 Zhang, L),给确认高被引科学家的部分成果带来了极大困难,经常要在一篇论文作者的中英文姓名之间反复转换,以确认该篇论文是否这位作者的成果,耗费了大量时间精力。令我感动的是,我曾经给其中几位高被引科学家发邮件索要发表清单(publication list),有两位科学家迅速回复了我的问题。另外,师妹严婷婷、黄子明和魏巍在建设数据库后期阶段给予了我帮助,加速了研究进程。相比之下,搜集和分析质性资料则是一种非常享受的过程,仿佛找回了少时阅读传记的兴奋感,常常沉浸其中。

作为本研究成果的完整呈现,本书除导论外,共包含六章内容。第一章在对既往研究进行综述的基础上,介绍了本研究的问题、思路、方法与使用的数据库。第二章主要利用自建的三个数据库,对华人高被引科学家的成长周期及特征进行定量分析,探讨了华人高被引科学家 SCI 论文产出的数量和质量规律。第三章利用自建的数据库和高被引科学家的质性资料,对影响其成长的个人背景因素（包括人口学特征、社会出身、个人素质以及专业特征等）展开分析。第四章检视了在华人高被引科学家的求学经历和职业生涯中，哪些人曾对其产生过重要影响，以及产生了怎样的影响。第五章主要从高被引科学家学习或工作过的高等教育机构、工作机构、实验室和专业学会等视角探讨影响高被引科学家成长的组织内环境因素，并统计分析高被引科学家的职业流动规律。本书的最后一章则探讨了中国文化与科学精英成长的关系。

如果说这项研究的开展过程中也有"关键事件"，那么生命历程模式研究视角的确立首当其冲。这来自导师阎光才教授的点拨。阎老师在研究开展的过程中给予了我充分的信任和支持，他的鼓励令我有信心面对这样一个经验范畴之外的选题。每当研究陷入困顿时，我第一时间选择叨扰的对象总是阎老师，而他广阔的研究视野和娴熟驾驭跨学科问题的能力总能及时帮我厘清问题、指明方向。得遇阎师，平生所幸。当然，书中所有的错误和纰漏均由作者本人负责。

读博士期间，我受国家留学基金委资助，赴加州大学洛杉矶分校（UCLA）联合培养一年。期间正值构思博士论文的关键时期，外方导师瓦尔·鲁斯特（Val Rust）教授和玛丽安娜·拜奈什（Marijana Benesh）博士在很多方面给了我启发。另外，由于本研究的对象皆为自然科学领域的学者，对笔者的知识结构形成一定挑战。在这方面，不少理工科专业的亲友，包括但不限于电子科技大学郭矿副研究员、北京航空航天大学张超博士、北京大学口腔医院马婷博士等在研究过程中提供了不可或缺的帮助。感谢你们不厌其烦地帮我解决问题，甚至周末深夜还帮我联系汤森·路透的工作人员。

感谢笔者目前任职的华东理工大学高教所周玲所长及各位同事对本书出版的关注和支持。在华理高教所工作期间与一些科学家的直接、间接接触，为基于生命历程的研究添加了生动的经验基础，入职以来在团队熏染下取得的些许专业成长，也为本书的修改成型增益良多。最后，要特别感谢上海交通大学高教院刘莉博士的推荐和上海交通大学出版社易文娟女士、顾越女士辛苦细致的工作！

本书的完成得到上海市哲学社会科学教育学青年基金和华东理工大学基本科研业务费探索基金的资助，是上述基金项目的主要成果。

高芳祎

2020 年 7 月于华东理工大学

目　录

图 目 录

表目录

导　论

一、问题提出

知识经济时代的社会发展越来越取决于科学技术的创新,而科技创新在很大程度上又取决于高层次创新人才的成就。因此,高层次创新型科技人才已经成为一国核心竞争力的重要标志,也是当今国际人才竞争的焦点。无论是发达国家,还是发展中国家,都在不断完善自身的人才战略和政策,力争打赢这场针对"全球最稀缺资源"的"人才战争"[①]。近年来,中国政府先后颁布了《国家中长期科学和技术发展规划纲要(2006—2020)》《国家中长期人才发展规划纲要(2010—2020)》《国家中长期教育改革和发展规划纲要(2010—2020)》三个纲领性文件,均把培养造就高层次创新型科技人才摆在突出位置。[②] 2015 年 11 月,国务院在《统筹推进世界一流大学和一流学科建设总体方案》中进一步强调要"强化高层次人才的支撑引领作用,加快培养和引进一批活跃在国际学术前沿、满足国家重大战略需求的一流科学家、学科领军人物和创新团队"。

我国在这场人才争夺战中起步较晚,甚至一度成为全世界人才外流最严重的国家之一。中国科协 2008 年的统计表明,自 1985 年以来,清华大学高科技专业毕业生的 80%,北京大学的 76% 去了美国;从 2006 年开始,清华北大已经成为美国大学博士生来源最多的两所院校,被《科学》(Science)杂志称为"最肥沃

---

① 王辉耀. 人才战争:全球最稀缺资源的争夺战[M]. 北京:中信出版社,2009.
② 王剑,孙锐,陈立新等. 我国高层次创新型科技人才培养的若干问题研究[J]. 科学学与科学技术管理,2012(8).

的美国博士培养基地"。① 随着中国高等教育的跨越式发展,高等教育的规模快速扩张,科技人力资源的总量虽然已跃居世界前列,且伴随一系列人才强国政策的出台,留学回国人员数量也已大幅度上升,甚至有相关部门负责人表示"中国的人才外流现象已得到根本扭转"②,但无论是我们自己培养的科技人才,还是留学归国人员当中,高层次创新人才数量都十分稀少,甚至可以说严重匮乏。③

对高层次创新人才需求的迫切与高层次创新人才匮乏的现实之间的落差,驱使人们去寻求其中的原因和解决之道。近年来一个尤为引人关注的现象就是围绕"钱学森之问"而展开的热烈讨论。"钱学森之问"源于我国著名科学家钱学森先生晚年对于我国大学未能培养出"杰出人才"的遗憾和忧虑,得到社会广泛关注。根据徐月红、岳贤平(2014)对钱学森相关谈话和所著文章的分析,钱老所谈的"杰出人才"主要指"具有创新能力和科学技术发明的创造性和领军型人才,而不是为经济社会发展做出贡献的一般性杰出人才"④。而针对"钱学森之问"展开的长期讨论,以及2015年⑤以前每年诺贝尔奖颁奖前后都会热闹一阵的对"中国人为何得不了诺贝尔奖"的追问,都反映了社会各界对于我国高层次创新人才匮乏的焦虑。

探寻我国缺乏高层次人才的原因非常重要,它可以帮助我们检讨在人才选拔、培养和使用环节存在哪些不适宜高层次创新人才脱颖而出的桎梏,并尝试对其加以突破和改进。但究竟如何改进,还需要我们去深入了解精英科学家的成长过程及影响因素,把握他们的发展特点和成长规律。唯其如此,才能通过系统的制度安排和有针对性的政策,来创造一个有利于高层次创新人才成长、发展并发挥作用的环境,逐渐依靠自己的力量培养出精英科学家,并对我们的国家建设

---

① 王辉耀. 人才战争：全球最稀缺资源的争夺战[M]. 北京：中信出版社,2009：导言,Ⅷ.

② Rachael Pells. End in sight for Chinese brain drain as investment pays off. [EB/OL]. [2018 - 2 - 28] [2019 - 6 - 12]. https://www. timeshighereducation. com/news/end-sight-chinese-brain-drain-investment-pays.

③ 科技部课题组. 高层次创新型科技人才队伍建设专题研究报告[A]. 中央人才工作协调小组办公室、中共中央组织部人才工作局. 国家人才发展规划专题研究报告[R]. 北京：党建读物出版社,2011：207 - 230.

④ 徐月红,岳贤平."钱学森之问"的内涵、实质及其效应——兼与林炎志教授商榷[J]. 中国教育学刊,2014(12).

⑤ 2015年,我国学者屠呦呦获得诺贝尔生理学奖,这是中国科学家因为在中国本土进行的科学研究而首次获诺贝尔科学奖.

以及社会发展做出贡献。毕竟,高层次创新人才的培养、使用和吸引"总体上都是从高层次创新人才的自身特点与成长规律出发,以营造人尽其才的良好环境为核心","人才竞争在根本上是人才制度优势的比较"①。

关于精英科学家的成长特点和规律,国外曾有大量相关研究,而且已经取得了不少颇有启发性的结论。但由于其研究对象主要是诺贝尔奖获得者等特定群体,且以外国科学家为主,和华人相比有着传统文化、个人成长环境、教育经历等诸多方面的差异,其研究结论是否适用于华人科学家,还有待检验。而对于华人科学家成长规律的研究,近些年来在数量上逐步增多,研究质量也有较大提升,但研究对象主要选取的是国内的顶尖级科学家,如中科院院士、国家最高科学技术奖获得者②等,相对于我国当前全球化时代主要缺乏国际性高层次创新人才的现实,其研究结果也存在一定的局限性。综合上述考虑,本书选取了华人高被引科学家作为研究对象——他们一方面拥有华人的特点,另一方面又具有国际化的背景。聚焦该特殊群体,对其专业发展特点和成长因素等展开研究,有助于弥补现有研究的不足,为我国高层次创新人才的培养、选拔、使用及其环境营造提供参考。

二、概念界定

理论上,高被引科学家可归于科学精英群体。在西方,"精英"一词最早出现于17世纪的法国,指"精选出来的少数"或"优秀人物"。1916年,意大利社会学家帕累托最先提出"人们在文化和社会生活中的每个部门中所表现出来的能力和成就上的差别,造成了社会上明显的等级制度,在每种等级制度中的高层人物可以称之为'精英'"。③帕累托在这里把精英地位的获致与人们所具备的异于常人的才能与成就联系起来,所谓"精英",就是在文化和社会生活各部门中因具备高超能力或取得过人成就而获得较高社会地位的人。

精英现象存在于不同的社会领域,而科学界被公认带有明显的精英主义色

---

① 科技部课题组.高层次创新型科技人才队伍建设专题研究报告[R]//中央人才工作协调小组办公室、中共中央组织部人才工作局.国家人才发展规划专题研究报告.北京:党建读物出版社,2011:210-211.
② 李祖超、李蔚然、王天娥.24位国家最高科学技术奖获得者成才因素分析[J].教育研究,2014(12).
③ 转引自:陈其荣、廖文武.科学精英是如何造就的:从STS的观点看诺贝尔自然科学奖[M].上海:复旦大学出版社,2011:29-30.

彩，甚至相比其他专业团体来说，科学从业者本身就是一个占据较高社会地位的精英群体。那么能否因此说所有的科学家都是科学精英呢？显然不是。就如威廉姆·布罗德（William Broad）所说："在某种意义上，科学是一个名流体系（celebrity system），科学的社会组织鼓励形成一个精英集团。科学精英集团的成员们控制着科学奖励制度，他们通过同行评议制，在科学资源的分配上握有主要发言权。"①不难看出，这里所谓的"科学精英"指的科学社会组织中那些"精英中的精英"，即那些在科学领域取得卓越成就，并处于学术系统顶层的少数学者。② 他们在科学界享有的威信，主要是根据其在所从事的知识领域做出的贡献大小以及获得的同行认可来划分等级的。约翰·齐曼（John Ziman）甚至认为科学内部系统的功能要想正常履行，很大程度上需要依靠松散地结合在一起的精英学者，而他们的地位主要得之于个人的科学成就。③

　　基于科学精英在科学界的重要地位及特殊的影响力，已有不少学者聚焦这一群体开展了大量研究，其中受关注度最高的莫过于诺贝尔自然科学奖得主和国家科学院院士。哈里特·朱克曼（Harriet Zuckerman）在 1970 年代运用帕累托鉴别精英的方法，描绘出美国科学界的金字塔分层结构，将处于顶端的诺贝尔奖获得者和科学院院士命名为"超级精英"。④ 科尔兄弟（Cole & Cole）探析了科学界的分层模式，认为占据最高层级的是爱因斯坦、普朗克等科学天才，之下是诺贝尔奖得主或国家科学院院士等组成的精英阶层，再往下则是那些在所在领域的高级别科研机构中占据着学术要职的科学家。⑤ 曹聪的研究将拥有极高的荣誉和学术权力的中科院院士作为中国科学精英的代表，认为这些学者处于中国科学等级制度金字塔的顶端。⑥ 此外，随着各领域重大科学奖项（不包括诺贝尔奖金）的相继设立，获奖者也被纳入科学精英的范畴。

　　根据科学家获奖及取得院士等荣誉称号的情况筛选科学精英并对其展开研

---

① 转引自：李醒民. 论科学中的精英主义[J]. 社会科学论坛，2010(1).

② 阎光才. 学术系统的分化结构与学术精英的生成机制[J]. 高等教育研究，2010(3).

③ [英]约翰·齐曼. 元科学导论[M]. 刘珺珺等译. 长沙：湖南人民出版社，1988：115.

④ [美]朱克曼. 科学界的精英——美国的诺贝尔奖金获得者[M]. 周叶谦，冯世则译. 北京：商务印书馆，1979：10.

⑤ [美]乔纳森·科尔，斯蒂芬·科尔. 科学界的社会分层[M]. 赵佳苓等译. 北京：华夏出版社，1989：45.

⑥ Cao, Cong. China's scientific elite [M]. New York：Routledge Curzon，2004.

究,这无疑是一个很好的切入点,但也有两个弊端。其一,能够获得各种科学大奖和院士称号的科学家毕竟太少,在科学这一具有高度竞争性的领域,有些科学家尽管没能获得大奖或成为院士,其对本领域研究的发展影响并不小,从贡献来讲也堪称"科学精英",而上述标准显然把这部分科学家排除在外了。其二,以获奖及是否为院士作为标准来遴选"科学精英"属于事后追溯,只能把已经功成名就且得到认可的科学家选出来,却把正处于"上升期",已经开始发挥影响力,但还没有获奖或取得荣誉称号的一些科学家排除在外,而这部分科学家事实上已经在本领域发挥"科学精英"的作用了。因此,要想对科学精英开展更为全面的研究,需要选取更为精细的判断标准,扩大研究对象。而在这方面,自 20 世纪中叶出现以来,如今日益成熟,在科学成果评价上影响力日增的各大引文索引指标,是很重要的参考依据。

进入 20 世纪以来,科学知识呈指数递增趋势,无数科研成果刚刚问世旋即沉寂在浩如烟海的论文堆中。判断一名科学家的科研实力越来越多地依赖于对其创新成果影响力的评价。由此,各种相关配套的评价指标与工具应运而生。在这样的现实需求下,1958 年尤金·加菲尔德(Eugene Garfield)创建了美国科学信息研究所(The Institute for Scientific Information,ISI),致力于提供科学信息服务工作。该机构后来陆续推出了 Web of Science、科学引文索引(Science Citation Index,SCI)、社会科学引文索引(Social Sciences Citation Index,SSCI)、期刊引用报告(Journal Citation Report,JCR)[①]、基本科学指标(Essential Science Indicators,ESI)[②]、世界专利索引(Derwent Innovations Index,DII)等一系列数据库。1992 年,ISI 被汤森科技医疗集团收购,逐渐演变为后来的汤森·路透科技集团(Thomson Reuters)。

在 ESI 的基础上,汤森·路透创建了"高被引科学家数据库"(highly

---

① 由汤森·路透集团编辑出版的用于期刊分析与评估的数据库,收录了全世界 7 000 多种学术期刊,分为自然科学专辑和社会科学专辑,每年都会更新。

② 由汤森·路透 2001 年推出的衡量科学研究绩效、跟踪科学发展趋势的基本分析工具。是基于 Web of Science 数据库所收录的全球 8 500 多种学术期刊的 900 万多条文献而建立的计量分析数据库。它从引文分析的角度,针对 22 个 ESI 专业领域,分别对国家、研究机构、期刊、论文以及科学家进行统计分析和排序,用户可以从该数据库中了解在一定排名范围内的科学家、研究机构、国家和学术期刊在某一学科领域的发展和影响力。在 22 个学科领域里涵盖了 Web of Science 十年来的数据。

cited researchers)[①]。首先于 2001 年,汤森·路透对 Web of Science 数据库收录的 1981—1999 年间的研究性论文和综述类文章进行统计分析,最终列出了包括自然科学和社会科学在内的 22 个领域中 SCI 论文累积被引用次数最高的 7 000 多位研究者,每个领域大约 250 位。2013 年之前数据库还曾增补更新过名单,加入了近期发表的文章。这一版的评量依据是在不区分作者排名的前提下,计算某位学者所有论文的总被引次数。一般来说,发表数量大,被引次数自然更多,特别是随着时间的累积会越来越多。因此,这一版名单主要筛选出了那些发表数量可观且被引量大的资深学者。

为了避免这种统计方法可能存在的"以量代质"的缺陷,激励目前仍活跃在前沿一线的中青年科学家,2014 年起,汤森·路透集团改变了对高被引学者的统计口径,不再采用总被引次数,而只考虑学者在过去 10 年间所发表的高被引文章(ESI 中总被引次数排在各领域前 1% 的论文)的累积被引次数,最终在全球遴选出 22 个专业领域约 3 200 位高被引学者。此后,每年 11 月会根据最新数据公布一版新名单。自 2017 年起,高被引科学家名单由科睿唯安公司对外发布。

无论根据何种遴选标准,高被引科学家名录中的研究人员都是我们这个时代最杰出的科研精英。他们对各自的科研领域产生了巨大的影响,而且作为一个整体受到越来越多的关注。自 2002 年起,汤森·路透每年都会利用 Web of Science 数据库,根据研究成果的总被引频次来分析和预测最有影响力的研究者,并授予这些人员"汤森·路透引文桂冠奖"。这一奖项被科学界视为预测诺贝尔奖的"风向标"。事实上,从 2002 年首度颁发至 2017 年,汤森·路透(后改为科睿唯安)已经成功预测出了 46 位诺奖得主。[②] 可见,高被引科学家确实是高水平创新成果的主要产出者,他们既与我们关注最多的传统科学精英群体存在相当程度的交集,同时,甄选标准又存在差异。

在此基础上,本书进一步聚焦汤森·路透高被引科学家中的华人群体,以回应当前对我国高层次创新型科技人才培养和管理的关注。所谓"华人",在词典

---

① 2016 年 10 月,Onex 公司(Onex Corporation)与霸菱亚洲投资基金(Baring Private Equity Asia)宣布完成了对汤森·路透知识产权与科技事业部的收购,独立出来的公司正式被命名为科睿唯安公司(Clarivate Analytics)。

② 科睿唯安. 科睿唯安引文桂冠奖 Citation Laureates 预测诺贝尔奖的"风向标"[EB/OL]. [2019 - 06 - 06]. https://clarivate.com.cn/citation-laureates/.

中的解释是"中国人""取得所在国国籍的有中国血统的外国公民"①。可见,华人不是依据国籍划分,而是一个族裔概念。本书采用这一界定,选取具有中国血统的高被引学者,并不局限于其是否具有中国国籍。不过,考虑到在国外出生成长的"华二代"及之后的华人科学家的早期生活体验和受教育环境与他们成长于中国的同侪相去甚远,不具有可比性。为了保证研究样本在一定程度上的同质性,本书将华人科学家进一步界定为早年在中国(包括大陆及港、澳、台地区)成长,曾在国内接受过教育的有中国血统的自然科学研究者。无论他们现任职哪里,入籍何处,皆被称为华人科学家。这个群体包括在中国(包括大陆及港、澳、台地区)机构工作的中国籍科学家,和目前身处海外机构的第一代华人移民科学家,而生于海外的二代或三代华裔科学家则不包括在内。

基于以上分析,本书所指的华人科学精英,需要同时满足三个条件:①有中国血统;②曾有在中国生活和受教育经历;③被汤森·路透科技集团统计为高被引作者的自然科学家。

三、研究意义

本书试图为完善人才学理论、学术政策及管理制度提供参考,其理论与实践价值主要体现在以下三个方面:

(一) 丰富对高科技人才成长规律的认识

对科学家成长规律的正确把握,是做好科技人员发现、培养、推荐及使用工作的重要理论基础与智力源泉。我国自 20 世纪 70 年代末 80 年代初提出"尊重知识,尊重人才"的口号后,一度出现了一个专门研究人才成长规律的"人才学"学科。随着社会经济发展对科技人才的需求日益旺盛,对于科技从业者,特别是高层次创新型科技人才成长规律的研究逐渐增多,在研究对象上已经覆盖了诸多的高科技人才群体,包括近现代中外的战略科学家、诺贝尔奖获得者、国家最高科技奖得主、国家科学院院士等。倘若能够将针对不同高层次人才群体的研究结果加以综合比较,必将有助于我们发现并总结高科技人才成长发展的一般规律。不过,尽管现有研究已覆盖到诸多群体,但仍不免遗漏。譬如本书选取的样本对象——华人高被引科学家,国内外的相关研究就非常少。这个群体的成

---

① 中国社会科学院语言研究所词典编辑室. 现代汉语词典(第 5 版)[M]. 北京:商务印书馆,2005:585.

员既具有华人的族裔特征和华人地区的生活教育经历，同时又是在各自领域中最有成就的国际级科学家。对其成长过程和影响因素的研究，能够拓展人才学的研究范围，丰富对高科技人才成长规律的认识。

（二）为解决我国高科技创新型人才培养问题提供镜鉴

进入知识经济时代，任何一个国家欲谋求发展，都不得不深度参与一场人才培养、选拔和使用的竞争。当前我国的高层次创新型科技人才主要依赖引进，科学人才培养模式无法满足我国对人才的需求，而如何培养造就自己的精英科学家已经成为我国教育界和科技界亟待解决的问题。与西方科学精英相比，华人科学家在种族文化、成长环境、教育传统等诸多方面存在很大差异。只有了解华人精英科学家的成长机制，在科研人员的培养过程中全面把握理解影响科技人员成才的各种中介变量，才能更有效地推动科研人员的培养，打赢这场高层次创新科技人才的攻坚战。

（三）为改善我国科研环境政策提供参考

良好的科研环境有利于科技人才潜心研究，激发其创造力，对推动一国科技水平进步、实施创新驱动发展战略具有重要的意义，甚至可以说是解决我国高层次创新人才培养与使用中的深层次矛盾的关键环节。当前科学界对我国科研环境和科技政策的诟病颇多。据中科院科技政策与管理科学研究所课题组对我国科研人员展开的大样本调查，创新管理和文化氛围正在取代科技投入不足，成为阻碍我国科研环境改善的主要问题。另外，日益增长的科学从业者对工作自主性的需求与行政化的科技管理体制之间的冲突，也已经成为制约我国宏观科技管理制度发挥影响的主要矛盾之一。研究发现，科技人才的层次越高，占据的研究资源越多，往往对科研环境的质量要求也更高，尤其表现在对科学自主性和所在单位科研管理水平的要求通常更高。[①]　因此，知晓高层次创新型人才的特征和需求，充分了解适宜华人科学精英成才的科研体制和环境，有利于政府决策部门和各类科研机构探索更加符合科技创新活动和人才成长规律的宏观与微观管理机制，为改善我国科学创新政策与制度环境助力。

---

① 冷民，宋奇.我国科研环境状况调查与评估：让科研人员专心做研究[N].光明日报，2014-04-01.

第一章
文献述评与研究设计

第一节　文献述评

虽然近年来科学界对于高被引科学家的关注度迅速提升,但以该群体为对象的学理性研究仍然比较少,且既有研究多以国外学者针对某一个专业领域高被引科学家的分析为主。因此,笔者在对高被引科学家的相关研究进行尽可能详尽的梳理之外,还搜索了针对其他精英科学家的更为成熟的相关研究,以期为我们建立华人高被引科学家的分析框架提供借鉴。

一、高被引科学家的相关研究

作为美国科学信息所(ISI)的创建者和最早关注高被引科学家的学者,尤金·加菲尔德(Eugene Garfield)自20世纪70年代起发表了一系列文章,探讨了论文引用频次的研究价值,确定了不同学科高被引科学家的名单,还检验了发表被引量对诺贝尔奖的预测性。[①] 随着越来越多的学者加入该领域研究阵营和科学引文数据库的渐趋完善,新近研究者在以下六个方面对该群体展开了更深入的研究。

(一) 高被引科学家的地理分布与流动特征

由于高被引群体表现出显著的地区集聚特征,高度集中在北美和西欧,特别

---

① 尤金·加菲尔德发表的系列论文均可通过个人网站获得:http://www.garfield.library.upenn.edu/

是当代世界科技中心美国（McIntosh 1989；Batty 2003；Basu 2006；Parker *et al*. 2010；Kim 2018），因而地理分布成为该群体最受关注的特征。巴苏（Basu，2006）统计了 1981—1999 年高被引科学家的国别，发现美国科学家在高被引群体中的比例高达 67%，占绝对优势，且这种情况具有跨学科的普遍性。汤森·路透涵盖的所有学科门类中，来自美国机构的高被引科学家占比在 40%—90% 之间。他们发表了占全世界总量 1/3 的科学文献，获得了全世界一半的引用数量。① 巴蒂（Batty，2003）对人文社科和数学领域之外的高被引科学家进行研究发现，有一半的高被引科学家分布在美、英、德、加拿大、日本五国的共 50 个机构中，且绝大多数在美国。30% 的高被引科学家集中在 20 所机构，其中 18 所分布在美国。他将高被引科学家最集中的地区更细致地定位至美国西海岸、华盛顿-波士顿地区、芝加哥地区、纽约科研三角地、欧洲大陆和伦敦市中心。② 对个别学科的研究也证实了这一点。1989 年的研究结果显示，生态学领域大多数高被引作者都来自北美和西欧③。20 年后的研究发现这一趋势愈加明显，环境科学和生态学领域超过 93% 的高被引科学家来自北美和西欧，71% 的科学家分布在美国和加拿大。④

　　至于呈现这种地理分布特征的原因，有学者认为高被引科学家群体规模的差别与一国经济发展水平、科技投入水平、高等教育发展水平和社会经济发展程度存在正相关。⑤ 也有学者采用地理优势累积效应来解释高被引科学家的集聚特征（Parker *et al*. 2010）。通常情况下，研究者更倾向引用本国学者的学术成果，其他使用相同语言、有相似文化背景地区的学者受到关注的机会也更大。两种解释均反映出科技人才的地区集聚与全球经济与文化发展的不平衡有关。

① Basu, A. Using ISI's 'Highly cited researchers' to obtain a country level indicator of citation excellence [J]. Scientometrics, 2006,68(3)：361 – 375.
② Batty, M. Citation geography：it's about location [J]. The Scientist, 2003,17(16), available at：http://jmichaelbatty. files. wordpress. com/2011/06/batty-scientist-2003. pdf.
③ McIntosh, R P. Citations classics of ecology [J]. The Quarterly Review of Biology, 1989,64(1)：31 – 49.
④ Parker, J N, Lortie, C, Allesina, S. Characterizing a scientific elite：the social characteristics of the most highly cited scientists in environmental science and ecology [J]. Scientometrics, 2010,85(10)：129 – 143.
⑤ 刘少雪. 面向创新型国家建设的科技领军人才成长研究[M]. 北京：中国人民大学出版社,2009：59 – 70；蒋莉莉、杨颉. 未来 10 年我国高校高层次知识创新人才预测——基于高被引科学家的研究视角[J]. 科技管理研究,2011(22).

同时,高被引科学家又具有明显的国际流动特征(刘云、杨芳娟 2016),超过一半的高被引学者有海外工作经历。通常每 15—16 年,他们会迁移到另一个国家在新的环境中开展科学研究。分子生物学领域将近 1/3 的高被引科学家选择到美国从事独立研究或合作研究。而数学领域高被引科学家的国际交流最为频繁①。不过近年来也有研究揭示出,这种迁移特征在科学家职业发展的不同阶段存在差别。邓侨侨等(2014)发现,从学士到博士阶段,高被引科学家从出生国向美国集聚,其中加拿大、英国、以色列和澳大利亚等国家和中国台湾地区向美国集聚的人数最多。从博士到初职阶段,高被引科学家向美国集聚的趋势减弱,主要来源于 G7 集团②中除美国之外的其他国家。从初职到现职阶段,高被引科学家呈现从美国逆向集聚的现象,大批高被引科学家从美国迁出至澳大利亚以及中国香港、中国台湾等亚太地区。日本作为 G7 集团成员之一,该国精英学者的流动特征也符合这种趋势(喻恺等 2013)。绝大多数日本高被引科学家都在本国顶尖大学获得博士学位,但在职业生涯的早期阶段又曾赴海外科研机构短期(5 年以内)工作过。最常见的情况是博士毕业后立即出国从事专职研究工作,其中又以博士后和研究助理的职位居多。③

谈及原因,邓侨侨等(2014)认为,美国高等教育在全球处于领先地位,拥有数量最多的世界一流大学,对人才的迁移形成了拉力,因此高被引科学家在求学阶段多选择美国。从博士毕业到初职阶段,科学家往往被美国良好的科研环境、完善的人才政策与全球科技中心的优势地位所吸引,愿意在此开启自己的学术职业历程。而对于已经进入职业成熟期的人才而言,一批科学精英从美国逆向集聚,可能与其他国家优化科技体制与工作环境、改善人才生活境遇、增强自身的集聚力有关。④

除了国际流动特征之外,高被引科学家在不同机构之间的流动频次也受到研究者的关注。刘俊婉(2011)对分子生物学与遗传学、物理学、化学、数学和计算机科学五个领域的高被引科学家人才流动特征的计量分析显示,多数高被引

---

① 刘俊婉.高被引科学家人才流动的计量分析[J].科学学研究,2011(2).
② 缩写词,Group of Seven,即西方七国集团首脑会议,成员国包括美国、英国、加拿大、日本、德国、法国和意大利.
③ 喻恺,田原,严媛.日本高被引科学家的成才路径研究[J].教育学术月刊,2013(10).
④ 邓侨侨,王琪,刘念才.国别迁移:高被引科学家美国集聚的特征与原因分析[J].清华大学教育研究,2014(4).

科学家的机构流动频次在 2—5 次之间，每经过 6—7 年更换一个新的工作单位，这样的频次比中国科技工作者要频繁。①

综上所述，高被引科学家的地理分布以欧美地区，特别是美国为主，多数有海外研究经历，具有显著的国际流动特征，只是在不同的职业阶段表现不同。该群体的机构流动频次通常在 2—5 次之间，高于中国科学家。

（二）高被引科学家的学术产出特征

对高被引科学家学术产出的已有研究集中关注论文发表数量、研究绩效和产出领域三方面。

一般来说，被引次数与论文发表数量存在关联。刘俊婉（2013）统计了高被引科学家发表的论文数及年均论文数后发现，高被引科学家发表论文的数量比普通科学家高得多，2/3 的高被引科学家的论文总量集中在 100—400 篇之间。高被引科学家的论文产出力比较接近，在不同论文数量级上的人数分布比较均衡。不过，他们的论文发表数量也并非无限制增长，达到某种数量级之后就不再继续上升了。其次，高被引科学家的年均 SCI 论文发表数量同样可观，约为 7 篇。不过不同学科之间存在差异，从自然科学领域到社会科学领域，从偏实验性的领域到偏理论性的领域，高被引学者的年均发文量呈现递减趋势，医学领域科学家的论文产出力尤其突出。②

目前，h 指数是学界比较公认的能够反映科学家研究绩效与影响力的指标，影响 h 指数的因素包括科学家发表的论文数和对应论文的引证频次。有研究者对分子生物学与遗传学领域部分高被引科学家的 h 指数进行了分析（张晓阳、金碧辉2007），发现不同年代科学家的 h 指数呈现一定的成长规律：①高被引科学家在研究生涯活跃阶段持续发表的论文及其引证频次促进 h 指数线性成长；②高被引科学家不再发表论文后，前期论文的后续引证次数推动 h 指数仍在一定时期呈现对数型成长；③中老年高被引科学家的 h 指数存在组间差异。③ 帕克等（Parker *et al.*，2010）对高被引科学家发表同行评议论文的经历进行了调查，平均有 71% 的文章首次投出就被接收，被接收率在 75%—100% 之间。论文

---

① 刘俊婉. 高被引科学家人才流动的计量分析[J]. 科学学研究，2011(2).
② 刘俊婉. 高被引科学家论文产出力的计量分析[J]. 情报杂志，2013(10).
③ 张晓阳，金碧辉. 高被引科学家 h 指数成长性探讨[J]. 科学学研究，2007(6).

发表前的被拒绝次数平均有 0.58 次,不过这一数据的离散程度比较高。[①]

此外,高被引科学家在研究方面明显更倾向于理论问题。通常情况下,涉及面更广的理论研究比应用研究能够获得更多的关注和引文数(Parker *et al*. 2010)。而不同国家的科研优势领域不同(Kim 2018)。美、英两国在所有 21 个专业领域中都分布有高被引学者,美国在生命科学领域表现尤其突出。中国在化学、工程和材料科学领域的表现值得关注。[②] 具体而言,中国大陆地区的科研优势集中在材料科学、化学和物理学等领域;中国香港地区的科研优势集中在计算机科学、化学、材料科学、工程科学、生物医学科学等领域;中国台湾地区的科研优势集中在材料科学、计算机科学、化学、物理学、生物医学科学、传染病学等领域。[③] 目前,对高被引科学家研究成果跨学科特征的讨论并不多见。王志楠等(2016)聚焦经济与商业领域,对高被引学者论文的跨学科特征进行了分析,认为该领域研究的专业性较强,知识流动和扩散主要集中在领域内相似学科。[④]

(三) 高被引科学家参与大学管理的情况

总体看来,高被引科学家参与大学高层管理的机会非常有限,在晋升过程中存在"玻璃天花板效应"(Ioannidis 2010)。他们用于服务管理的时间仅比研究时间多一点(Parker *et al*. 2010)。约安尼蒂斯(Ioannidis)列举的证据是,虽然美国高被引科学家人数有 4 009 人之多,但在 96 所美国一流研究型大学中,仅有 6 位大学校长(presidents or chancellors)是高被引科学家。77 所英国大学中,仅有 2 位高被引科学家担任副校长(vice-chancellor)职务,而英国该科学精英群体的总数为 483 人。在国际排名前 100 位的临床医学专家和 100 位生物与生化学家中,各有 1 名曾担任过校长一职。此外,约安尼蒂斯统计出了全美累积引文量排名前 25 位的大学,对其校长的学术背景进行考察后发现,只有 12 位校长拥有博士学位,这 12 名中又有 5 名的学术发表 *h* 指数小于 1.0。表明最优秀

① Parker, J N, Lortie, C, Allesina, S. Characterizing a scientific elite: the social characteristics of the most highly cited scientists in environmental science and ecology [J]. Scientometrics, 2010, 85(10): 129 – 143.

② Kim, J. 聚焦高被引科学家[J]. 莫京译. 科学观察, 2018(5).

③ 易勇, 戚巍. 我国高被引科学家科学覆盖地图特征的计量分析[J]. 科技进步与对策, 2012(15).

④ 王志楠等. 高被引学者论文跨学科特征分析——以经济与商业领域为例[J]. 科学学研究, 2016(6).

大学的校长通常并非是最杰出的学者。①

不过有研究表明，如果高被引科学家担任高层管理者，可能会对整个大学的科研产出产生积极影响。古德奥等（Goodall *et al.*）通过访谈 26 名英美大学校长，并统计他们的终身被引用次数，发现当大学任命杰出学者担任校长若干年后，大学的研究表现会得到显著提升。产生这种效果的原因有四点：第一，知名研究者拥有来自学界同行的尊重和信任，校长权威的合法性既源自这种公信力，同时又扩展了管理者的权力与影响力。而且，有研究经历的管理者对教师的工作和生活更具有共情能力，容易获得教职员工的支持。第二，在偏重研究的机构，学术型管理者精通大学的核心工作，他们的管理决策受到专业知识的影响，往往会选择将研究与招聘杰出学者放在工作首位，而这恰恰是提高大学学术声誉的最重要因素。第三，大学校长通常是研究质量标准的制定者。只有自己先达标才能树立起管理其他人员的威信。第四，优秀研究者担任校长对内、对外都能起到了一种信号效应（Signaling Effect），宣告着大学对知名学者的认可和尊重。②

（四）高被引科学家的年龄特征

自然年龄作为人口统计学的一项重要特征，在不少关于高被引科学家的研究中都曾涉及（Garfield 1981；Parker *et al.* 2010）。不过已有研究关注更多的另一项特征是高被引科学家发表高被引成果的年龄区间，也就是高被引学者一般在什么年龄发表了他们最受瞩目的研究成果。尽管相关研究数量不少，但研究结论缺乏一致性，不同学科之间差别明显。

生物医学领域科学家发表高被引成果的年龄集中于 31—35 岁之间，之后论文产出力逐渐降低。该学科几个次级研究领域的情况也存在差异，其中临床医学类科学家的学术巅峰年龄出现得稍晚一些，在 36—40 岁之间（Falagas *et al.* 2008）③。分子生物学与遗传学和物理学两个领域高被引学者的论文产出力

---

① Ioannidis, J P. Is there a glass ceiling for highly cited scientists at the top of research universities? [J]. The FASEB Journal, Dec. 2010, 24: 4635 - 4638.

② Goodall, A H. Highly cited leaders and the performance of universities [J]. Research Policy 2009, 38 (7): 1079 - 1092.

③ Falagas, M E, Ierodiakonou, V, & Alexiou, V G. At what age do biomedical scientists do their best work? [J]. Journal of the Federation of American Societies for Experimental Biology. Dec. 2008, 22: 1 - 4.

峰值集中在 40—55 岁,但科学家 55 岁后的学术产出依然表现突出。刘俊婉(2009)分析了分子生物学与遗传学领域 70 岁左右的高被引科学家的学术经历后发现,他们 55 岁之后发表的论文数量甚至占到一生论文发表总数的 50%,绝对是一支不能被忽视的科研力量。[①] 缪亚军等(2013)采用"学术年龄"(即第一篇论文发表的年份记作学术年龄元年)的计量方式,发现物理学高被引科学家的学术影响力与生产力最佳学术年龄区间分别为[9,28]与[15,38]。此外,他们还发现:①杰出科学家在早期职业阶段更多关注研究的质量而非数量;②学术影响力与生产力均存在较长时间的衰退期,且学术影响力活跃程度高于学术生产力。③科学家可能在多个年龄阶段做出有影响力的科研成果,但论文产出存在累积效应,累积到一定程度后论文产出边际递减。[②]

(五) 高被引科学家的资源占有与合作研究行为

总体来看,高被引科学家占有的研究资源比一般科学家要多,具体表现在他们获得的科研经费数额更多,实验室规模也更大一些。帕克等认为马太效应可能在其中发挥了重要作用。但出人意料的是,即便在精英阶层内部,资源分配也存在极大的分层差异。研究者发现这种差别部分源自国别的不同,美国科学家的年均经费远多于其他国家的科学家;部分源自次级领域资源分配的不均,比如,同一专业领域内部偏理论的次级领域占有的经费和人员都相对较少。以环境科学和生态学领域的高被引学者为例,绝大多数科学家都拥有自己的实验室团队,平均人数为 11 人,最少的仅有 1 人(实验室主任除外),最多的有 39 名成员。他们获得的外部经费数额也差异悬殊,有 6% 的科学家每年可获得超过 100 万美元的研究经费,而他们大多数同事的年均经费数额少于 50 万美元。且这种经费数量差别与高被引科学家的年龄之间没有显著相关。[③]

刘云等(2016)对化学领域高被引科学家的论文合作关系进行分析发现,化学领域高被引科学家的国家合作网络呈现以美国为中心向四周辐射的结构,美国著名大学在合作中占据绝对中心位置并发挥了信息桥梁作用。高被引科学家

---

① 刘俊婉.高被引科学家论文产出力的年龄分析[J].科研管理,2009(5).

② 缪亚军,戚巍,钟琪.科学家学术年龄特征研究——基于学术生产力与影响力的二维视角[J].科学学研究,2013(2).

③ Parker, J N, Lortie, C, Allesina, S. Characterizing a scientific elite: the social characteristics of the most highly cited scientists in environmental science and ecology [J]. Scientometrics, 2010,85(10): 129 – 143.

的科研合作行为不断加深。①

(六) 高被引科学家的其他特征

此外，还有个别研究涉及高被引科学家的性别、生活方式等其他特征。

关于高被引科学家性别结构的专门研究比较少见，多是在相关研究中略有提及，且研究结论具有高度一致性，即男性在高被引科学家群体中占据绝对的性别优势(Garfield 1981；Trifunac 2006②；Parker *et al*. 2010)。关于性别结构差异的解释很多，包括男女承担的家庭责任不同、性别歧视的存在、研究专业化程度的差异等③，这些解释在正文部分还会做具体阐述。

最后，还有一些比较偏门却不乏趣味的研究，如阿玛丽娅·马斯贝莱达(Amalia Mas-Bleda)等学者对欧洲高被引科学家在个人网站上链接学术成果的行为以及应用社交网络的情况进行了调查，并探讨了不同学科的行为差异。④ 还有研究者对杰出科学家的饮酒量感兴趣，发现高被引学者的平均周饮酒量比美国人均周饮酒量多 2.5 杯，但超过一半的高被引科学家每周饮酒量不多于 6 杯。⑤

(七) 对已有研究的评论

综上所述，从研究主题来看，关于高被引科学家的研究主要集中在地理分布、人员流动、发表高被引成果的年龄区间等方面，涉及该群体的社会性特征及学术生命周期的研究明显不足。

---

① 刘云等. 高被引科学家论文合作关系研究[J]. 科研管理，2016(4).

② Trifunac, M D. On citation rates in earthquake engineering [J]. Soil Dynamics and Earthquake Engineering，2006，26：1049 - 1062.

③ Wenneras, C, Wold, A. Nepotism and sexism in peer review [J]. Nature, 1997, 387：341 - 343. / Leahey, E. Gender differences in productivity：research specialization as a missing link [J]. Gender and Society，2006，20(6)：754 - 780.

④ Amalia Mas-Bleda, Mike Thelwall, Kayvan Kousha, Isidro F. Aguillo. Successful Researchers Publicizing Research Online：An Outlink Analysis of European Highly Cited Scientists' Personal Websites [EB/OL]. [2014 - 9 - 4]. http://www. scit. wlv. ac. uk/~ cm1993/papers/ SuccessfulResPublicizing-preprint. pdf. /Amalia Mas-Bleda, Mike Thelwall, Kayvan Kousha, Isidro F. Aguillo. European Highly Cited Scientists' Presence in the Social Web [C]. 14th International Society of Scientometrics and Informetrics Conference, Vienna, Austria, 15th to 20th July 2013.

⑤ Parker, J N, Lortie, C, Allesina, S. Characterizing a scientific elite：the social characteristics of the most highly cited scientists in environmental science and ecology [J]. Scientometrics，2010，85(10)：129 - 143.

从研究方法来看,已有研究基本都采用定量分析,具体而言包括问卷调查法、简历内容分析法,以及科学计量学的方法。定性研究方法非常少见,也许与该群体人数稀少、地理分布分散,以及具有独特的科学气质有关。

从所涉及的专业来看,汤森·路透的高被引科学家数据库一共涵盖 21 个专业领域,已有研究多选择个别领域进行分析。物理学作为一门古老经典的学科,分子生物学与遗传学作为当代生物学中最活跃的领域往往被用作研究样本。不过关于高被引科学家的研究如果仅涉及某一个或几个学科,研究对象来源单一,所得出结论势必存在学科局限性。

此外,受作者掌握语言的局限,目前所见的中英文文献中关于某国高被引科学家的专门性研究较为稀缺。特别是围绕中国高被引学者,多以描绘群体或某个学科子群体的基础性特征为主(易勇、戚巍 2012;黎苑楚等 2015①;尹志欣、王宏广 2017②;陈月从 2017③),或与某发达国家高被引学者的特征展开比较(张军、慕慧鸽 2016④;赵兵等 2017⑤),极少有关注中国高被引科学家长时段成长历程的专门研究。以上留白都为本研究的开展留下了广阔的空间。

二、其他精英科学家的相关研究

相比于高被引科学家的研究,国内外关于科学精英的研究更多集中于诺贝尔自然科学奖获得者和科学院院士身上。如科尔兄弟所言,在高度分层的科学体制中,仅次于少数几位科学天才之下的就是赢得了最高科学荣誉的诺贝尔奖获得者或者国家科学院院士,他们共同位列科学界的最高阶层。⑥ 针对这两类群体的考察不仅数量远远多于高被引科学家的相关研究,分析维度也更加全面。因此对这两类科学精英的既有研究进行综述,能够为完善本研究的分析框架提供借鉴。

① 黎苑楚等. 我国高被引作者群体属性研究[J]. 科技进步与对策,2015(5).
② 尹志欣,王宏广. 顶尖科学人才现状及发展趋势研究[J]. 科学学与科学技术管理,2017(6).
③ 陈月从. 基于 Clarivate Analytics 和 InCites 的图书情报学科高被引科学家及高被引论文分析[J]. 情报学报,2017(11).
④ 张军,慕慧鸽. 中德国立科研机构高被引论文核心作者特征状况研究[J]. 情报杂志,2016(2).
⑤ 赵兵,郭才正,钱景. 基于 Clarivate Analytics "Highly Cited Researchers"的中美高被引科学家分析[J]. 农业图书情报学刊,2017(7).
⑥ [美]乔纳森·科尔,斯蒂芬·科尔. 科学界的社会分层[M]. 赵佳苓等译. 北京:华夏出版社,1989:44.

（一）关于诺贝尔自然科学奖得主

诺贝尔自然科学奖作为科学界公认的最高奖励，其得主亦是世界瞩目的科学巨匠。关于诺奖得主的个人传记在市场上大量存在，同时还有大批学术专著与论文对该群体进行专门研究。本研究仅对学术性资料进行考察，发现该领域文献集中关注以下几个问题：

1. 人口统计学特征，特别是从事获奖研究的年龄

一般而言，了解人口统计学特征是深入分析某个特殊群体的基础。已有研究统计过诺贝尔自然科学奖获得者的国籍（许光明 2003[①]；沈登苗 2010[②]）、性别（许光明 2003）、所属机构（许光明 2003）、宗教信仰（文刀 2002[③]）等变量，其中受关注程度最高的是诺奖得主从事获奖研究的年龄（朱克曼 1979；Stephan & Levin 1993；许光明 2003；薛风平 2006；刘群峰 2007；Rablen & Oswald 2008；陈九龙、刘琅琅 2010；陈其荣、廖文武 2011；Jones & Weinberg 2011）。

传统观点认为，科学是年轻人的游戏，而这一点在科学天才身上体现得尤为明显。部分研究也支持这一结论。以研究过程中间点计算，1951—1972 年间诺奖得主完成获奖研究工作的平均年龄为 39.9 岁。[④] 建模研究表明，美国诺奖得主在 13 岁时就具备一定的创新能力，至 38.17 岁创新能力达到顶峰。[⑤] 1901—2003 年间，四个学科的诺贝尔奖得主取得获奖成果的平均年龄为 40.16 岁，其中以 35 岁取得成果的人数最多。诺奖得主的黄金创造期集中于 26—46 岁之间。[⑥] 斯蒂芬和莱文（Stephan & Levin）发现，杰出科学成就大多完成于科学精英的中青年时代。科学家 40 岁之后的研究获得诺贝尔奖的几率大幅降低。[⑦] 不过，新近研究却发现了不同的趋势。至 2000 年，诺贝尔物理学奖获得

① 许光明. 摘冠之谜——诺贝尔奖 100 年统计与分析[M]. 广州：广东教育出版社，2003.

② 沈登苗. 诺贝尔奖得主的国别奥秘[J]. 世界博览，2010(20).

③ 文刀. 诺贝尔奖得主与宗教信仰[J]. 西北民族研究，2002(4).

④ [美]朱克曼. 科学界的精英——美国的诺贝尔奖金获得者[M]. 周叶谦，冯世则译. 北京：商务印书馆，1979：232.

⑤ 万文涛，余可锋. 从美国诺贝尔奖得主的成长曲线看其创新教育[J]. 比较教育研究，2008(7).

⑥ 薛风平. 物理学、化学、医学、经济学诺贝尔奖获得者取得成果年龄分布模型[J]. 哈尔滨工业大学学报（社会科学版），2006(1).

⑦ Stephan, P E, Levin, S G. Age and Nobel Prize revisited [J]. Scientometrics, 1993, 28(3)：387 - 399.

者在 40 岁前做出获奖成果的比例只有 19%,化学领域接近 0,分别与 1900 年的接近 1/3 和 2/3 形成巨大反差。[1] 这里还需注意,不同学科间的差异还是明显存在的。一般认为物理学家比化学学家和生理学家做出杰出成果的平均年龄要小(Simonton 1988[2];Stephan & Levin 1993)。

相较之下,对诺奖得主获奖年龄的研究反而不多。有学者得出了获奖年龄呈正态分布的结论[3]。宋新民(1993)发现,诺奖得主在 40 岁以前大都达到他们学衔的最高职。[4] 刘少雪(2012)将诺贝尔奖获得者从取得博士学位到评上教授或研究员的这段时期称为"创新能力激发阶段",认为这是科学精英创新工作最出色的时段。[5] 此外还有一些关于年龄的看似荒诞的研究,如拉伯伦和奥斯瓦德(Rablen & Oswald 2008)发现诺奖得主的寿命普遍比提名者要长[6];还有学者对诺奖得主的出生月份进行了统计,试图探讨出生季节与人的聪明程度之间的关系,结果当然是没有什么联系了(刘群峰、熊辉 2008;朱安远等 2013)。不过这也折射出诺贝尔奖金获得者受关注程度之高,方方面面都被曝露在无影手术灯下接受"解剖"。

2. 从事获奖研究的科学机构及职业流动情况

诺贝尔自然科学奖获奖研究诞生的场所大多集中在世界一流大学及知名实验室,包括剑桥大学的卡文迪许实验室和分子生物学实验室、冷泉港实验室、美国的劳伦斯伯克利国家实验室、国立卫生研究院、洛克菲勒研究所、德国的马克斯·普朗克研究所和马普学会等,都是诺贝尔奖历史上不可忽视的机构(豪尔吉陶伊 2007;郭奕玲、沈慧君 2000;陈其荣、廖文武 2011)。1901—2011 年间,剑桥大学、哈佛大学、哥伦比亚大学、加州大学伯克利分校和巴黎大学孕育出的诺贝

---

① Jones, B F, Weinberg, B A. Age dynamics in scientific creativity [J]. Proceedings of the National Academy of Sciences, 2011,108(47): 18910-18914.

② Simonton, D K. Age and outstanding achievement: What do we know after a century of research? [J]. Psychol Bull, 1988,104: 251-267.

③ 刘群峰. 诺贝尔奖得主获奖年龄之统计分析[J]. 统计与决策,2007(11).

④ 宋新民. 从诺贝尔奖得者任教授及获奖时的年龄看——我国人才管理的不足及对策[J]. 科学学与科学技术管理,1993(12).

⑤ 刘少雪. 大学与大师:谁成就了谁——以诺贝尔科学奖得者的教育和工作经历为视角[J]. 高等教育研究,2012(2).

⑥ Rablen, M D, Oswald, A J. Mortality and immortality: The Nobel Prize as an experiment into the effect of status upon longevity [J]. Journal of Health Economics, 2008,27(6): 1462-1471.

尔自然科学奖数量最多。① 诺贝尔生理学奖获得者集中的机构大多属于高水平创新基地，有充足的科研经费、良好的实验条件与学术氛围；有利于原创性的基础研究体制与机制，有一批世界一流水平的科学家。② 郭奕玲、沈慧君（2000）分析了诺奖高产的机构——剑桥大学卡文迪许实验室③，伟大的研究往往形成于研究氛围浓厚的环境中，自由、民主和不拘小节的交流是宝贵的财富。④

　　刘少雪对诺贝尔奖获得者的职业经历进行分析发现，诺奖获得者的职业迁徙频度高，且具有明显的学科差异。他们在职业发展的不同阶段选择任职机构的倾向性也不同。在学术积累尚不足时，科学精英们更倾向于保持职业相对稳定；但当事业发展到一定程度后，多数诺奖得主会选择流动到世界知名大学。适当的职业迁移能为科学精英提供更好的发展机会。⑤ 就国际迁移的地域特征来看，美国是诺贝尔奖获得者跨国迁移的最大受益国。⑥ 第二次世界大战后，出于躲避战祸，追求更好的科研环境和优厚待遇的目的，大批诺贝尔奖获得者从世界各地流向美国，直接促成了科学中心从欧洲向美国的转移。⑦

3. 家庭出身与教育经历，特别是师承关系

　　社会学观点认为，父母的教育观念与教养方式能够影响子女的职业选择和职业价值观。同时，家庭出身能够在一定程度上影响个人的职业成就。部分诺贝尔奖得主从事科学职业的机缘与其家庭环境有重要的关系（豪尔吉陶伊2007）。朱克曼梳理了美国获奖者的家庭背景后发现，有 82% 的获奖者父亲是专业技术人员、经理或企业主，比普通人的家庭出身优越得多。不过朱克曼认为，影响作用最大的应当是家庭教育环境而非单纯的经济富裕。⑧ 陈九龙和刘

① 陈其荣，廖文武.科学精英是如何造就的——从 STS 的观点看诺贝尔自然科学奖［M］.上海：复旦大学出版社，2011：129.

② 段志光.诺贝尔生理学或医学奖成因研究［D］.武汉：华中科技大学博士学位论文，2005.

③ 郭奕玲，沈慧君.诺贝尔奖的摇篮——卡文迪许实验室［M］.武汉：武汉出版社，2000.

④ ［匈］豪尔吉陶伊.通过斯德哥尔摩之路——诺贝尔奖、科学和科学家［M］.节艳丽译.上海：上海世纪出版社，2007：174.

⑤ 刘少雪.大学与大师：谁成就了谁——以诺贝尔科学奖获得者的教育和工作经历为视角［J］.高等教育研究，2012(2).

⑥ 薛风平.百年诺贝尔奖获得者跨国移居流向的时空分析［J］.山东科技大学学报（社会科学版），2005(3).

⑦ 许光明.摘冠之谜——诺贝尔奖 100 年统计与分析［M］.广州：广东教育出版社，2003.

⑧ ［美］朱克曼.科学界的精英——美国的诺贝尔奖金获得者［M］.周叶谦，冯世则译.北京：商务印书馆，1979：93.

琅琅(2010)对外籍华裔诺奖得主的家庭出身所做的研究也佐证了这一结论。① 在科学社会学学者看来,这就是一种相加的优势累积效应的表现。

一般而言,家庭教育环境良好的子弟,其接受的学校教育通常也比较规范。有学者探讨了美国基础教育在培养诺贝尔奖得主中的奠基作用②,不过更多的研究则聚焦于高等教育经历的影响(朱克曼 1979;刘亚俊等 2008;陈九龙、刘琅琅 2010;刘少雪 2012)。百年间,培养诺奖获得者最多的院校包括剑桥大学、哈佛大学、哥伦比亚大学、加州大学伯克利分校、麻省理工学院等世界顶尖名校(陈其荣、廖文武 2011③;刘少雪、庄丽君 2011④)。尚和托格勒(Chan & Torgler)对1901—2000 年诺贝尔物理学奖、化学奖、医学奖得主的获奖生命周期进行研究后发现,教育背景能够影响他们未来获得的承认。在英美受教育的获奖者比其他同侪的获奖机会更多。化学奖获得者中剑桥大学与哈佛大学的毕业生更加成功,物理学奖获得者中毕业于哥伦比亚大学和剑桥大学的科学家往往表现得更加突出;生理学或医学奖得主中以哥伦比亚大学的毕业生最多。⑤ 这再一次印证了世界一流大学在科学精英的培养过程中存在优势累积效应。鉴于剑桥大学在诺贝尔奖排行榜上多年来始终雄踞榜首,陈巴特尔等(2013)从宏观、中观和微观三个层面来考察剑桥大学的教育生态环境,说明杰出人才的成长与外部环境和内部机制皆存在密切的联系。⑥

导师作为科学家教育经历与职业经历中的重要引路人,在科学精英的成长过程中扮演了极其重要的角色。他们的科学敏锐度能帮助学生迅速捕捉到有发展潜质的研究问题,他们的治学态度对处于快速成长期的后辈学人的职业生涯

---

① 陈九龙,刘琅琅. 从科研主体角度探讨外籍华裔科学家获得诺贝尔奖的缘由[J]. 西安交通大学学报(社会科学版),2010(4).
② 张向葵. 美国基础教育在培养诺贝尔奖得主中的奠基作用及其启示[J]. 外国教育研究,2008(8).
③ 陈其荣,廖文武. 科学精英是如何造就的——从 STS 的观点看诺贝尔自然科学奖[M]. 上海:复旦大学出版社,2011:126.
④ 刘少雪,庄丽君. 研究型大学科学精英培养中的优势累积效应——基于诺贝尔奖获得者和中国科学院院士本科就读学校的分析研究[J]. 江苏高教,2011(6).
⑤ Chan, Ho Fai, Torgler, Benno. The implications of educational and methodological background for the career success of Nobel laureates: an investigation of major awards. Scientometrics [EB/OL]. [2014-7-16][2014-9-19]. http://link.springer.com/article/10.1007%2Fs11192-014-1367-7.
⑥ 陈巴特尔,黄芳,陈安吉尔. 剑桥大学何以造就科学精英——基于教育生态平衡的研究[J]. 清华大学教育研究,2013(4).

可能产生终身影响，他们广泛的学术网络有助于初出茅庐的年轻科学家更顺利地进入科学场域。师从名师是诺贝尔奖获得者的又一项显著特征（朱克曼1979；刘亚俊等2008）。1972年前在美国从事其获奖研究的诺奖得主中，有一半以上的获奖人曾在诺奖获得者前辈的手下当过学生、博士后研究员或低级合作者。[①] 有学者分析了诺贝尔物理学奖得主的获奖工作与博士论文的关系以及导师对获奖者的作用，认为诺奖得主博士阶段的学习和研究工作是其成为一流科学家的关键。从一名普通科学工作者成长为一流科学家的周期长短在很大程度上取决于获奖者博士阶段的研究工作。[②]

4. 科学明星的个性特质

作为科学界最闪耀的明星，公众常常会好奇诺奖得主究竟具备何种异于常人的个性禀赋，才能成为亿万人中独树一帜的成功者。于是，有不少学者尝试分析这一群体的性格特质。"打破常规，敢于向传统理论挑战""孜孜不倦，钟情科学研究""顽强不屈，坚忍不拔""思维敏捷，意志力惊人"等多为人们所津津乐道（豪尔吉陶伊2007；陈九龙、刘琅琅2010；陈其荣、廖文武2011）。看问题具有独特的视角，特别是认知的客观性倾向非常明显。[③] 具备多学科知识背景，勇于跨越不同"范式"的边界，是取得重大原创性成果需要具备的基本素质。[④] 此外，在选择研究方向、解决科学问题时，诺奖得主具有一种特别的科学直觉（scientific intuition）引领他们在科学道路上前行。[⑤]

5. 获奖研究的社会组织形式及被引用的情况

已有研究总结，荣膺诺贝尔奖的研究成果大都是通过合作完成的（朱克曼1979；陈其荣、廖文武2011），且这一协作趋势从19世纪末开始越来越显著。联合研究具有多种形式，获奖工作大多由2—3位合作者完成，有些合作者实力旗

① ［美］朱克曼.科学界的精英——美国的诺贝尔奖金获得者［M］.周叶谦，冯世则译.北京：商务印书馆，1979：140.

② 刘亚俊，王黎明，覃孟扬.科学家之路：从博士研究生到诺贝尔物理学奖得主［J］.大学物理，2008(7).

③ Shavinina, LV. Scientific talent: the case of Nobel laureates ［M］// Shaivinina(ed.). International handbook on giftedness. Springer Science＋Business Media B. V.，2009：649 - 669.

④ 陈其荣，廖文武.科学精英是如何造就的——从STS的观点看诺贝尔自然科学奖［M］.上海：复旦大学出版社，2011.

⑤ MartonF, Fensham P, Chaiklin S. A Nobel's eye view of scientific intuition: Discussions with the Nobel prize-winners in physics, chemistry and medicine (1970 - 86)［J］. International Journal of Science Education，1994,16(4)：457 - 473.

鼓相当,有些则在经验上相差悬殊。[①] 但善于合作是科学家从事创新性工作的基本素质。对青年诺奖得主科研选题的研究也发现,博士生与导师合作研究的课题属于获奖成功性较大的类型之一。[②]

诺奖获得者的论文被引用情况亦是较早受到研究者关注的议题之一(Garfield 1992;Mazloumian et al. 2011;郭红梅等 2011;李江 2014[③];鲍玉芳、马建霞 2015)。加菲尔德发现,诺奖得主普遍是超级"引文明星",论文被引次数远远高于一般科学家。因而他认为,论文被引次数对于诺贝尔奖是有预测性的。[④] 还有学者发现,科学家在摘得诺贝尔奖桂冠后其突出贡献论文的被引次数呈爆炸式增长,同时还会拉升他们其他论文的被引用次数。[⑤] 这种引用行为很可能是马太效应的一种表现。

6. 对诺贝尔奖获得者中特殊群体的研究

1) 华裔诺贝尔奖获得者

截至 2019 年,自诺贝尔奖设立以来已有九位华人科学家获此殊荣(不包括文学奖),他们俨然已成为全体华人的骄傲。陈九龙和刘琅琅(2010)从华裔诺奖得主的人生阅历、所处环境、所受教育、科学态度与精神、思维方式等角度探讨了华裔科学家获得诺贝尔奖的缘由。[⑥] 不过,在 2015 年屠呦呦获得诺贝尔生理学奖之前,关于中国本土科学家长期缺席诺贝尔奖的现象,有不少学者从科技政策、管理体制、科学精神和教育传统等多个维度进行了剖析(王晓勇 2001[⑦];钱兆华 2003[⑧];

---

① [美]朱克曼.科学界的精英——美国的诺贝尔奖金获得者[M].周叶谦,冯世则译.北京:商务印书馆,1979:243.
② 曹伟.青年诺贝尔奖得主科研选题的类型和特点分析[J].科技导报,2010(23).
③ 李江,姜明利,李玥婷.引文曲线的分析框架研究——以诺贝尔奖得主的引文曲线为例[J].中国图书馆学报,2014(3).
④ Garfield E, Welljams-Dorof A. Of Nobel Class: a citation perspective on high impact research authors [J]. Theoretical Medicine, 1992,13: 117-135.
⑤ Mazloumian A, Eom Y-H, Helbing D et al. How citation boosts promote scientific paradigm shifts and Nobel Prizes [J]. PLoS ONE. 2011, 6(5). 可见于: http://www. plosone. org/article/fetchObject. action? uri=info%3Adoi%2F10. 1371%2Fjournal. pone. 0018975&representation=PDF;郭红梅,金晶,何钦成.对诺贝尔奖获得者论文施引行为的马太效应初探[J].情报科学,2011(6).
⑥ 陈九龙,刘琅琅.从科研主体角度探讨外籍华裔科学家获得诺贝尔奖的缘由[J].西安交通大学学报(社会科学版),2010(4).
⑦ 王晓勇.科学精英与诺贝尔奖[J].自然辩证法研究,2001(9).
⑧ 钱兆华.我们离诺贝尔自然科学奖究竟还有多远? [J].江苏大学学报(社会科学版),2003(4).

曹聪 2004①；吴东平 2004②；刘道玉 2005③；李光丽等 2007④）。

2）女性诺贝尔奖获得者

女性科学家在诺贝尔自然科学奖获得者中凤毛麟角，百年来仅有 20 人次获奖（数据截至 2018 年末，其中居里夫人获奖 2 次）。虽然有一些女科学家被公认成就足以媲美诺贝尔奖得主，但仍然遗憾地与科学界最高奖励擦肩而过。这种现象引发了关于科学界是否存在性别歧视的争论，多数研究者认为女性的能力更容易被低估（McGrayne 1998；董美珍 2002⑤）。麦克雷尼（McGrayne）以女性诺贝尔奖得主以及参与了诺贝尔奖工作却因为种种原因最终未能获奖的女性科学家为对象，描绘了女科学家在学术职业发展轨道上所遭遇的各种阻力。⑥ 哈维（Harvey）则将目光聚焦于隐藏在诺贝尔科学奖获得者背后的女性身上，他认为作为诺奖得主的伴侣，妻子们所做出的贡献与牺牲远未得到应有的重视。⑦

此外，国内学者还曾就年龄、国籍、学位和毕业院校等信息将诺贝尔奖获得者与中国科学院院士进行过比较研究⑧，并探讨了杰出科学家行政任职对科研创新可能产生的影响⑨。

（二）中国科学院院士

院士称号是对杰出科学家的国家认可，在科学界是一项极其崇高的荣誉。作为科学共同体的顶层人物，中美两国关于国家科学院院士都有大量的传记、访谈和回忆录资料。国内还有不少研究分析了科学院院士（有时也包括工程院院士）的群体特征和影响他们成才的内外部因素。院士受关注最多的特征包括籍贯/出生地、教育背景、留学经历、家庭出身以及当选院士的年龄等。

---

① Cong Cao. Chinese science and the 'Nobel Prize Complex'[J]. Minerva, 2004,42(2): 151 - 172.

② 吴东平. 华人的诺贝尔奖[M]. 武汉：湖北人民出版社,2004.

③ 刘道玉."李约瑟难题"解析——中国为什么不能实现诺贝尔奖零的突破[J]. 学习月刊,2005(10).

④ 李光丽,卫林英,段兴民. 选题的行政化是诺贝尔奖空白的重要原因[J]. 科学学研究,2007(1).

⑤ 董美珍. 百年诺贝尔科学奖的遗憾——她们为什么没有获奖[J]. 自然辩证法通讯,2002(2).

⑥ McGrayne, Sharon Bertsch. Nobel Prize women in science: their lives, struggles, and momentous discoveries (Second Edition)[M]. Washington, D. C.: Joseph Henry Press, 1998.

⑦ Harvey, J. The mystery of the Nobel laureate and his vanishing wife [M]// Annette Lykknes *et al*. For better or for worse? Collaborative couples in the sciences. Science Networks. Historical Studies 44, Basel: Springer Basel AG. 2012: 57 - 77.

⑧ 徐飞,卜晓勇. 诺贝尔奖获得者与中国科学家群体比较研究[J]. 自然辩证法通讯,2006(2).

⑨ 徐飞,汪士. 杰出科学家行政任职对科研创新的影响[J]. 科学学研究,2010(7).

1. 籍贯/出生地

中科院院士的籍贯/出生地集中于我国的东南沿海地带,以江、浙、沪三省市人数最多(曹聪 2004;刘超等 2004;吴殿廷等 2005;徐飞、卜晓勇 2006;卜晓勇 2007;杨丽 2010)。2001 年的统计数据显示,生于江、浙、沪三地的中科院院士占到院士总体的 42.8%[①],不过近年当选院士的科学家的出生地域有从沿海向内陆扩散的趋势[②]。至于这种地理分布不平衡性的缘由,有学者认为与我国区域经济发展水平差异悬殊相关。一个地区只有具备一定的经济基础,教育发展才有资金支持,也更容易接收到新的观念。同时,我国江南区域古来即有重视教育的家族传统,江浙子弟自幼在良好的读书环境中熏陶成长,教育起点自然更高一些。(曹聪 2004;刘超等 2004[③])

2. 教育背景

由于历史原因,我国科学院院士中获得博士学位的比例较低。截至 2019 年年底,不计荣誉学位,全体院士中具有博士学位(包括在苏联获得的副博士学位)的人数不到院士总数的 60%(以中国科学院官网公布的院士名单为准)。这方面也体现出与科技发达国家的差距。中科院院士本科就读院校人数最多的 21 所大学都是中国大陆历史悠久的名校,排名前三位的依次是北京大学、清华大学和南京大学(刘少雪、庄丽君 2011)。此外,还包括复旦大学、浙江大学、上海交通大学、中国科技大学和武汉大学等国内知名院校。[④] 对中国科学院院士和工程院院士的比较研究发现,虽然两院院士皆毕业于国内外一流大学,但科学院院士主要出自综合性大学,工程院院士则更多出自重点理工类大学;且科学院院士接受高等教育的时间普遍多于工程院院士。(吴殿廷等 2005[⑤];刘牧、储祖旺 2006[⑥])

3. 留学经历

海外研究经历对高级人才的成长具有关键性影响。有学者对院士们的留学

---

① Cong Cao. China's scientific elite [M]. New York:RoutledgeCurzon,2004:75.

② 卜晓勇.中国现代科学精英[D].合肥:中国科学技术大学,2007:50.

③ 刘超等.高级人才成材因素的初步研究——中国科学院院士成材背景的统计分析[J].人文地理,2004(10).

④ 刘少雪,庄丽君.研究型大学科学精英培养中的优势累积效应——基于诺贝尔奖获得者和中国科学院院士本科就读学校的分析研究[J].江苏高教,2011(6).

⑤ 吴殿廷等.高级科学人才和高级科技人才成长因素的对比分析——以中国科学院院士与中国工程院院士为例[J].中国软科学.2005(8).

⑥ 刘牧,储祖旺.新中国培养的两院院士成长因素分析[J].理工高教研究,2006(10).

去向地及留学人数比例做过统计，发现"奔赴名校，追随名师"是现代科学精英留学海外最显著的特点（曹聪 2004；吴殿廷等 2005；徐飞、卜晓勇 2006；刘牧、储祖旺 2006；卜晓勇 2007）。科学院最初的院士来源主要包括中华人民共和国成立前的中央研究院和北平研究院中留在大陆的科学家，以及中华人民共和国成立初期留学回国的科学家。他们中的多数人是中国早期的留学生，集中留学于美国、英国、德国和前苏联四国，其中赴美留学的人数最多。[①] 近年来的趋势更是如此。据统计，约 1/4 的中科院院士曾在美国一流大学接受过研究生教育。[②] 这与其时西方大学优越的研究条件、相对优渥的奖学金资助、以及中国现代科学精英有竭力推荐人才到欧美学术中心学习的传统有关。

4. 家庭出身

对中科院院士家庭出身的考察仍然得出了与诺贝尔奖获得者相似的结论，即来自中上家境的院士比例明显更高。受时代特点的限制，20 世纪中叶前后，父亲的职业类型和受教育程度对子女产生的影响更大，母亲的影响则主要局限在家庭内部。在曹聪统计的 479 名院士中，超过 1/4 的院士的父亲从事教师职业，另有 14.4% 的院士父辈是科学家、律师等其他专业技术人员。[③] 在科学院院士的不同代际之间同样发现了存在于诺奖得主群体中的亲缘关系。卜晓勇的研究还揭示出，父亲早逝家庭中产生的院士数量较多，这种情况的人数比例接近 20%。[④] 不过关于家庭出身对科学家成才的影响，研究者们更倾向认为，重视教育的家庭环境比优渥的经济状况更加重要，院士成才更多源于父母对子女求学的重视。

5. 当选年龄

获得国家认可的年龄也是相关研究的热点之一，可以从中窥见科学精英的成长轨迹。2007 年之前的中科院院士，当选年龄集中在 55—65 岁之间。且不同时期当选的科学家具有不同的特征。中华人民共和国成立初期院士的平均年龄在 52 岁左右，这批院士大多有海外留学经历，学历高，年富力强；1980 年后当

---

① 卜晓勇. 中国现代科学精英[D]. 合肥：中国科学技术大学，2007：65.

② Cong Cao. China's scientific elite [M]. New York：RoutledgeCurzon，2004：91.

③ Cong Cao. China's scientific elite [M]. New York：RoutledgeCurzon，2004：77.

④ 卜晓勇. 中国现代科学精英[D]. 合肥：中国科学技术大学，2007：53.

选的院士,平均年龄超过 60 岁;1999 年以后院士当选的平均年龄逐渐回落至 60 岁。① 60—69 岁是女性院士的当选高峰年龄段②。我国院士群体整体年龄偏大是历史原因造成的,但考虑到老龄化特征可能给一国科技发展带来一定的负面影响,因此在后期的科学院院士评选中有意将指标向年轻科学家倾斜。③

6. 院士成才的阶段及影响因素

卜晓勇(2007)将科学工作者的职业生涯分为学习期、贡献期和指导期。张煌选取参与我国军事研究的两院院士作为研究对象,将科学精英的成长过程划分为"潜人才"、从"潜人才"向"显人才"转变和最终成为"显人才"三个阶段。④ 一般而言,在学习期或者说"潜人才"阶段,家庭出身、学校教育与师承关系、留学经历等因素会对科学家的早期优势累积产生重要影响(曹聪 2004;吴殿廷等 2005⑤)。之后,从事研究的类型、早期研究成果和初始职位等因素会继续影响当选机会(张煌 2011)。研究显示,中科院院士更多从事基础研究和民用研究,早期当选的院士更倾向于参与政府支持的重点科研项目⑥,职业初期选择学术职位的科学家当选院士的机率更大。

作为科学院院士中的稀有群体,女性院士的比例仅占 4.9%。杨丽认为,阻碍女性科学家科研产出的因素包括性别意识、受教育状况、人际关系与态度三个方面。她认为女性在科学界的生存面临着科学管道效应的挑战。⑦

7. 其他

此外,部分研究还关注到了院士群体的其他方面。徐飞和赵明(2011)考察了中科院院士与国家自然科学奖励之间的关联性,发现院士获得国家自然科学奖的人数比例并不理想,认为针对杰出科学家的国家认可机制有待改进。⑧ 张智雄(1993)采用引文分析等科学计量学方法,重点分析了院士的教育背景和获

① 卜晓勇. 中国现代科学精英[D]. 合肥:中国科学技术大学,2007:70.
② 杨丽. 中国女性科学家群体状况研究[D]. 合肥:中国科学技术大学,2010:29.
③ Cong Cao. China's scientific elite [M]. New York:RoutledgeCurzon,2004:171.
④ 张煌. 中国现代军事技术创新高端人才研究[D]. 长沙:国防科学技术大学,2011.
⑤ 吴殿廷等. 高级科学人才和高级科技人才成长因素的对比分析——以中国科学院院士与中国工程院院士为例[J]. 中国软科学,2005(8).
⑥ Cong Cao. China's scientific elite [M]. New York:RoutledgeCurzon,2004:133 - 135.
⑦ 杨丽. 中国女性科学家群体状况研究[D]. 合肥:中国科学技术大学,2010.
⑧ 徐飞,赵明. 杰出科学家的国家认可机制探索——以中国科学院院士制度与国家自然科学奖励制度关联性为例[J]. 学术界,2011(11).

奖经历，及其论著在国内外的被引用情况等等。[①]

第二节　研究思路

一、研究问题与分析框架

通过上述文献梳理可以看出，以往研究对科学精英的静态特征关注得较多，对其成长轨迹走向的动态过程却知之甚少。而事实上，所有这些特征都贯穿在某个个体或小群体完整的成长历程中间，或是他们起步的基础，或是发展的结果。总之，动态的过程与静态的特征结合才能共同描绘出一群立体丰满、鲜活生动的华人科学精英形象，也带给我们更直接的启发。因此，本研究将华人精英科学家的学术生涯视为一个连续、流变的长时段生命历程，关注的主要问题是华人高被引科学家的成长机制与影响因素，这就需要解决两方面的问题：①华人高被引科学家的动态成长过程呈现出什么样的特征？②影响华人高被引科学家成长为科学精英的因素都有哪些？

对第一个问题的回答能够帮我们勾勒出华人高被引科学家的职业成长与知识生产随年龄变化的大致脉络。对这一问题的追问首先要回溯到理论层面——精英科学家身份的确立与稳固缘于他们在科学共同体内部获得的极高声望。科尔兄弟认为，这种名望可以通过科学家受到奖励的数量和所获最高奖励的声誉来进行衡量，也就是看专业认可的程度。而这些专业荣誉又与科学家发表的研究成果的数量与质量（学术发表）有相当强的关联性。[②] 因此，本研究将科学家的成长历程具体化为学术发表与专业认可两方面来进行讨论。

此外，经验告诉我们，影响一个人成长的要素往往繁复多样，其中甚至不乏大量偶然性因素的存在。本研究试图通过分析这个处于社会较高阶层群体中佼佼者的成长历程，来寻找其中可能存在的一些关键性变量。截至目前，探寻影响科学人才学术产出因素的研究为数不少。扎伊纳布（Zainab）对相关研究所做的

---

① 张智雄. 中国科学院院士的科学计量学分析[D]. 北京：中国科学院文献情报中心，1993.
② ［美］乔纳森·科尔，斯蒂芬·科尔. 科学界的社会分层[M]. 赵佳苓等译. 北京：华夏出版社，1989：
　104.

综述显示,科学家的科研产出主要受个人因素、学术因素和机构因素三方面的综合影响。其中,个人因素包括性别、年龄、家庭背景、个性特质等维度;学术因素(academic correlates)包括学术职阶(rank and tenure)、学术资历与经历两方面;机构因素主要指累积优势效应、奖励系统强化、研究生阶段的教育、机构的声望、机构规模、研究与教学的时间分配、研究团队的年龄、学科差异、合作同事、机构管理、对研究生的指导等多种因素。[①]

在已有研究中,综合考虑不同维度相互作用的跨学科研究模式值得我们注意。劳伦斯和布莱克本(Lawrence & Blackburn)提出的生命历程研究(the life course research)模式即是其中一例。其关键假设是:①在生物时间和社会时间之间存在理论上的区别(个体的实足年龄是生物时间;入职后的时间长度是社会时间);②个体特征(包括其能力、经验、职业经历范围等)与她或他的环境(包括人事的、财务的和物质的)的互动,导致其职业表现随生命历程的演进而发生变化;③环境的变化能够影响个体和群体的生命历程模式;④个体们的集体行为能够导致机构规范的变化。因此,生命历程视角下的职业变化是个人特征、机构因素和之前表现之间持续的相互作用的结果(见图1-1)。[②]

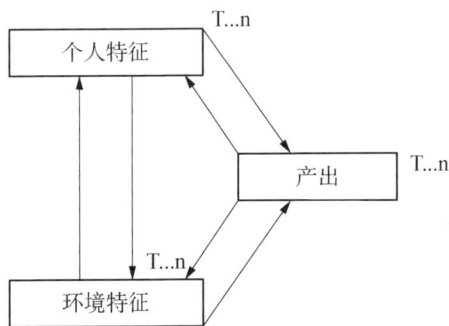

图1-1 生命历程视角下的学术产出理论框架图

(资料来源:劳伦斯和布莱克本,1988)[③]

① Zainab, A N. Personal, academic and departmental correlates of research productivity: a review of literature [J]. Malaysian Journal of Library & Information Science, 1999,4(2): 73 - 110.
② Lawrence, Janet H. and Blackburn, Robert T. Age as a Predictor of Faculty Productivity: Three Conceptual Approaches [J]. The Journal of Higher Education, 1988,59(1): 22 - 38.
③ Lawrence, Janet H. and Blackburn, Robert T. Age as a Predictor of Faculty Productivity: Three Conceptual Approaches [J]. The Journal of Higher Education, 1988,59(1): 22 - 38.

20 世纪 80 年代，以法国社会学家卡龙(Callon)、拉图尔(Latour)等为代表的科学知识社会学家建立的"行动者网络理论"(Actor-Network Theory, ANT)，将科学看作由人类的力量和非人类的力量共同作用、相互交织的网络。科学系统则是由科学家自身、科学的内在逻辑和社会环境三大要素组成，与整个社会、经济、文化环境皆处于相互塑造和影响之中。[①] 这一理论如今已经成为众多研究的框架。阎光才也在梳理不同理论解释后指出，"关于特定年龄阶段或职业发展时期的士气涨落现象，其实更多表现为学者对自身预期高低的判断或对环境、政策的正面或负面反映。……相对而言，学者在特定时期的职业诉求，以及他们对不可控制的环境和政策变化的反应，或许是对年龄与业绩间关系更具有解释力的因素。"[②]也就是说，科学家自身及外部环境变化皆会对学术产出带来影响。

综合已有研究，本研究认为，华人高被引科学家的成长历程是个体因素与不同范围的环境因素相互作用的结果。而在外部环境中，导师、亲属及其他科研合作伙伴，被认为对科学家的成就获得具有非常重要的意义。因此本研究单列一章对其进行讨论。

基于以上分析，我们选择了一种综合视角展开对华人高被引科学家成长机制的研究。一方面，将科学家的成长历程分解为学术产出的变化与专业认可的发展两部分；另一方面，从个人特征与素养、重要他人和组织环境三个维度来分析影响科学家跻身精英阶层的主要原因。在此基础上形成了本研究的分析框架图(见图 1 - 2)。

二、研究假设

实证研究一般以假设为起点。研究假设是研究问题的具体化，是研究者根据有关事实和已有知识，对研究结果提出的一种或者几种推测性的判断或结论。[③] 本研究通过梳理总结关于精英科学家的已有研究，并结合经验判断，为接下来展开华人高被引学者的探讨建立了如下两个维度，共六项研究假设，作为本研究的起点。

---

① 陈其荣,廖文武. 科学精英是如何造就的[M].上海：复旦大学出版社,2011：19.
② 阎光才. 年龄变化与学术职业生涯展开的轨迹[J]. 高等教育研究,2014(2).
③ 李志,潘丽霞. 社会科学研究方法导论[M]. 重庆：重庆大学出版社,2012：52.

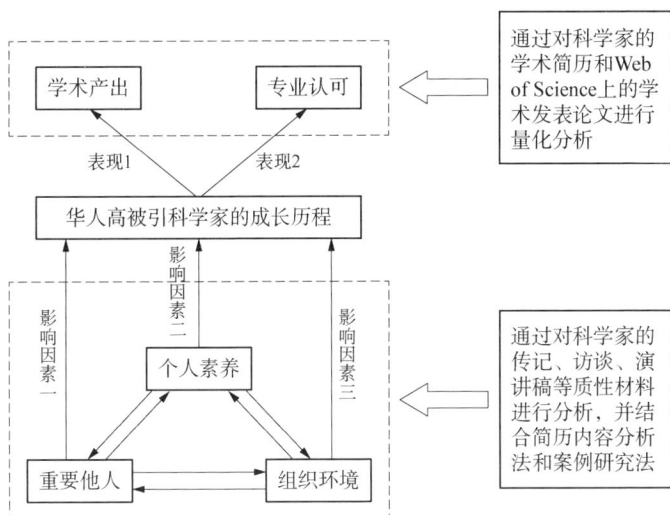

图 1-2　本研究的分析框架图

（一）关于华人高被引科学家成长历程的研究假设

以往研究者多发现，在职业生涯早期有高发表的科学家往往可持久保持这一状态（Kyvik 1990）。由此进一步推论：华人高被引群体应在职业生涯早期即做出了高质量的研究成果。这里的"职业生涯早期"定义为博士毕业后初入职的数年，"高质量的研究成果"定义为高被引作品。另外，近年有研究发现，优秀科学家做出重要发现的年龄随时间推移在逐渐增大，即所谓"世代效应"得到显现（Jones 2010；Jones & Weinberg 2011）。据此推论华人高被引群体中很可能也存在这一现象，并进一步形成了本研究的假设一：华人高被引群体在职业生涯早期即表现出了多产的特征，且已做出高质量的研究成果，不过这些高质量成果的产出年龄在逐渐增大。

已有多项研究表明，科学家的年龄与学术产出之间存在曲线关系（Lehman 1953；Cole 1979；Kyvik 1990），即在生涯早期产出量逐渐上升，到一定年龄达到顶峰后转而下降。尽管还有研究发现这种关系在不同层次的科学家之间存在差异，但这种关系仍适用于顶级和中级科学家①。高被引学者属于顶级科学家

---

① Rodrigo Costas，Thed N. van Leeuwen and Maria Bordons. A bibliometric classificatory approach for the study and assessment of research performance at the individual level：The effects of age on productivity and impact [J]. Journal of the American Society for Information Science and Technology. 2010，61(8)：1564-1581.

行列,故做此推论。且以往研究多认为科学家的年龄与学术产出之间为单一曲线关系,但晚近有学者(林曾 2009)发现,科学家的学术产出高峰可能存在于多个年龄段。本研究拟在华人高被引群体中对此加以进一步检验,于是形成了本研究的假设二：华人高被引群体的学术产出随年龄增长呈现规律性变化,且在学术成长历程中存在不止一个产出量的高峰。

朱克曼和默顿(1973)曾提出,体系化程度较高领域的科学家更容易在年轻时做出重大发现。[1] 而 Kyvik 通过对挪威大学教师的发表信息进行统计发现,自然科学和医学领域工作者的科学产出受年龄增长的影响更大。具体到自然科学内部,物理学家的产出下降得比数学家快,生物医学家和临床医学家比社会医学家下降更快。[2] 据此建立起本研究的假设三：华人高被引群体学术产出的变化特征存在学科差异。具体表现在,不同学科的华人高被引群体发表数量的变化趋势呈现不同特征,且做出高质量研究成果的年龄有大小之别。

(二) 关于影响华人高被引科学家成长历程的中介变量的研究假设

根据布迪厄的文化资本理论以及诸多学者的已有研究,笔者预测华人高被引科学家多数出身于社会经济地位较高的阶层,早年接受过良好的家庭教育,且在学术成长时期受到累积优势效应的影响,多毕业于世界一流的教育机构,师承该领域的知名学者。因此,本研究的假设四即为：华人高被引科学家的家庭出身与教育背景更加优越。

科研协作已成为当前科技发展与成果产出的重要途径和常见形式。据经验判断,科学家的合作网络越宽广,越易于结识默契度更高的合作伙伴,并获取更丰富的研究资源,产出卓越成果的机会也就越大。因而,本研究推测精英科学家的合作范围更加广泛,并且具有规模效应。至于科学家在选择合作对象时是否具有某种偏好,朴来蒂克(Pravdic et al.)发现,不仅最高产的化学家合作频次最多,而且拥有不同产出能力的化学家都倾向于选择高产的研究者进行合作。[3] 这就需要对精英科学家的合作对象背景进行进一步检验。基于此形成了

---

① 默顿,朱克曼.科学人员的年龄、老龄化与年龄结构[M]//[美]默顿.科学社会学(下册).鲁旭东,林聚仁译.北京：商务印书馆,2010：689.

② Kyvik, Svein. Age and scientific productivity: differences between fields of learning [J]. Higher Education,1990,19(1)：37-55.

③ 转引自：梁立明,武夷山.科学计量学：理论探索与案例研究[M].北京：科学出版社,2006：223-224.

本研究的假设五：华人高被引群体的科研合作规模（主要体现在合作人数、跨机构甚至跨国合作）大于普通科学家，且在合作类型及合作对象的选择上有所偏好。

此外，高层次人才通常都是各个机构争相抢夺的重点对象，他们的流动机会远多于普通同侪。而机构转换可能会给科学家的职业晋升和学术产出带来新的契机，顶级研究机构良好的科研条件有利于科学家做出高质量的成果。因此，在科学界，顶尖人才的职业流动通常遵循"向上"的路径，从而使科学家获得更好的研究条件。由是，本研究的第六项假设即为：华人高被引科学家的职业流动特征明显。他们职业流动的频次比一般科学家多，并可能经历过"向上"的职业流动。

第三节　研究设计与方法

一、样本选择

如前文所述，汤森·路透在建立 2001 版和 2014 后版（2014 年起，每年末更新一版）高被引学者数据库时分别采用了不同的统计口径，导致两版高被引群体的年龄结构差异较大。2001 版是在不考虑作者排名的前提下，计算某位学者的 SCI 论文累积被引次数。总被引次数受到论文发表量和出版时间的影响，一般来说，发表篇数越多，出版时间距今越久，论文被引量会累积越多。因此出现在这一版的多是发表量可观的年长资深学者。而 2014 后版仅计算学者所发表的高被引文章（ESI 中总被引次数排在各领域前 1% 的论文）的被引次数，这就大大弱化了论文发表量对被引频次的影响。那些产出尚不多，但已有高质量研究成果的中青年学者开始有机会进入名单，从而明显拉低了 2014 后版高被引学者的平均年龄。本研究旨在对华人高被引科学家的学术成长历程展开分析，在选择样本时自然更倾向于拥有完整职业生涯的科学家群体。很明显，两个版本中先前一版更符合本研究的研究要求。因此，本书选择 2001 版华人高被引科学家作为研究对象，在部分章节可能会根据需要同时引用 2014 后版的数据进行对比。

汤森·路透的 2001 版"高被引科学家数据库"提供了所有高被引学者的英文姓名（First Name/Last Name）、专业类别（Category）和工作机构（Primary Affiliation/Secondary Affiliation）信息。在高被引学者名单中，华人因其特殊的字母拼写规则较易辨认。笔者逐一检索了各专业类别①的高被引科学家名录，筛选出其中有华人姓名拼写特征的名字，结合他们所属的工作机构，再通过网络搜索到他们的学术简历及其他相关信息，确认是否有过在华生活和受教育的经历。最后，剔除掉社会科学领域的学者以及个别我们无法确定是否符合研究要求的科学家，最终搜集到 102 名华人科学家样本，构成了本研究的样本群。

需要说明的是，由于知名科学家通常都具备较显著的职业流动特征，其中不乏一些华人学者在当选高被引科学家后又更换了工作机构，因而有时根据汤森·路透提供的研究机构的信息无法找到相应的对象。不过，因为高被引科学家是一项极高的荣誉，我们最终确认的所有样本皆在自己的个人主页和学术简历的显要位置标注出曾被授予"ISI 高被引学者/汤森·路透高被引学者"称号，这也佐证了本书研究对象的准确性。

二、研究方法

本书的研究对象既是一个以高发表高被引为显著特征的高度数据化的群体，同时又是一个个有着丰富人生阅历的鲜活真实、有温度的人物。针对这种双重特点，我们将定量研究与质性研究相结合，主要使用了文献计量分析、传记研究、个案研究和文献研究的方法，对该群体在一段较长时期内发展的过程、趋势进行描述与分析，以期从多个维度揭示华人精英科学家的成长规律及其影响因素。

（一）文献计量分析法

高被引群体的科学论文发表情况是本研究的关键考察部分，而科学论文正是文献计量分析的基本单元。论文的部分特征（例如，作者、参考文献、引证文

---

① 汤森·路透的高被引科学家分布在自然科学和社会科学共 21 个学科领域，包括工程、化学、物理、材料科学、计算科学、数学、环境生态、生物学和生物化学、地球科学、经济商业领域、农业科学、临床医学、免疫学、微生物学、分子生物学和基因学领域、神经科学与行为领域、药理学与毒理学、精神病学与心理学、植物和动物科学、空间科学、社会科学。本研究以自然科学领域的学者为研究对象，因此剔除掉经济商业领域和社会科学领域的学者。

献、引文数量等)具备可计量性,需要借助专门的计量方法进行统计。而文献计量分析法(Bibliometrics)正是适用于这一情况的,以文献计量学为理论基础的一种定量研究方法。它以各种科学文献的外部特征(包括书名、著者、出版年、出版地、文献内容等等)为对象,采用数理统计方法来描述、评价和预测科学技术的现状与发展趋势。[①]

文献计量分析法的基本程序包括确定研究对象、收集数据、建立数学模型,并做出诠释。[②] 它涉及的几个基础定律,分别有不同的应用范围。其中,洛特卡定律主要适用于研究科学家的活动规律和人才的著述特征,推断各个学科研究的发展趋势与科研人员的需求情况等。引证规律则主要适用于研究科学家之间的交流,科学情报的传递等。[③] 本研究拟通过统计科学论文的时间分布、数量分布、期刊分布,以及合作者等信息,揭示科学家的著述规律和交流情况,研究主题恰在这种方法的适用范围内。

(二) 传记研究法

选择传记研究法是源于本书研究对象的生动性和个体差异的存在,本研究的样本基本都是当代知名的华人科学家,在科学界和传媒界皆留存有比较丰富的文字资料。而要想把这些资料转变为有价值的研究资料,则需要选择科学适切的研究方法作为分析工具。从研究问题和材料性质出发,传记研究(Biographical Research)堪当此任。传记研究早在 20 世纪初即已成形,但新近才受到重视。它指的是搜集并运用个人的生命记录(life documents)或是描述个人生活转捩点的文件所做的研究。[④] 自 20 世纪下半叶起,科学学界逐渐认识到,科学最基本、最丰富的特性体现在每一位科学家的科学活动甚至社会活动中,因而科学学研究突破了"科学共同体""科学知识"等传统概念所设定的疆域,开始对科学界的最小细胞——科学家的行为实施显微研究。[⑤] 关于科学家的传记研究正是在这样的背景下兴起的。

传记研究的焦点主要指向个人的生命经验,特别是经由对个人的时空定位,

① 邱均平,王曰芬等.文献计量内容分析法[M].北京:国家图书馆出版社,2008:1.
② 邱均平,王曰芬等.文献计量内容分析法[M].北京:国家图书馆出版社,2008:122.
③ 邱均平,王曰芬等.文献计量内容分析法[M].北京:国家图书馆出版社,2008:141.
④ 王丽云.自传/传记/生命史在教育研究上的应用[M]//中正大学教育学研究所.质的研究方法.高雄:丽文文化事业股份有限公司,2000:265-298.
⑤ 袁江洋.科学史:走向新的综合[J].自然辩证法通讯,1996(1).

理解生命个体在社会文化环境中成长的条件及形式，梳理其与社会历史脉络因素的互动关系，同时通过研究对象所提供的丰富的过程性资料，还有助于理解和诠释个体所属时空环境的特定社会记忆。正因如此，有学者认为，传记研究与生命历程研究有着密切关联①，而这正契合本研究的研究主题。早期的传记研究以质性分析为主，随着后来理论的丰富与量化技术的引入，计量和实验的方法越来越受到重视。直至20世纪70年代，学界开始反思过度推崇量化研究程序可能导致对研究对象生命本质的忽视。传记研究又逐渐重返人文社科领域，更多采纳了一种诠释的取向。

可用于传记研究资料的范围很广，与主题相关的自传、传记、回忆录、口述历史、讣文、日记、图片和信件等皆可作为分析文本。中国台湾地区学者梁福镇(2004)将传记研究的步骤归纳为确定主题、搜集资料、分析资料、诠释资料和撰写报告五个阶段。在分析环节，既可以采用定量统计，也可以运用质性分析。② 丹增(Denzin 1997)是传记研究领域从实证取向转向诠释取向的代表人物，他提出的研究程序包括：①研究者或依照年代顺序，或按照传主的关键经历（如教育、婚姻与就业等），来对传主的生命历程与经验进行描述与注解。②用访谈方式来搜集关于历史脉络的传记资料，重点在于搜集传主的故事与经历。③将这些故事围绕主题进行组织，用以陈述个体生命中的顿悟事件。④研究者仰赖传主对其生命故事的解读，以探究故事中的多样意义。⑤研究者同时找寻传主所处的环境，如采纳团队中的社会互动、文化议题、意识形态及历史脉络等，以诠释传主生命故事所代表的意义。③ 本研究搜集了华人高被引科学家的个人简历及能够搜寻到的部分样本的传记、回忆录、访谈、讣文、演讲实录等资料，主要采用丹增总结的诠释性研究程序，对精英科学家成长的生命历程、"重要他人"与关键性事件展开分析。

（三）个案研究法

个案研究(Case Study)是当前社会科学领域比较常用的一种方法，是对一个封闭系统所做的深度描述与分析。以殷(Yin)、斯塔克(Stake)和梅里安姆

---

① Denzin, N K. Biographical research methods [M]// Keeves, J P. Educational research, methodology, and measurement: an international handbook. Adelaide: Pergamon, 1997: 55.
② 梁福镇. 教学社会学研究的新典范：传记研究方法之探究[J]. 教育科学期刊(中国台湾)，2004(1).
③ 潘慧玲. 教育研究的取径：概念与应用[M]. 上海：华东师范大学，2005: 249.

(Merriam)等为代表的一批学者曾对个案研究法进行过系统、深入的阐释。殷(2008)从研究过程的维度对个案研究所下的定义是"一种用于分析真实情景下的现象的经验研究,特别是针对那些现象与环境的界限不甚清晰的情况。"[①]与其他方法相比,个案研究能够更全面地揭示某个典型案例的全貌,以作深入详实的描述、诠释与分析,适合对多层次分析单位的研究。本研究拟在部分章节讨论专业学术组织与高被引科学家成长之间的关系,而专业学会作为一种典型的多层次分析单元,本身即涵盖组织架构、成员组成、专业刊物等多项子单元,同时作为一个整体又与不同层次的外部环境有着频繁的互动,较为适合用个案研究法进行分析。因此,本研究选择在国际统计学界和华人社会都享有盛誉的泛华统计协会(ICSA)作为学术社群的代表,采用个案研究法对其进行深入的剖析,资料搜集方法与分析路径将在后文的具体章节展开论述。

(四) 文献研究法

在本研究的写作过程中,笔者整理分析了关于高被引科学家及其他科学精英群体的文献、关于影响科学产出因素的文献、关于科学合作的文献、关于社会出身与职业成就的文献、关于华人传统文化对科学创新影响的文献等等,在此基础上提出了本研究的研究框架,并将其应用于全文的分析过程中。这种利用文献资料间接考察历史事件和社会现象的研究方式被称为文献研究。[②] 人文社科领域的文献研究主要是利用二手资料进行分析,具有明显的间接性、无干扰性和无反应性[③],已成为当前社会科学研究必不可少的路径。

三、数据采集

(一) 量化数据的来源

本研究的量化数据主要来源于 2001 版华人高被引科学家的学术简历、Web of Science 数据库和 Journal Citation Reports 数据库(以下简称 JCR 数据库)。笔者在此基础上自建了个人特征数据库、SCI 期刊论文数据库、高被引论文数据库和高被引论文发表期刊数据库(见图 1-3),四个数据库均创建于 2014 年 11

---

① Yin, R. Case study research: design and methods (3rd edition)[M]. SAGE Publications,2003: 18.
② 林聚仁,刘玉安. 社会科学研究方法(第二版)[M].济南:山东人民出版社,2004: 145.
③ 仇立平. 社会研究方法[M]. 重庆:重庆大学出版社,2008: 239.

月，下面逐一进行介绍。

样本量 ——→ 数据库名称 ←—— 数据来源

图 1-3　本研究自建的四个数据库信息图

1. 华人高被引科学家的个人特征数据库

大多数华人学者，特别是海外华人都在其个人主页提供了比较完整的学术简历，有的还附上全部发表信息（publication list）。针对部分信息缺失比较多的样本，笔者直接向高被引科学家本人发邮件询问，一共收到两位科学家的回复。笔者根据 2001 版样本的简历内容所创建的个人特征数据库，涵盖了 102 个研究对象的中英文姓名、性别、生卒年月、祖籍、出生地、早年成长地、所属专业类别、当前所在地区、最近工作机构、曾经工作机构、职业流动次数、本科毕业院校、本科毕业时间、博士毕业院校、博士毕业时间、是否有博士后研究经历、专业变动情况、海外研修目的地与时长、职阶晋升时间、所获国内外荣誉等要素，其中部分样本的个别信息缺失。这个数据库主要用来分析华人高被引群体的人口统计学特征与部分专业特征。

2. 华人高被引科学家的 SCI 期刊论文数据库

对于科学家而言，学术期刊通常是他们发表新近研究成果的主要阵地。另外还有部分文章被收录进各种学术会议论文集中。但考虑到会议论文的质量良莠不齐，且存在同一篇论文在期刊上重复发表的情况，本书仅将科学家发表的 SCI 期刊论文纳入考量范围。此外，汤森·路透集团在统计高被引学者时，只计算科学家发表的研究性论文和综述类文章，"书信（letter）""社论（editorial）"等其他不经过同行评审的文章类型不包括在内。来自 30 个以上机构的团体作者合作发表的文章也不列入统计范畴（这种大规模合作发表的现象最常见于高能物理学、基因组工程和天文学领域）。因此，本研究尝试以华人高被引科学家被 Web of Science 收录的经过同行评审的期刊论文作为依据，以专业年龄（距离博士毕业年代的时间）作为统计单位，计算出每位科学家每年发表的论文篇数，建立起相应的数据库。

笔者在建立该数据库时面临的最大问题是科学家的重名现象。Web of Science 数据库设置有"作者识别号"（Research ID）的检索选项。本研究中有 26 位科学家可以通过"作者识别号"直接搜索到他们的全部发表信息，剔除掉不符合要求的文章后,笔者统计出了他们在各个年份的发表数量,这是准确且便捷的一种途径。而大多数没有注册"作者识别号"的科学家的成果搜集工作就要困难得多。由于 Web of Science 中的大量文章并没有提供作者姓名全称等完整信息,更早期的论文甚至很多没有提供作者单位,仅仅能看到作者的缩写姓名(例如,Zhang, T、Lin, S 等)。针对这部分样本,笔者结合科学家简历中提供的职业流动信息,采用"作者+地址+出版年"的检索模式进行查询。遇到仅显示作者缩写姓名的文章,笔者只能通过综合考察论文所属的专业领域、发表年代以及合作者姓名,再结合他们简历中的个人成果来做出判断,必要的情况下对作者缩写姓名之下的所有文章进行逐一核对。不过,对少数重名现象非常普遍或本身职业流动信息不完整的科学家分辨起来难度过大,笔者在数次尝试之后无奈放弃了个别样本。此外,还排除掉极少数无法确认作者身份的论文(主要是 Web of Science 早期收录的文章)。如上所述,本研究共检索到 102 名华人高被引科学家中的 87 个样本的完整 SCI 期刊论文发表信息,在此基础上创建了"华人高被引科学家的 SCI 期刊论文数据库"。

3. 华人高被引科学家的高被引论文数据库

"高被引论文"指在某个统计时间段内被频繁引用,被引次数位居同领域前列的论文。汤森·路透集团将其界定为同年度同学科领域中被引频次排名全球前 1% 的论文。这些论文皆通过同行评审,获得了科学共同体的广泛关注和认可,是华人高被引科学家质量最高的一批研究成果,也是本研究对象入选精英科学家群体的重要依据。不过照此统计方式,获取的文章总量必然庞大。考虑到研究的可操作性,本研究选择每位科学家被引频次最高的 10 篇期刊论文作为高被引论文的代表(简称高被引论文)。

通过与汤森·路透技术人员的交流,笔者确认,在计算高被引群体的过程中,一篇论文的所有作者(不考虑作者排序)都会获得同样的被引频次。因此,本研究利用 Web of Science 数据库的论文"被引频次降序排列"功能,搜索出每位华人高被引科学家被引次数最多的前十篇文章。部分难以通过 Web of Science 获取信息的样本则先尝试借助其他数据库(例如 Google Scholar Citation 等)查询结果,再回到 Web of Science 进行核对,如此共搜集到 93 位学者的高被引论文信息。剔除掉其中少量不符合要求的文章(主要指不合要求的文章类型及目前查不到信息的论文)后,最终有 912 篇高被引论文纳入分析范畴。笔者统计了这些高被引论文的作者人数、分布国家、城市与机构、合作模式、文献类型、发表刊物名称、发表时的专业年龄等信息，采纳这些变量建立了"华人高被引科学家的高被引论文数据库"。

4. 华人高被引科学家的高被引论文发表刊物数据库

在上述高被引论文数据库的基础上，笔者理出了华人高被引科学家高被引论文的发表刊物名称，并借助 JCR 数据库对这些刊物的详细信息进行了分析。JCR 是汤森·路透集团专门开发的期刊评价数据库，包括自然科学和社会科学两个版本，提供基于引文频次的多项期刊评定指标，包括期刊的出版信息、影响因子、特征因子、即时引用指数、被引半衰期等等。汤森·路透一般在每年 6 月下旬发布上一年度的期刊引文报告。因此，本研究以 JCR‐2013 版为标准，采用期刊名称检索方法，对华人高被引科学家的 912 篇高被引论文的发表期刊进行搜索，剔除掉个别数据库没有收录的期刊，最终确定了 280 本学术刊物。并搜索了这些期刊的出版国家、学科领域、影响因子、特征因子和期刊分区等信息，在此基础上创建了"华人高被引科学家高被引论文的发表期刊数据库"。

(二) 质性资料的来源

本研究的研究对象为分散在世界各地的华人精英学者，笔者曾经尝试通过邮件与他们联络，但收到回复的结果不佳，面对面的访谈无法实现。因此，笔者在探讨影响华人精英科学家成长的中介变量时，选择采用已公开发表的文献作为分析资料。

在质性研究中，文献（documents）是重要的资料来源之一。它泛指通过访谈或观察之外的其他渠道获得的，在研究开展之前就存在的各种材料，包括官方记录、书信、报纸报道、诗歌、歌曲、团体记录、政府文件、历史叙述、日记、自传，以及照片、电影、视频、实物、痕迹，乃至在线数据等各种文字的、图像的、数字的和实物材料。由于文献资料通常是为了研究之外的其他目的而产生的，对它的分析可以避免通过观察和访谈搜集资料时，因研究者的存在而导致的对环境的干扰或改变；而且，在通过访谈、观察搜集数据的过程中，研究对象的合作是至关重要的，文献资料则没有这方面的局限。① 根据研究目的，笔者通过

---

① Merriam，Sharan B. Qualitative research：a guide to design and implementation [M]. San Francisco：Jossey-Bass，2009：139‐140.

网络和纸质媒介获取了总数超过 20 万字的中英文文献材料,主要包括以下三类数据:

1. 传记

古今中外皆有名人立传的传统。虽然科学家整体属于比较低调的群体,但作为科学界的明星,精英科学家仍然时常处于聚光灯下,受到众人的景仰。李远哲与丘成桐的生平经历已经被编撰成册,出版了《丘成桐的数学人生》[①]、《数学王国的一代天骄:丘成桐传》[②]等书籍。此外,还有不少个人传记类文章散见于各类期刊、报纸,如《支志明:精心科研,随性人生》[③]、《从黄陂走出的田长霖及其家世》[④]、《农家子弟如何成为美国院士》[⑤]等。以上这些都是我们了解精英科学家成长历程的重要资源。

一般来说,科学家获得重要奖项或被遴选为国家科学院院士后,授予荣誉的机构会对其生平及科学工作进行介绍。本研究参考了美国国家科学院为杨祥发院士所做的回忆录《杨祥发传:1932—2007》[⑥]等传记性文章。

2. 访谈

本研究的作者虽不能与研究对象进行面对面的访谈,但依然能够通过其他途径获取样本的相关访谈资料。部分科学类报刊设有人物访谈栏目,主要围绕科学家的学术人生和科研工作与杰出学者展开对话。这部分资料数量庞大,与本研究的研究问题相关度高,内容也更多涉及专业领域。如《与科学家对话——访哈佛大学医学院袁钧瑛教授》[⑦]、《物理年与大师对谈系列——访谈朱校长经武》[⑧]、《做科研的境界:大道至简,大美天成——专访美国工程院院士

① 刘克峰,季理真. 丘成桐的数学人生[M]. 杭州:浙江大学出版社,2006.
② 黄泽林. 数学王国的一代天骄:丘成桐传[M]. 南京:江苏人民出版社,2014.
③ 向杰. 支志明:精心科研,随性人生[N]. 科技日报,2007 - 04 - 18.
④ 裴高才. 从黄陂走出的田长霖及其家世[J]. 武汉文史资料,2003.2 - 3.
⑤ 赵永新,王健. 农家子弟如何成为美国院士[N]. 人民日报,2012 - 05 - 10.
⑥ Kent J. Bradford. SHANGFAYANG:November 10,1932—February 12,2007[A]. National Academy of Sciences 2009. Biographical Memoirs:Volume 91[M]. Washington,DC:The National Academies Press:333.
⑦ 班立勤. 与科学家对话——访哈佛大学医学院袁钧瑛教授[J]. 科学中国人,2001.4.
⑧ 林昭吟等. 物理年与大师对谈系列——访谈朱校长经武[J]. 物理双月刊(中国台湾),2006.8.

吴建福》①、《袁钧瑛：改变方法，却不丧失聚焦点》②、《与刁锦寰教授的对话》③等。

另外，还有部分机构从事类似工作且公布了访谈全文。如化学遗产基金会(Chemical Heritage Foundation)2012 年 8 月发布了唐南姗的访谈实录等。汤森·路透集团的科学观察栏目(*The Science Watch*)于 2008—2012 年间针对部分高被引科学家做了系列访谈，华人学者中包括王中林、杨培东、夏幼南等皆在其列。

3. 演讲与座谈记录

由于在科学共同体内部声名卓著，知名科学家常常受邀对自己的教学研究、职业发展和人生阅历发表演讲，或者在小范围群体内组织一个座谈活动进行面对面的交流。本研究的部分质性数据摘自丘成桐 2003 年 9 月在香港中文大学的演讲《我的数学研究生涯》(*My Past Experience in Mathematics*)，李岩岩 2006 年 6 月在中国科学技术大学与学生的座谈会记录等。类似的演讲、座谈活动，科学家通常可以用较充裕的时间围绕某个问题展开深入阐释，并提供丰富生动的案例，这些资料都是契合本研究主题的宝贵资源。

四、数据分析

（一）量化资料的分析

本研究使用 SPSS 18.0 统计软件对华人高被引科学家的"个人特征数据库""SCI 期刊论文数据库""高被引论文数据库"和"高被引论文发表期刊数据库"的信息进行了定量分析。主要采用描述性统计、独立样本 T 检验和方差分析功能，对高被引科学家的人口学特征、职阶晋升与职业流动情况，以及学术产出规律等特征进行了描述，对不同学科及不同年龄同期群科学家的相关信息进行了对比。同时利用 Excel 软件辅助完成部分绘图任务。

---

① 张楠. 做科研的境界：大道至简，大美天成——专访美国工程院院士吴建福[N]. 科学时报, 2011 - 06 - 02.

② Nicole Le Brasseur. Junying Yuan: Changing avenues without losing focus [J]. The Journal of Cell Biology, 2007, Vol. 179, No. 2: 174 - 175.

③ Daniel Peña, Ruey S. Tsay. A Conversation with George C. Tiao [J]. Statistical Science, 2010, Vol. 25, No. 3: 408 - 428.

(二) 质性资料的分析

质性资料的分析往往既与资料的整理工作有重合之处,又有其独立的环节。陈向明(2000)将质性资料的分析分为整理和初步分析、归类和深入分析、理论建构、写作成文四步。[①] 梅里安姆(2009)则把数据分析程序划分为相对独立的两个步骤:第一步是管理数据,包括为数据编码,在准备分析前记录下自己的观点、思考、推测和假设,给整个数据库建立目录;第二步是分析数据,首先根据研究问题对质性材料进行分割,然后采用开放式编码和"轴向编码"(axial coding)(Corbin & Strauss 2007)或"分析编码"(analytical coding)对质性材料进行分类,而后提炼概念,形成分类系统,再重新对资料进行分类并给各类别命名。[②]

结合质性研究的要求,根据资料特点和研究需要,本研究的资料分析工作主要通过如下步骤进行。

1. 建立编号系统

在整理和初步分析阶段,首先对每一份文本材料编号,建立编号系统。所搜集的资料基本上是以人为单位的,即一位科学家对应一份资料。不过每份资料可能包括不止一篇文献,甚至涵盖传记、访谈、演讲与座谈记录等多种质性资料类型中的一种或数种。同时考虑到早年成长于中国大陆、中国香港、中国台湾及海外的科学家的经历会有所不同,因此早年成长地域信息也纳入编号系统(中国大陆-M,中国台湾-T,中国香港-H,海外或其他情况-O)。女性科学家因其特殊的社会角色,其成长经历有必要加以特别关注,在编号上也予以特别注明(女性-F)。综上考虑,采用人名首字母缩写+早年成长地域+性别(如为女性)的编号方式。例如早年主要成长于中国台湾的朱经武,编号为 ZJW-T,而生长于中国大陆的袁钧瑛(女),编号则为 YJY-M-F。根据对资料的初读,剔除只是介绍成就,未描述成长经历的部分文献,最后得到 38 个编号,其所代表的 38 位华人高被引科学家的成长经历即本研究质性资料的全部样本(见表1-1)。

---

① 陈向明. 质的研究方法与社会科学研究[M]. 北京:教育科学出版社,2000:269-339.

② Sharan B. Merriam. Qualitative research:a guide to design and implementation [M]. San Francisco:Jossey-Bass,2009:173-193.

表1-1　本研究的质性研究样本及其编号表

编号	姓名	编号	姓名	编号	姓名
ZJW-T	朱经武	ZJK-M	朱健康	ZZM-H	支志明
ZDY-M	赵东元	YJY-M-F	袁钧瑛	MRL-M-F	孟如玲
YXF-T	杨祥发	YPD-M	杨培东	XYN-M	夏幼南
WQR-T	魏庆荣	WJF-T	吴建福	WZL-M	王中林
TCL-T	田长霖	QCT-H	丘成桐	LJ-M	刘军
MHG-M	毛河光	LFH-M	林芳华	LYZ-T	李远哲
LWX-T	李文雄	LMZ-T	赖明诏	HDY-O	何大一
FJQ-M	范剑青	DJH-T	刁锦寰	CHS-M	陈和生
AZS-M	安芷生	LGY-T	梁赓义	LSC-T	刘绍臣
LTP-T	刘太平	ZYZ-T	张亚中	CFC-H	陈繁昌
QLQ-M	祁力群	XLZ-H	徐立之	LYY-M	李岩岩
TNS-T-F	唐南姗	ZMZ-T	庄明哲	CYZ-M-F	曹韵贞
MXL-M	孟晓犁	YYY-M	叶荫宇		

2. 开放式编码

编码也称为"登录"，目的在于找到对本研究问题有意义的码号(code)。"码号"是资料分析中最基础的意义单位，是资料分析大厦中最小的建筑砖瓦。通过寻找码号及其关系，可以使原始资料超越原有的组织方式，以新的单位重新组织，进而发现其中的意义。而寻找码号的标准在于相关词语出现的频次，如果某些内容在资料中反复出现，形成了一定的"模式"(pattern)，那么这些往往是资料中的重要内容，需要引起研究者的特别关注。[①]

码号寻找的最初阶段通常都是开放式的，即凡是原始资料中表达了一个与研究问题有关的独立意义的语词或短语都予以登录并用数字代表。以下是笔者在登录码号过程中的一个实例(见表1-2)。

---

① 陈向明. 质的研究方法与社会科学研究[M]. 北京：教育科学出版社，2000：281-282.

表 1-2 质性资料登录码号实例

资料编号：YJY-M-F

　　一个人要做开创性的工作，一定要走在潮流的前面[17]。我选择细胞凋亡这个题目做博士论文时，很少有人知道细胞凋亡这个名词。……另外，也是机遇[21]。当时麻省理工学院的 Dr. Horvitz 刚发现了线虫中的两个遗传突变可以抑制所有线虫发育过程中的细胞凋亡。正好当时在他的实验室做博士论文是我的运气[16]。不过，只有运气还远远不够，重要的是你是否能抓住时机。我当时做了一个大胆的假说，说是哺乳动物中也有类似线虫的细胞凋亡基因，这样就使得对人的研究成为可能。在没有任何具体论据支持这一假说的情形下，当时很少有人相信，而到今天可以说无人不信。所以，要做开创性的工作，一定要思想开阔，要有跳跃性思维，不能按部就班[17]。再有，就是要勤奋，不能懒[2]。在我没有孩子之前，我每天在实验室工作十五六个小时。生了孩子以后一个星期，我就回实验室工作了[2]。我不觉得苦，因为这是我的爱好[10]。

　　对科研来说，创造性是最重要的[17]。我想能够走到今天，可以讲是因为从高中、到研究生我的导师都对我特别好，非常支持我，这非常重要。[1]①

　　袁钧瑛是首批中美 CUSBEA 项目的学生。据 Horvitz 回忆，她作为哈佛大学医学院的学生，说服了哈佛大学神经科学项目主任 Ed Kravitz 允许她转到 MIT Horvitz 的实验室做研究，同时哈佛还继续支付她奖学金，后来她又成功说服了哈佛为她在 MIT 的所有教育买单。这是非常罕见的。(据 Kravitz 回忆，她曾经为此与多名院长争论过)另一件她与众不同的事情是，当她初到 MIT 时，Horvitz 让她完成一个项目，计划用两年时间。结果两周后，袁钧瑛就来找他问项目已经做完了，下一步该做什么。[19]②

码号翻译：

1=师承	2=勤奋	10=兴趣/爱好	16=实验室
17=创新思维	19=工作效率	21=机遇	

　　最初寻找到的码号，在随后的反复登录过程中，其中一些码号可能会因出现频率过低而被删除，一些码号会因意义重复而被合并。另外，随着登录和分析的推进，部分码号之间的关联会逐渐显露出来。例如，在开放式登录中的码号：1"师承"，11"知识分子亲属"，20"贵人"之间显然具有一定联系，都可归为成长过程中的"重要他人"。

　　在质的研究中，整理资料与分析资料在实际操作中往往是同步进行的。对资料的整理必然是建立在一定的分析基础之上，整理行为同样受制于已有的分析体系。另外，随着资料整理的深入，研究者会对研究对象产生一些初步的想法甚至构建起"本土概念"或者"原生理论"，对此应及时进行记录，作为后续深入分析的基础。本研究中，我们主要使用备忘录来记录分析过程中的初步想法，这已

---

① 班立勤. 与科学家对话——访哈佛大学医学院袁钧瑛教授[J]. 科学中国人，2001(4).

② John Fleischman. ASCB Member Profile：Junying Yuan [J]. ASCB Newsletter，2009，April：17-19.

被证实是资料分析的有效手段。表 1 - 3 是笔者在整理质性资料过程中展开初步分析时所撰写的备忘录片段。

表 1 - 3　备忘录片段

随着码号登录的推进,我慢慢发现 2"勤奋",10"兴趣(爱好)"的出现频率相当高! 38 个研究对象中,没有一个是不勤奋用功的,每位科学家都在人生早年对后来所从事的学科产生了浓厚的兴趣,甚至对之"痴迷"。这些是否可归为"个人特质"? 还有哪些码号可以归入此列? 这是一个"类别"吗? 还有其他的类别吗?

18"专业眼光(远见、寻找问题的能力)"是越来越显露出集中度的一个码号。在选择研究方向时有能力"走在别人的前面"(WZL - M),才能取得成功。有的科学家说:"我觉得解决问题的能力固然很重要,但是训练寻找问题的能力似乎更重要。你可以一辈子做研究,解决你所得到的第二流问题,但是你却不能提出第一流的问题。会主动寻找问题的人通常才是第一流人物。"(QCT - H)

---

3. 建立编码系统和归类系统

经过开放式登录后,本研究共形成了 50 个初步码号。从资料出发,我们对这些码号的重要程度做了进一步权衡,并寻找码号之间的关联,通过在码号之间建立起相关,资料的内容被不断浓缩,登录的码号也更趋向集中。最终,我们形成了由如下 12 个要素构成的编码系统(见表 1 - 4)。依据此编码系统,笔者重新阅读质性材料并对资料再一次进行归类。

表 1 - 4　本研究最终确立的编码系统

1　勤奋;
2　对工作领域强烈的兴趣爱好;
3　志向/抱负/明确的目标;
4　发现、选择前沿问题的"眼光"/能力;
5　求学期间优异的表现/扎实的基础;
6　师承;
7　优秀、默契的合作者/团队;
8　亲属影响;
9　"贵人"相助;
10　志同道合的同学或同事的激励;
11　大时代环境的影响;
12　机构(学校/实验室等)环境的影响。

---

4. 进行类属分析

"类属"是质性资料分析中的另一个意义单位,是建立在许多"码号"组合之上的一个更加上位的意义集合,代表资料所呈现的观点或主题。"类属分析指的是在资料中寻找反复出现的现象以及可以解释这些现象的重要概念的过程。"①类属分析的程序一般是通过比较,先结合编码对资料进行归类,然后判定类属之间存在何种关系,如因果关系、平行关系、包含关系、下属关系等等。在此基础上,研究者可以提炼出数量不等的"核心类属"作为所有类属中最上位的意义单位,而每一个类属之下还可以根据其所涵盖的意义维度和基本属性进一步发展出下属类属。在质性研究中,设定类属并无唯一标准,最重要的还是根据研究者自身对材料的理解和分类来进行界定。② 为了确保资料分析过程的直观明了,在建立类属关系时可以采用画图的方式来呈现。本书中,影响华人高被引科学家成长的三类因素的类属分析结果如图 1-4 所示。

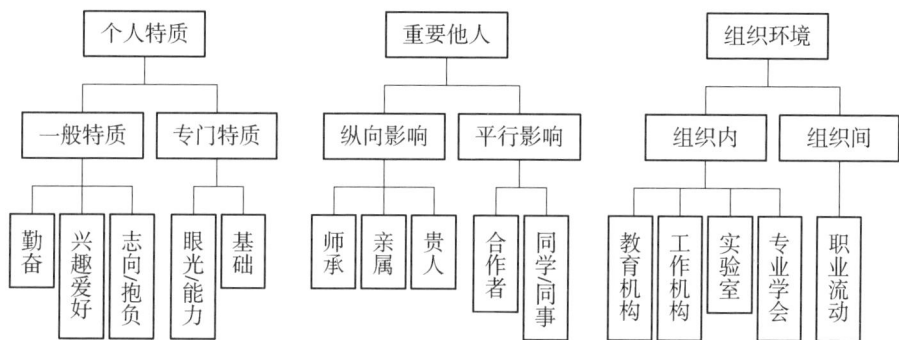

图 1-4　本研究质性资料的类属分析图

5. 形成初步的结果或理论

在上述质性资料的分析步骤完成后,本书部分主题的研究结论已在分析过程中逐渐形成了,此时面临的最后程序即为构建相关"理论"和撰写研究论文。尽管社会科学界关于质性研究的目的是否在于建立理论还存在争议,但在陈向明看来,质性研究中的理论并不是传统意义上对社会现实进行概念化和抽象化的"公理",大多属于"在原始资料的基础上建立起来,在特定情境中对特定社会现象所做的解释"③。按照这种观点,质的研究结果与理论本身即为一体的。

---

① 陈向明. 质的研究方法与社会科学研究[M]. 北京:教育科学出版社,2000:290.
② 陈向明. 质的研究方法与社会科学研究[M]. 北京:教育科学出版社,2000:290-291.
③ 陈向明. 质的研究方法与社会科学研究[M]. 北京:教育科学出版社,2000:319.

在质性研究领域倡导理论建构的学者主要是扎根理论的倡导者（Glaser & Strauss 1967），其主要宗旨是在系统收集原始资料的基础上，采用自下而上的分析路径，寻找反映社会现象的核心概念，然后通过在概念之间建立联系而逐步归纳形成理论。扎根理论的建构程序与本研究采用的质性资料分析步骤基本一致。具体的研究结论详见本书第三至五章的内容。

第二章
华人高被引科学家成长周期及特征分析

众所周知,科学家在达到个人事业巅峰期之前,通常都会经历一段发展积累的过程。至于这段上升期或长或短?是和缓攀登还是剧烈波动?达到高峰后接下来如何变化?科技人才的成长是否如自然万物一般,有其稳定的生长周期?还是受多种偶然因素影响,如历史嬗迭,各有运数?我们的认识就非常模糊了。笔者拟在本章通过对华人高被引科学家职业生涯中学术产出和专业认可两方面变化的定量分析,探索精英科学家的成长是否存在周期规律及其特征。之所以选择这两个方面,是因为在科学社会学者看来,精英科学家身份的辨识度首先缘于他们在科学共同体内部获得的极高声望,其实质是科学共同体对精英科学家的专业认可,这通常可以通过科学家获得奖励的数量及最高奖励的声誉来进行衡量;而专业荣誉的获取又与他们的学术发表有着直接关联。[①] 此外,鉴于学术产出评价问题的复杂性,我们在分析学术发表情况时又将其进一步具化为发表数量和质量两个维度。

第一节　华人高被引科学家学术产出的数量周期
——以 SCI 论文为例

经过同行评审的 SCI 论文是科研人员发布最新成果的主要途径,也是他们

---

① ［美］乔纳森·科尔,斯蒂芬·科尔.科学界的社会分层［M］.赵佳苓等译.北京:华夏出版社,1989:104.

个人履历中最受关注的部分。尽管不能作为唯一指标，但论文发表数量仍然是衡量科学家职业生涯成功与否的重要因素，在很大程度上代表了科学家的研究实力。"多产"通常意味着有更多机会崭露头角，在科学界显山露水。所以，本节通过对华人高被引群体历年 SCI 论文发表数据的统计分析来考察华人精英科学家在产出数量方面是否存在周期规律。

一、论文产出总量与年平均量

作为科学计量学领域的经典定律，"洛特卡定律"（Lotka 1926）通过描述科学论文产出量的增长规律，揭示了科学家生产力的不均衡特征，即占总数75％的"低产作者"发表的论文数量仅占论文总数的 1/4，绝大多数成果实际是由少数高产科学家贡献的。[①] 不过，在推导经验公式时，为了保证所得拟合直线的"完美性"，洛特卡删除了统计对象中的高产作者。而刘俊婉的研究则对这一定律进行了补充。她采用排序—频度分布法分析汤森·路透高被引科学家的论文产出力，发现高被引学者在不同论文数量级上的人数分布是比较均匀的（见图 2-1）。

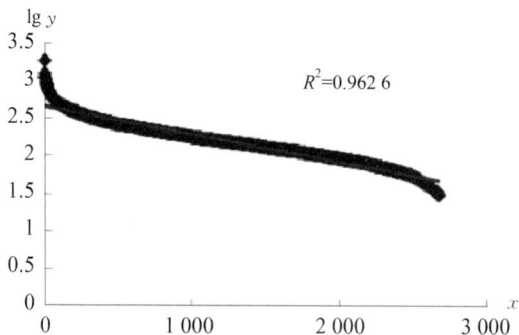

图 2-1　高被引科学家论文数量的排序—频度分布曲线

（来源：刘俊婉，2013）[②]

并且，高被引科学家发表论文的模式与"洛特卡定律"中普通科学家的发表行为存在三方面主要差别：①论文发表数量存在巨大差异。高被引科学家年均

---

① 转引自：刘俊婉. 高被引科学家论文产出力的计量分析[J]. 情报杂志，2013(10).
② 刘俊婉. 高被引科学家论文产出力的计量分析[J]. 情报杂志，2013(10).

发表 7 篇 SCI 论文,这个篇数显著高于普通科学家;②除两端高产和低产的科学家外,高被引学者在不同论文数量级上的人数分布是比较均衡的。这与洛特卡定律中科学家论文分布的不均衡性有很大差别;③高被引科学家论文的数量集中在某一个区间内,三分之二高被引科学家发表的论文总量在 100—400 篇之间。①

而新近的一项研究(Ioannidis et al. 2014)表明,科学出版物基本由精英科学家垄断,他们的名字出现在全世界 41% 的论文作者名录中,是 87% 的高被引论文的合著者。研究者分析了 1996—2011 年间全世界 1 500 万科学家出版的论文,发现仅有不到 1% 的科学家能够保持每年都有学术发表,且随着年均发表量的增加,符合条件的人数越来越少(见表 2-1)。②

表 2-1 1996—2011 年 1 500 万科学家论文产出力分布情况表

论文数	≥2	≥3	≥4	≥5	≥10
人数	68 221	37 953	23 342	15 464	3 269

(数据来源:Ioannidis et al. 2014③)

通过计算,华人高被引科学家的 SCI 论文产出总数从几十篇到八百多篇不等,66.7% 的学者的发表量集中在 100—400 篇之间(见图 2-2),这一数据与刘俊婉对全体高被引学者的研究完全一致。另外,华人高被引学者年均发表 7.69 篇 SCI 论文(标准差 6.040 5),远远高于普通科学家的发表水平,甚至超过了高被引群体 7 篇的人均发表量,在全体精英科学家群体中至少是不落下风。

对离散度比较高的两端样本进行简单分析后发现,发表总量在 400 篇以上的科学家在汤森·路透的专业分类中主要分布在材料学领域;发表总数在 100 篇以内的样本则多是数学家和微生物学家。可见,精英科学家在论文产出力上存在明显的学科差异。

这种学科差异也存在于精英科学家的年平均发表量上。进一步与全体高被

① 刘俊婉. 高被引科学家论文产出力的计量分析[J]. 情报杂志,2013(10).

② Ioannidis, J P A, Boyack, KW, Klavans, R. Estimates of the Continuously Publishing Core in the Scientific Workforce [J]. PLOS ONE, 2014(9).

③ Ioannidis, J P A, Boyack, KW, Klavans, R. Estimates of the Continuously Publishing Core in the Scientific Workforce [J]. PLOS ONE, 2014(9).

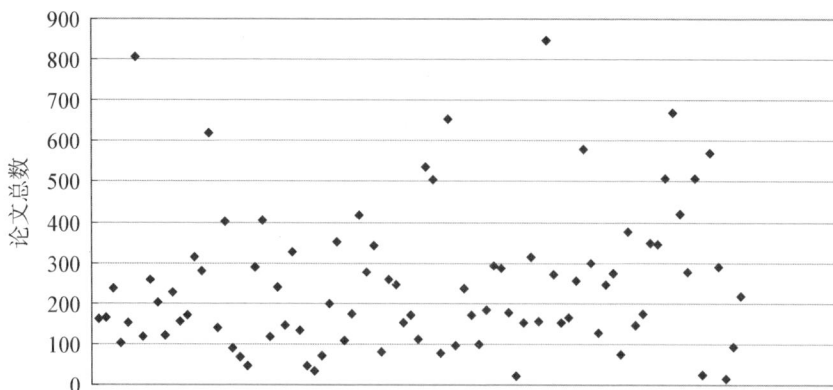

图 2-2 华人高被引科学家 SCI 论文总量散点图

引学者的年均论文产出专业分布情况(见表 2-2)进行比较后发现,材料学、工程学、计算机科学和数学这四个样本量超过 10 人的专业领域,科学家的 SCI 人均发表量/年全部高于高被引学者的整体均值(见图 2-2),其 SCI 人均发表量/年分别为 13.23(标准差 9.543)、9.32(7.055 4)、7.47(5.203 3)和 4.49(2.543 2)篇,可被视为华人科学家的优势学科。但微生物学家的 SCI 论文发表总量在所有专业领域中处于低位;生物学大类(包括微生物学、分子生物与遗传学、生物与生物化学、动植物学和免疫学领域)的华人高被引科学家年均出版论文 6.45 篇(标准差为 3.490 1),不仅低于全体华人高被引科学家 7.69 篇/年的均值,而且低于除"动植物学"外四个专业领域国际高被引学者的发表均值。

表 2-2 全体高被引学者年均论文发表量的专业分布表

序号	学科	年均论文	序号	学科	年均论文
1	临床医学	12.99	8	心理学与精神病学	7.64
2	化学	11.22	9	工程学	7.57
3	神经系统科学	9.78	10	微生物学	7.26
4	药理学	9.44	11	材料科学	7.14
5	物理学	8.94	12	分子生物学与遗传学	7.08
6	生物与生物化学	8.58	13	农业科学	6.27
7	免疫学	7.84	14	空间科学	5.47

（续表）

序号	学科	年均论文	序号	学科	年均论文
15	一般社会科学	5.31	19	地球科学	4.31
16	动植物学	4.78	20	数学	3.32
17	生态环境学	4.57	21	经济学	2.95
18	计算机科学	4.45			

（来源：刘俊婉，2013）①

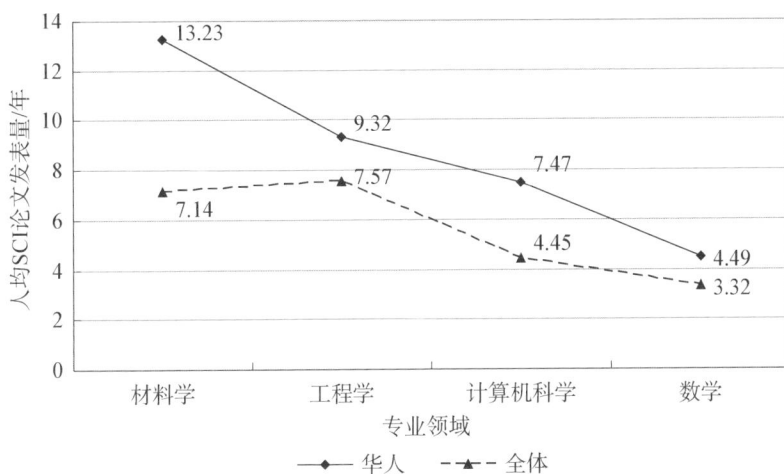

图2-3　四个专业领域的样本与全体高被引群体产出力比较图

　　这种情况需要我们予以特别注意。因为近年来，中国政府高度重视生物科技的发展。2011年颁布的《国家中长期生物技术人才发展规划（2010—2020年）》中特别提出"我国生物技术人才与世界先进水平仍存在明显差距"，并将造就一支"数量足、素质高的人才队伍"提升到国家战略的高度。不过，从2001版华人高被引生物学家的论文产出表现来看，至少在国际生物学精英群体中并不算突出。即便在2014后版中国大陆高被引学者名录中，以上五个生物学专业领域的总样本量与优势领域相比差异仍然悬殊。可见，生物学高层次人才的引进与培养确实还有很大的提升空间。同时也提醒我们，华人学者在不同专业领域

---

① 刘俊婉.高被引科学家论文产出力的计量分析[J].情报杂志，2013（10）.

的发展水平存在差异,引进海外人才时应当视不同学科情况而定：在华人科学家表现卓著的领域,可以以回流的华人学者为主;其余领域可能仍然需要继续寻求与其他族裔的高层次人才开展合作。

关于高被引科学家取得远超同侪杰出表现的原因,我们首先不能忽略这些优秀科学家所具备的个人素质,包括拥有聪慧的头脑、勤勉的态度、丰富的科研经验、敏锐的专业眼光和准确的专业判断等等。同时,他们可能恰好处于一个稳定的工作环境中,有得力的助手、充裕的经费和充足的时间来支持研究。此外,还有学者(Ioannidis *et al.* 2014)认为,这些高产的科学家通常都是所在实验室或研究小组的负责人,他们有能力申请到巨额的研究基金并监督研究进程,因而有权力在绝大多数研究成果上署名。也就是说,这种荣誉更多是由他们的身份带来的优势累积的结果。甚至在约安尼蒂斯等人看来,当前的科研体系导致了资源越来越向强势群体集中,年轻的科研工作者逐渐沦为廉价劳动力。[①]

二、职业生涯早期的表现

科学家的职业生涯早期的学术产出之所以受到特别关注,是因为已有研究揭示出,精英科学家在职业生涯早期即以发表论文的形式表现出了早慧的特点[②],且科学家在该阶段的表现对他之后的学术成长历程具有非常大的预测性。本书基于此类研究成果,提出"假设一：华人高被引群体在职业生涯早期即表现出了多产的特征,且已做出高质量的研究成果,不过这些高质量成果的产出年龄在逐渐增大"。下面拟通过对华人高被引科学家职业生涯早期的 SCI 论文产出情况的分析,对这一假设的前半部分进行检验。

(一) 对"职业生涯早期阶段"的界定

无论在理论探讨还是现实操作层面,关于科学家职业发展阶段的划分并无定论,大体看来有三种分段方式。

第一,只描述各阶段的特征,没有提出具体的分段时间。例如,王春玲(2011)将高校教师的发展分为适应生存期、初获认可期、相对稳定期、高峰转折

---

① Ioannidis, J P A, Boyack, KW, Klavans, R. Estimates of the Continuously Publishing Core in the Scientific Workforce [J]. PLOS ONE, 2014(9).

② [美]朱克曼.科学界的精英——美国的诺贝尔奖金获得者[M].周叶谦,冯世则译.北京：商务印书馆,1979：202-203.

期和隐退淡出期五个阶段。教师在适应生存期首先面临的问题是如何适应新的工作环境,并在高校立足;有了几年工作经验后,他们的关注点会转向获得同行认可和成就感,努力争取在权威期刊上发表论文。[①]

第二,以自然年龄为标准进行分区。如,朱克曼的研究统计了诺奖得主20多岁时发表的论文篇数,作为他们早期个人成就的指标。[②] 霍奇金森(Hodgkinson)将高校教师职业发展分为七个阶段,包括进入成人世界阶段(22—29岁)、转变阶段(28—32岁)、成家与上升阶段(30—35岁)、确立自我阶段(35—39岁)、中年阶段(39—43岁)、重新稳定阶段(43—50岁)和老年阶段(50岁到退休)。[③] 我国当前的各类青年人才项目在规定申请条件时多采用这种方式。例如,中国国家自然科学基金要求青年基金申报人的年龄在35岁以下,优秀青年科学基金的年龄上限为38岁,国家杰出青年科学基金为45岁。

第三,根据专业年龄(也有人命名为"科研年龄")[④]进行划分,这也是目前国际上最通用的方式。例如,鲍德温和布莱克本(Baldwin & Blackburn)将大学教师的职业生涯早期界定为担任助理教授的头3年。[⑤] 美国国家卫生院(National Institutes of Health,简称NIH)对早期研究员(Early Stage Investigators)的界定是取得最高学位后10年之内。[⑥] 英国皇家学会(The Royal Society)设置了四项主要的专门授予青年科学家的基金,申报人的年龄条件分别是取得博士学位后3—8年、不超过6年、不超过7年和不超过7年。[⑦] 因此,本研究遵循国际通用的第三种方式,采纳专业年龄(距离获得博士学位的时间)对华人高被引科学家的早期职业阶段进行界定。

那么接下来的问题就是如何使用专业年龄区间来确定合理的职业生涯早期

① 王春玲.美国高校教师发展阶段与维度[J].比较教育研究,2011(4).
② [美]朱克曼.科学界的精英——美国的诺贝尔奖金获得者[M].周叶谦,冯世则译.北京:商务印书馆,1979:202.
③ 转引自:王春玲.美国高校教师发展阶段与维度[J].比较教育研究,2011(4).
④ 自然年龄即通常意义上的生理年龄,计算方式为当年—出生年;专业年龄在本研究中指博士毕业后距今的时间,计算方式为当年—博士毕业年.
⑤ Baldwin, Roger G. and Blackburn, Robert T. The Academic Career as a Developmental Process: Implication for Higher Education [J]. The Journal of Higher Education, 1981, 52(6): 598 - 614.
⑥ Office of Extramural Research, NIH. New and Early Stage Investigator Policies [EB/OL]. http://grants. nih. gov/grants/new_investigators/#earlystage.
⑦ https://royalsociety. org/grants/schemes/.

阶段。笔者认为，将获得终身教职视为学者学术生涯的重要里程碑在当前是基本无异议的，同样也有新近研究支持这一观点。乌修仁等（Oosthuizen et al.，2005）把科学家的职业生涯划分为早、中、晚三个阶段，早期阶段包括初次聘任至获得终身教职之间，时长大约 6 至 10 年。[①] 牛萍等（2013）通过分析美国《职业早期研究法案》指出，无论各资助方对从事独立研究的年限如何界定，一旦获得终身教职就宣告科研人员从此脱离了职业生涯早期。[②] 在此基础上，笔者又结合本研究样本的实际情况——华人高被引科学家晋升终身轨的平均专业年龄不到 6 岁（具体数据见后文）；并参照当前中美两国对教师"非升即走"制度的时间要求（一般为 6—7 年），将华人高被引科学家获得博士学位后 0—6 年界定为职业生涯的早期阶段，对他们在这一阶段的发表情况进行了统计。

（二）华人高被引科学家的早期发表情况

统计显示，大多数（61%）华人高被引科学家的第一篇 SCI 论文发表于博士毕业后，不过仍然有近 40% 的样本在攻读博士期间已经有学术产出。其中，31% 的科学家在博士期间发表了 1—3 篇 SCI 成果，还有 8% 的样本发表了 3 篇以上（见图 2-4）。应当说，作为一名"尚未出师的学徒"，华人高被引科学家在求学阶段即已崭露头角，表现出了卓越的研究潜质。

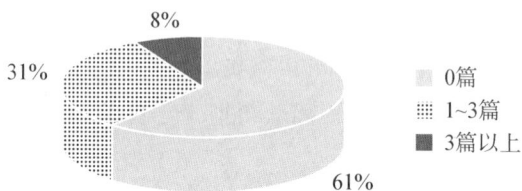

8%

31%

61%

- 0篇
- 1~3篇
- 3篇以上

图 2-4　华人高被引科学家博士期间 SCI 论文产出量分布图

博士毕业后，华人高被引学者在专业年龄 0—6 岁间人均发表了 22.32 篇 SCI 论文。不过个体之间的差异非常显著（标准差 21.618），有的人在此期间"零

① Oosthuizen, Patrick, McKay, Linda, Sharpe, Bob. The problems faced by academics at various stages in their careers-the need for active institutional involvement [EB/OL]. [2005 - 10 - 21][2015 - 1 - 15]. http://www. cou. on. ca/publications/publications-archives/academic-colleague-papers/pdfs/the-problems-faced-by-academics-at-various-stages-.

② 牛萍等. 青年人才资助的"科研年龄"和"职业生涯早期"标准及其启示[J]. 中国科学基金，2013(1).

产出",有的人却已发表近百篇 SCI 论文。整体来看,近 30% 的华人精英科学家在职业生涯早期发表了 0—10 篇(含)SCI 论文,拥有 10 篇以上成果的样本则超过了 70%(见图 2-5)。根据我们的个人经验,再结合约安尼蒂斯等(2014)此前的发现:仅有不到 1% 的科学家能够保持每年至少发表一篇论文。对华人高被引群体而言,在初入科学界,研究资源和经验尚不充足的"青椒"阶段,论文产出力即已进入同期群前 1% 的行列。由此不难推断,华人精英科学家在学术生涯早期已经表现出了多产的特征。本研究假设一的前半部分得到了证实。

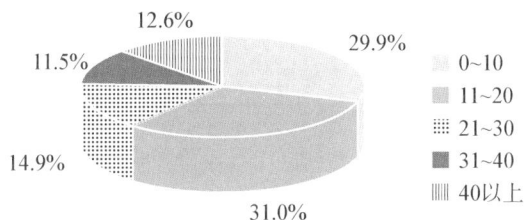

图 2-5 华人高被引科学家早期阶段 SCI 论文产出量分布图

朱克曼将诺贝尔奖得主早期的高发表归因于他们师从那些高产的科学家导师。在导师的示范与督促下,他们建立起有助于获得重大研究发现的工作方式。更重要的是,通过与导师合作署名发表论文,他们获得了更快被科学共同体认可的机会。朱克曼认为,未来获奖人与对照组科学家在早期发表上的差别,大部分是由这种师生合作产生的。如果遇到热心提携后辈的导师,他们会特意将年轻科学家的姓名排在合作者名单的前列,甚至放弃自己的署名机会。[①] 而在本研究能查找到导师信息的 68 位科学家中,有 43 位曾在职业生涯的不同阶段有过与导师合作发表的行为,这一比例超过了 63%。其中 35 位科学家从读书期间至博士毕业后 6 年内一共和导师合作发表过 293 篇 SCI 论文,占这 35 位科学家论文发表总量的 3.15%。师生平均合作 8.37 篇,不过有的师生组合只产出了 1—2 篇论文,而合作频次最高的则达到 63 篇。

此外,考虑到世代效应的影响,笔者对不同年龄层样本的早期发表情况也进行了统计。通常情况下,大学生于 22 岁左右取得本科学位,在不中断学业的前

① [美]朱克曼.科学界的精英——美国的诺贝尔奖金获得者[M].周叶谦,冯世则译.北京:商务印书馆,1979:203-205.

提下再用 5 年甚至更久时间完成研究生阶段学习。所以一名学者获得博士学位的年龄一般至少在 27 岁。根据这一经验推断，专业年龄在 23 岁以上的科学家，自然年龄一般超过 50 岁；专业年龄在 37 岁以上的科学家，自然年龄通常超过 65 岁。因此，本研究以专业年龄 23 和 37 岁作为两个分界点，将所有具有博士学位的样本划分为青年组（专业年龄 23 岁以内）、中年组（专业年龄 23—37 岁）和老年组（专业年龄 37 岁以上）。结果显示，老、中、青高被引科学家在职业生涯早期的论文发表量存在极其显著的差异（见表 2-3）。青年组科学家在此期间的发表量分别是中年组和老年组的 2.6 倍和 4.7 倍。

表 2-3　华人高被引科学家职业生涯早期 SCI 论文发表量的方差分析表

	有效样本数	均值	标准差	组间差异	
				F	Sig.
青年组	11	55.45	34.326		
中年组	45	21.51	15.611	26.574	0.000 0
老年组	31	11.74	8.386		
合计	87	22.32	21.618		

老中青三代精英科学家在职业生涯早期发表上为何表现出如此巨大的差异？从现有数据出发只能作出简单推断，即一方面这很可能与环境变化有关。一般认为，学术职业在 20 世纪 50、60 年代经历过一个快速扩张期，随后趋于饱和，致使新入职者需要做出更显赫的成绩才能谋得教职，从而导致学术产出压力渐增。为适应这一变化，较晚入职的青年一代"被迫取得"了比前辈更大的发表量。不过，这似乎无法解释青年组的发表量标准差也以几乎与均值相同的倍数大于中老年组。换言之，青年组的发表量尽管总体上高于中老年组，但其内部的离散程度也同样高于中老年组。倘若仅有发表压力的影响，为何一部分人要取得那么大的发表量，而有的人发表少得多也能满足要求呢？因此，这里不能排除个人素养（在精英科学家中也有个体差异）、学科差异（学科之间对发表量的要求不同）等因素的影响。特别需要注意的是，"环境压力说"的解释具有明显的经济学"无利不起早"的倾向，假设"无压力就不发表"，这很可能忽略了科学家对于科学事业的兴趣和热情的作用（对此，本书后面部分有进一步的阐述）。

三、论文产出量的年龄变化规律

若要探索华人高被引群体科学产出的数量周期,年龄对发表的影响就成为一个不可回避的问题。关于科学产出与年龄关系的争论可以追溯到雷曼(Lehman)在 1953 年做的一项经典研究。在该研究中,雷曼列出了主流科学史上的所有重要发现,然后比较不同年龄段科学家所做出的重要发现的数量,结果表明,年轻科学家比年长科学家的成就更大,从而得出年龄与研究产出或创造力之间呈负相关,即研究产出会随年龄增长而下降的结论。[①] 这一结论为当时的主流观点提供了最初的支持,并且由于和人们此前的经验吻合,因而被广为接受。但其分析方法却受到后来研究者的诟病。

20 世纪 70 年代以来,关于该主题的研究数量逐渐增多,研究设计越来越精细,相应的研究结果也更加丰富起来。科尔(1979)认为雷曼分析方法的主要缺陷是没有考虑到不同年龄段科学家的总数差异,而仅仅采用不同年龄科学家所做出的重要发现占全部发现的比例,就得出年轻科学家比年长科学家做出更多重要发现的结论。科尔曾用一套假设的数据,按不同方法分别计算,按照雷曼的算法,年轻科学家做出的重要发现占全部重要发现的比例高于年长科学家,但如果计算做出重要发现的不同年龄的科学家占其年龄组科学家总人数的比例,则发现做出重要发现的年轻科学家和年长科学家的比例是相同的。换言之,"多数重要发现的确是由年轻科学家做出的,但这是因为大多数科学家都是年轻人,而不是因为年龄对科学创造力有因果性的影响。"[②]

针对雷曼研究方法上的缺陷,科尔认为,有两种更合理的方法可用于检验年龄对于科学表现的影响,一种是分析不同年龄科学家在同一时间的研究产出,另一种是分析科学家同期群在其整个职业生涯中的研究产出。他运用这两种方法,首先从 1969 年美国教育理事会大学声誉研究的博士学位授予机构中随机抽取了六个领域(化学、地质学、数学、物理学、心理学和社会学)的科学家,计算1965—1969 年(其中,数学家选取的是 1970—1974 年)发表论文的数量及被引

① Lehman, Harvey C. Age and achievement [M]. Princeton, N J: Princeton University Press, 1953.

② Cole, Stephen. Age and scientific performance [J]. American Journal of Sociology, 1979, 84(4): 958 – 977.

用率，对年龄与科研产出的数量与质量的关系进行横向检验[1]；以 1947—1950 年间在美国大学获得数学博士学位的 497 人作为样本，搜集了他们 25 年中 (1950—1974)发表的论文和这些论文的被引次数，对年龄与科研产出的数量与质量的关系进行纵向检验。结果发现年龄与研究产出的数量与质量之间均存在非线性关系，即通常所说的"倒 U 型"曲线——一个先随年龄上升，达到顶峰，之后下降的过程(例外的是数学家群体，在他们身上没有发现年龄的系统影响)。不过在科尔看来，这种影响很微弱。

这一结论在后续研究中得到了较多支持。斯韦恩·基威克(Svein Kyvik)综述了 20 世纪 50 年代至 80 年代的多项研究，发现它们都支持年龄与发表数量之间存在一种曲线相关。科学家的发表量先随年龄增长，大约在 30 岁末到 40 岁初时达到顶峰，然后下降。而且，年轻时多产的科学家在老年时依然能够保持多产。即便科学家的发表率整体随着年龄增长下降，但最多产的那部分科学家的下降速度更慢。[2] 门伟莉和张志强(2013)指出，在对年龄与创新能力关系持续关注的近 200 年间，涉及不同领域的研究中，大部分学者都认同科学家的创造力服从年龄的倒 U 形函数(其中绝大多数成果是在 35—50 岁间完成的)。[3] 此外，以国内科学家为样本的一些研究也证实了上述结论。尚智丛(2007)通过对中科院中青年杰出科技人才的年龄特征进行分析后认为，国内科研人员的学术成长周期大体是：28 岁获得博士学位；基于博士研究工作，在 26—29 岁期间首次发表索引论文，获得国际同行关注；31 岁首次获得资助并独立开展研究工作，此后研究能力与成果产出逐渐提升，至 36—40 岁达到高峰，并持续至 45 岁。创新高峰年龄符合科学社会学研究所发现的科技人才研究能力发展的一般规律。[4]

不过，近年来也有一些研究发现对这一结论构成挑战。加拿大魁北克大学

---

① 大量文献表明，如果"质量"(quality)被定义为科学共同体对于科学家所做工作的态度，那么引用(citations)是衡量科学家所做工作质量的较为可靠的指标。对于科学家工作引用的数量与同事对其工作的意义的评价(Cole，1978)，与美国科学院(the National Academy of Sciences)的选举(Stern，1978)，与或诺贝尔奖的可能性(Cole and Cole，1973，第二章)，以及科学家报告谁对他们的工作产生了最大的影响(Mullins et al. 1977)都有高度相关。

② Kyvik，Svein. Age and scientific productivity：differences between fields of learning [J]. Higher Education，1990,19(1)：37 - 55.

③ 门伟莉，张志强. 科研创造峰值年龄变化规律研究综述[J]. 科学学研究,2013(11).

④ 尚智丛. 中国科学院中青年杰出科技人才的年龄特征[J]. 科学学研究,2007(4).

(University of Quebec in Montreal)开展的一项针对 14000 名教师的调查显示，50s、60s 年龄段教师的年均学术产出量是他们 30s 岁时的 2 倍，而且发表的都是引用率高的优质文章。杰夫·布鲁姆菲尔(Geoff Brumfiel)总结认为，年长科学家的发表成果无论从数量还是质量方面都优于他们的年轻同事。[①] 林曾以人生过程理论作为分析框架，使用 2004 年美国全国高等院校教授调查数据，以四年制大学理科教授群体作为研究对象所做的分析发现：年龄对科研能力有明显的正面影响；科研能力的巅峰不只出现在一个年龄段而是出现在多个年龄阶段。当引入性别、专业、机构声望和出生地作为控制变量时，年龄对科研能力的正面影响不仅存在而且显得斑斓多彩，实所谓"青春诚可贵，夕阳无限好"。[②③] 而科斯塔斯(Costas)、莱文(Leeuwen)和博尔东(Bordons)(2010)所做的研究表明，年龄与研究产出的关系对于不同层次的科学家群体而言，也是不同的。他们选取了任职于西班牙国家研究委员会(Spanish National Research Council，西语缩写 CSIC)的 1 064 位研究者(涵盖三个领域：生物学和生物医药 388 人，材料科学 327 人，自然资源科学 349 人)，采用文献计量学方法，从三个维度(产出，可观察的影响和期刊质量)九个文献计量指标测量其研究产出情况，并根据科学家在三个维度上的表现将其划分为高、中、低三个层次，探讨年龄对不同层次科学家的产出和影响力的作用，结果发现三个领域中的顶级和中等表现的科学家发表成果的数量均呈倒 U 型曲线，低层次的研究者则持续下滑；在每篇作品的引用率上，所有科学家都呈现下滑趋势，这在顶级研究者身上尤其明显，原因可能是因为他们在年轻时的贡献价值较大，衬托得年长后的研究产出质量下滑更明显。[④]

基于对已有研究的分析，我们发现，关于年龄与研究产出之间究竟存在怎样的关系已不那么确定，或者说至少不能一概而论了。鉴于此，本研究提出了第二

① Geoff Brumfiel. Older scientists publish more papers [EB/OL]. [2008 - 10 - 28][2014 - 8 - 23]. http://www. nature. com/news/2008/081028/full/4551161a. html.

② 林曾. 夕阳无限好——从美国大学教授发表期刊文章看年龄与科研能力之间的关系[J]. 北京大学教育评论，2009(1).

③ 林曾. 年龄与科研能力：来自美国四年制大学理科教授的调查报告[J]. 科学学研究，2009(8).

④ Costas, R, van Leeuwen, T N. and Bordons, M. A Bibliometric classificatory approach for the study and assessment of research performance at the individual level：The effects of age on productivity and impact [J]. Journal of the American Society for Information Science and Technology, 2010,61(8)：1564 - 1581.

项假设，即"华人高被引群体的学术产出随年龄增长呈现规律性变化，且在学术成长历程中存在不止一个产出量的高峰。"为了验证该假设，笔者根据华人高被引科学家 SCI 期刊论文数据库中提供的信息，绘制出了全体样本的人均 SCI 论文发表量随时间变化的散点图（见图 2 - 6）。这里需要说明的是，由于研究进展的安排，加上 Web of Science 数据库内容更新存在一定的时间差，本研究数据库中最后一年的期刊论文发表数量是不完整的。绝大多数老年科学家的发表量受此影响非常小，但青年组与中年组科学家正处于学术生涯的活跃期，这部分数据的缺失直接导致了他们的学术发表曲线在专业年龄最末端有一个陡峭下滑的趋势，但这并不代表他们的真实发表量急剧减少。

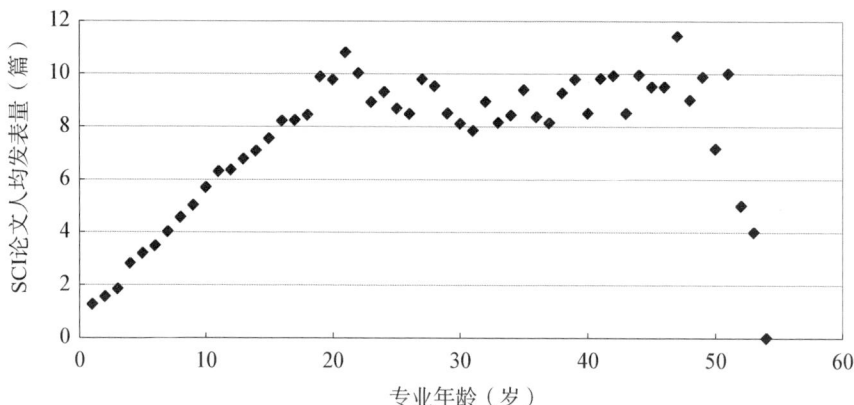

图 2 - 6　华人高被引科学家总体论文产出的时间变化图

通过观察图 2 - 6 可以发现，在专业年龄 0—20 岁，华人高被引学者的 SCI 论文发表曲线基本呈逐年上升的趋势。事实上自博士毕业 14 年之后，他们每年发表的 SCI 论文数就已经比较稳定地超过 8 篇，直到专业年龄 49 岁，这 35 年间主要集中在 8—10 篇上下徘徊。发表量最多的两个高峰时期先后出现在专业年龄 19—20 岁和 45 岁左右，年均发表接近或者超过 11 篇。由此可见，有大约 20 年科研从业经验的精英科学家是开始处于多产期，且表现最稳定的群体。这一发现基本验证了此前关于华人高被引学者的学术产出随年龄增长呈规律性变化的假设，不过并不是已有研究总结的"倒 U 型"曲线，而是一个持续相当长高产时间的多高峰梯形曲线。进一步推算可知，专业年龄 20 岁大体相当于自然年龄

50岁前后。中国科学院院士张维、陆士嘉夫妇晚年曾对其后辈口述过："一个科学家最宝贵的时光是五十到六十岁。因为此时已经看明白了你研究领域的各种各样的东西,知道自己要干什么,又有资源、有实验室、有助手,又有了思想,还有精力。"[①]因此,华人高被引科学家在多产时期的杰出表现是包括丰富的从业经验、明确的发展方向、良好的人脉资源、优越的研究条件等各种优势因素累积叠加的结果。

四、华人高被引群体内部的论文产出力比较

华人高被引学者虽然总人数并不多,但群体内部的差异却是非常显著的,主要表现在这些科学家的出生年代跨度相当大,有的甚至接近半个世纪;且分布在ESI统计的21个专业领域;另外,所处的国家地区有着不同的科研制度和工作环境,可能对学术产出带来影响。但遗憾的是,由于2001版分布在中国大陆的样本量本身就很少,其中还有数位科学家与他人重名,且本身简历信息不完整,造成了对其成果的分辨难度太大,导致本研究自建的华人高被引科学家SCI期刊论文数据库中可分析的大陆地区样本量过少,无法与其他地区的科学家做对比。因此,在对华人高被引学者的整体发表情况有了一定了解后,我们决定使用自建的数据库,对处于不同年龄层和隶属于不同学科门类的样本的学术发表周期进行了比较分析。

(一) 不同年龄组样本的比较

如前文所述,本研究以专业年龄23岁和37岁作为两个分界点,将所有具有博士学位的样本划分为青年组(专业年龄23岁以内)、中年组(专业年龄23—37岁)和老年组(专业年龄37岁以上)。统计显示,在三个年龄段的学者中,青年组科学家的发表量显著高于他们的中老年组前辈,超过了老年组科学家年均发表量的2倍,且在标准差相差不多的情况下,达到了中年组均值的1.6倍(见表2-4)。而中老年组高被引科学家的发表曲线与整体变化曲线皆有较多重合部分(见图2-7),更接近我们上文所描述的全体华人高被引学者的论文发表数量规律,原因可能与本研究中这两个群体的人数最多有关。以下就对不同年龄层科学家的学术产出情况展开具体分析。

---

① 高晓松.《朝花夕拾(上)》,《晓松奇谈》. 2015 - 02 - 06.

表 2-4　华人高被引科学家 SCI 论文年均发表量的方差分析表

	有效样本数	均值	标准差	组间差异	
				F	Sig.
青年组	11	12.40	7.089 8		
中年组	45	7.70	6.630 4	4.921	0.010
老年组	31	6.03	3.520 5		
合计	87	7.70	6.040 5		

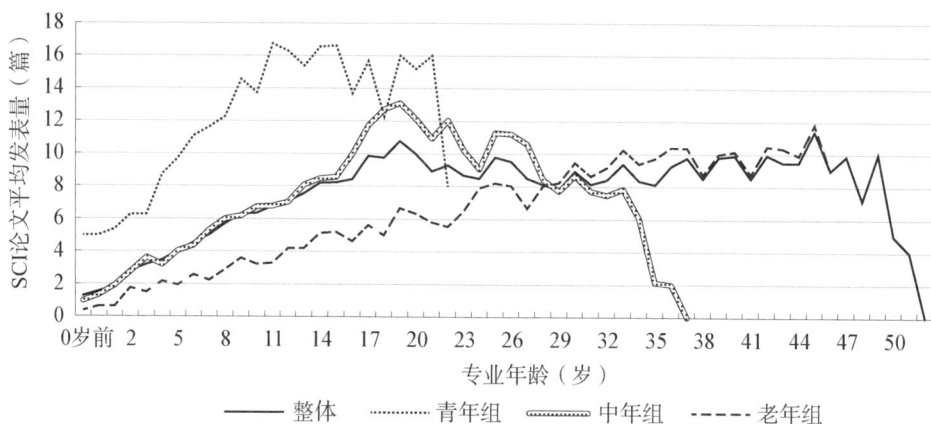

图 2-7　华人高被引科学家的论文产出与专业年龄关系图

1. 青年组

专业年龄 23 岁以内的青年组科学家是当之无愧的"高产者中的佼佼者"。其发表曲线从一开始就高高上扬，且这种出版数量的优势几乎体现在他们迄今为止学术生涯的所有阶段。初出茅庐时，该群体人均发表的 SCI 论文篇数即已远超其他年龄组科学家数倍，到顶峰时期人均产出量/年超过 17 篇，比中年组科学家的发表极值多 4 篇，比老年组科学家多 5 篇。青年组科学家年均发表 12.4 篇 SCI 论文（见表 2-4），不过群体内部的出版数量相差最为悬殊，有的青年学者最多时一年发表超过 60 篇论文，有的仅发表了 1～2 篇。

如图 2-8 所示：①青年组科学家的首个学术发表高峰大约出现在博士毕业后第 4 年，从人均不到 7 篇迅速提升至接近 10 篇，此后的所有阶段再未少于 10 篇；②专业年龄 10 岁左右，他们迎来了自己学术生涯第二次明显的发表高峰期,年人均发表 15 篇论文左右;③紧接着又用大约 2 年时间迅速冲至迄今为止出版量的顶峰,达到 17.18 篇,之后维持了一段长达 5 年左右相对稳定的高产出时期;④不过,在专业年龄 17 岁至 19 岁间他们遭遇了两次较明显的发表小低谷,然后很快又冲回高峰,恢复后的发表量几乎与顶峰时期持平。应当说,专业年龄 19 岁后,青年组华人高被引科学家仍然处在他们的学术发表高峰时期。

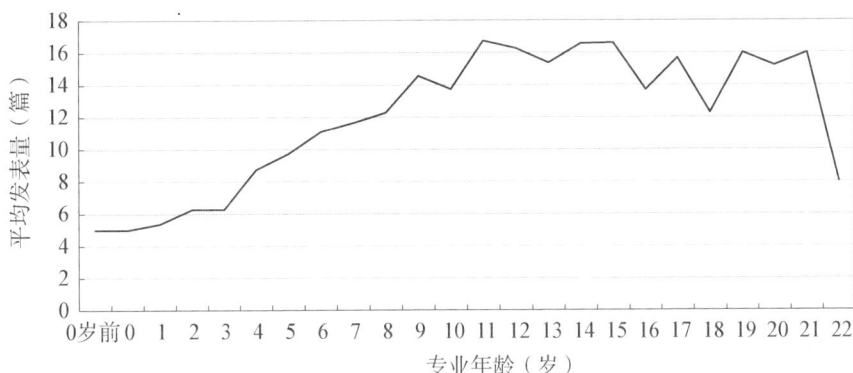

图 2-8　青年组华人高被引学者的论文产出与专业年龄关系图

注:专业年龄=当年-博士毕业年(博士毕业后距今的时间),0 岁前即博士毕业前,0 岁为博士毕业当年。

本研究的青年组样本中,接近 70% 的学者都有过博士后研究经历,时间从 1～5 年不等,以 1～2 年最多,这也是由当前学术职业市场的需求所决定的。对这部分科学家来说,博士毕业后第 4 年他们基本都已进入大学教师终身轨系统,但尚未获得终身教职。此时,工作环境已经适应,可以在学术发表上投入更多的时间和精力;同时,由于面临"非升即走"的要求,青年科学家也有更大的动力来提高科学产出。而到了专业年龄 10 岁前后,多数华人高被引学者已晋升为正教授(本章后面部分有专门研究),不再有职称晋升的压力,在专业上反而有了更突出的表现。由此推断,晋升压力并不是影响科学产出的最重要因素。作为一名成熟的研究者,拥有稳定的工作环境、独立的实验室和核心团队、充足的研究资金,再结合必不可少的专业积累和个人素质,才是迎来科学发表高产期的重要基础。

2. 中年组

统计显示,中年组华人高被引科学家的 SCI 期刊论文年均发表量为 7.70 篇(标准差 6.630 4)。由图 2-9 可见,①中年组样本在专业年龄 15 岁(含)之前的发表曲线与华人高被引群体的整体走向大幅度重合，基本呈稳步上升趋势；②15岁之后该群体的发表量出现一个明显的快速增长期，并开始高于全体样本的发表均值，直至博士毕业后第 19 年达到顶峰，人均一年发表 13 篇 SCI 论文，最多的学者达到 60 多篇，最少的仅 1～2 篇；③专业年龄 19—33 岁之间，中年组高被引科学家的出版数量处于震荡下行状态，其间也出现过两个小低谷，但很快迎头赶上。不过总体看来，发表量仍然保持在较高水平（7 篇/年以上）。④自专业年龄 33 岁起，中年组科学家的论文发表量开始急速下降，此时的人均发表篇数已经明显低于华人高被引学者的整体发表水平了。

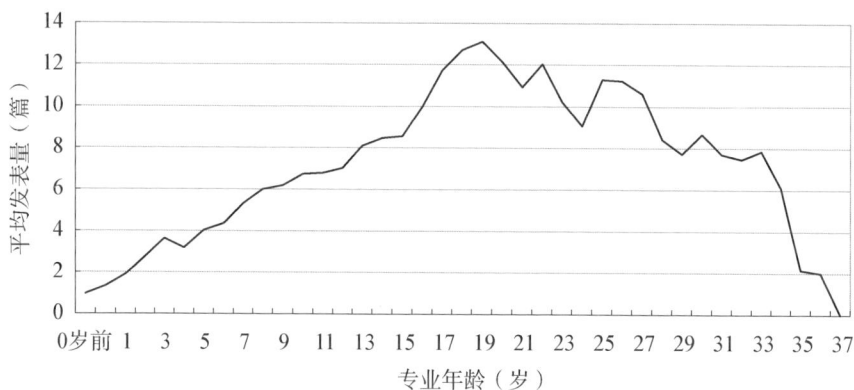

图 2-9　中年组华人高被引学者的论文产出与专业年龄关系图

中年组华人高被引科学家基本都是 20 世纪 40 年代末至 60 年代初生人，做过博士后研究的比例相对少得多，即便有，也集中在 3 年以内。且这组科学家晋升正教授的平均年龄虽然比青年组科学家稍大一点，但依然保持在专业年龄 10 岁之下。所以 15 岁后的样本，基本都已成为各研究机构的中坚力量。在科学界，经验意味着眼界和高度，而资历能带来巨大的资源。推算可知，当中年组科学家处于专业年龄 15—19 岁时，大约是 1995—2000 年前后，其时的美国处于克林顿任期内，联邦政府大力提高科研资助力度，支持基础研究和民用研究；而经济刚刚腾飞的中国大陆，政府投入基础研究的经费也在稳步增长。无论在何处，知名大学的资深科学家在资源分配过程中都处于优势地位，在学术职业市场竞争尚不过分激烈的年代，已是凤毛麟角的他们，可以说赶上了一个科学家成长的"黄金时代"。

3. 老年组

与以上两组相比,学术生涯历时最长的老年组科学家的 SCI 期刊论文发表均值显著最低,为 6.03 篇/年(标准差 3.520 5)。且该组样本的成长周期表现得更加复杂。总体来看,他们在专业年龄 28 岁之前,期刊论文的产出量长期缓慢震荡上升,不过数值一直低于华人高被引科学家的整体发表均值,同时也远低于中青年学者的各自出版量。不过在专业年龄 28 岁后,老年组科学家则是三个年龄组中唯一高于全体样本发表均值的群体,而且还维持了一段较长的稳定高产期。

仔细分析他们各阶段的发表规律可以看出(见图 2 - 10):①专业年龄 19 岁之前,老年组高被引学者的人均发表量呈波动上升,并在 19 岁时迎来了一个比较明显的发表高峰。不过群体内部的分化也很明显,有的学者年均发表数超过25 篇,有的还尚未发表过一篇 SCI 论文;②老年组样本的又一个集中发表时期大约处于专业年龄 25 岁前后,年平均发表超过 8 篇,但接下来的 2 年很快进入了一个短暂的低谷期;③专业年龄 30 岁后,老年组科学家终于进入了他们一生中最高产的阶段,并在 45 岁时达到学术生涯的顶峰,年均发表量接近 12 篇。30—49 岁之间,虽然也经历了大大小小的波动,但老年组科学家的年均发表量总体维持在 10 篇上下,保持了一个相当可观的水平。④最后,专业年龄接近 50岁时,该组样本的学术发表量快速下滑。这对于一个自然年龄接近甚至超过 80岁的群体而言,应当算是一种正常的自然衰退现象。

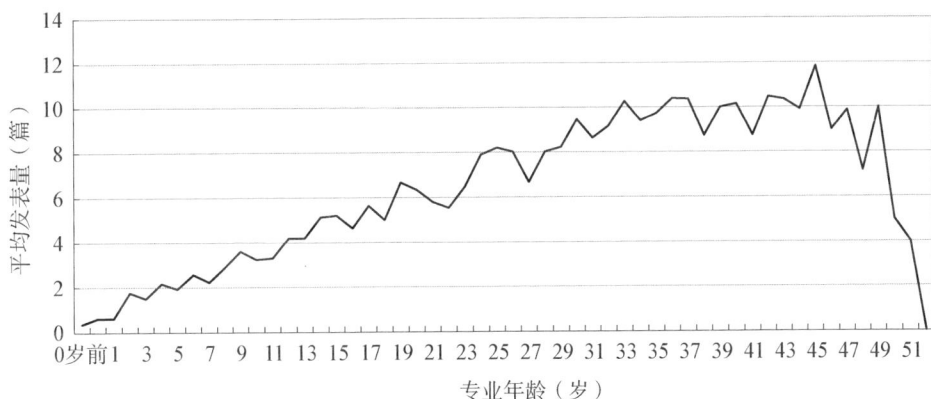

图 2 - 10 老年组华人高被引学者的论文产出与专业年龄关系图

在本研究自建的 SCI 期刊论文数据库中，老年组科学家共有 31 个样本，数量基本能满足对某个特定群体的考察要求。与其他两组的产出规律比较可以看出，老年组科学家的发表周期相对变化平缓。他们在专业年龄 30 岁左右才进入一生学术发表的巅峰期，在职业生涯后期的表现远超过前期，特别是博士毕业后 45 年依然能够再创产出新高，突破了自然规律的制约。经验告诉我们，自然年龄接近甚至超过 80 岁的老年人无论精力、动作还是思维都比青年人逊色得多。特别是实验性科学领域的学者，受年龄的影响更大。不过这种负面影响并没有在老年组精英科学家身上体现出来。除了感佩于他们老骥伏枥的雄心、孜孜不倦的精神外，还联想到约安尼蒂斯等人的结论——高产的科学家通常都是所在实验室或研究团队的负责人，他们有能力申请到巨额的研究基金并监督研究进程，因而有权力在绝大多数研究成果上署名。① 资深科学家通常都领导了一个庞大的研究团队，有大量青年科学家在他们手下从事具体研究工作，但在论文发表时他们依然会被署名为通讯作者。这也许是对老年科学精英依然保持高产现象的一种更加全面的解释吧。

（二）不同学科组样本的比较

在以上关于年龄和论文产出力关系的分析中，科学家发表量的高离散程度提示我们有必要考虑其他因素的影响。通过考察以往研究发现，年龄与论文产出力之间的关系存在学科差异已基本受到认可。从更大范围来看，人文社科领域的研究产出较少与年龄相关，自然科学领域则更多受到年龄影响。而在自然科学领域内部，不同学科之间的情况也存在差别。基于此，本研究提出了假设三：华人高被引群体学术产出的变化特征存在学科差异。具体表现在，不同学科的华人高被引群体发表数量的变化趋势呈现不同特征，且作出高质量研究成果的年龄有大小之别。这里，我们就对该假设的前半部分进行检验。

汤森·路透的 21 个专业领域是按照论文类别对科学家进行归类，因而有的科学家同时属于两个甚至三个专业领域，无法与通用的学科分类目录相对应。因此，本研究根据研究对象的工作部门（系/所）所属的学科门类，并结合其学术背景，按照美国 CIP - 2000 学科分类标准（Classification of Instructional Programs），将

---

① Ioannidis，J P A，Boyack，KW，Klavans，R. Estimates of the Continuously Publishing Core in the Scientific Workforce [J]. PLOS ONE，2014(9).

本研究的样本分为理学和工学两个子群体(见表 2 - 5)。汤森•路透的专业领域大多能够比较清晰地界定出属于哪一门科学。例如,物理学、化学、数学、生物与生化学等领域属于理科;工程学、计算机科学等专业属于工科。对于少数交叉领域(例如材料学)而言,笔者依据科学家的研究领域进一步分类,当前在理科院系工作并从事偏理科研究的科学家属于理学类,在工程院系工作并拥有工程背景的样本划为工学类。此外,由于医学和农学领域的样本量太少,考虑到这几位科学家的研究领域皆可归为理科,所以将其与理学样本并为一类。最终统计显示,本研究中理学类样本的有效百分比为 65.5%,工学类样本占 34.5%。下文就对理工两类华人高被引科学家的论文产出周期进行对比分析。

表 2 - 5　华人高被引科学家 SCI 论文年均发表量的学科比较

	有效样本数	均值	标准差	组间差异	
				F	Sig.
理学组	57	6.89	5.173 2		
工学组	30	9.22	7.270 1	3.259	0.075
合计	87	7.70	6.040 5		

1. 理学类

华人高被引理科学者年均发表 6.89 篇 SCI 论文(标准差为 5.173 2),低于全体华人高被引科学家的发表均值(见表 2 - 5)。样本的发表曲线总体是缓慢上扬的,高产期出现在职业生涯后段(见图 2 - 11)。他们在专业年龄 9 岁和 19

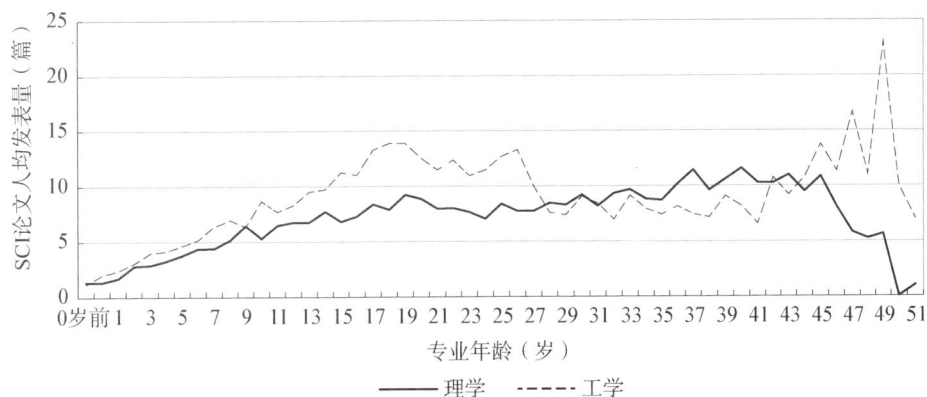

图 2 - 11　华人高被引科学家的论文产出与学科关系曲线图

岁时先后迎来两个比较明显的产出小高峰,之后发表量略有下降;专业年龄 28 岁后进入比较稳定的高产期,年均 SCI 论文超过 8 篇;巅峰时期出现在专业年龄 36—45 岁之间,年均论文产出基本都超过了 10 篇;专业年龄 46 岁后,样本的发表量才开始明显下降。

2. 工学类

工学组样本的年均发表量为 9.22 篇(标准差为 7.270 1),高于理学同侪的均值,但二者之间不存在显著性差异。相比之下,华人高被引工科学者的 SCI 论文发表曲线变化幅度更明显。这也验证了本研究的假设三,证实了不同学科的华人高被引群体的发表数量周期呈现不同特征。在职业生涯前半段,比较突出的几个发表高峰包括专业年龄 10 岁、18—19 岁(人均 SCI 论文数相同)和 26 岁,特别是在专业年龄 18—26 岁之间他们迎来了自己学术生涯的发表巅峰期,相比理学科学家明显提早一些。这 9 年间他们的年均发表量大于 10 篇,最多的时候接近 14 篇/年,超过了对照组样本的最高发表量。专业年龄 26 岁后的 SCI 论文产出迅速下降,但 28—41 岁之间大体稳定在 7～9 篇/年,与理学组样本高位期的发表数基本持平,且在专业年龄 30—40 岁又先后创造了几个较小的产出高峰。

职业生涯后段(专业年龄 42 岁之后)的工学组科学家样本数减至 10 人以内。因此图 2 - 11 曲线最后的连续井喷式增长并不是建立在广泛样本量的基础上的,但也确实反映出有华人高被引工科学者晚年依旧活跃在科研一线,甚至迸发出新活力,有超过 20 篇/年的论文产出量,科研实力不容小觑。

五、总结与讨论

(一) 华人高被引科学家论文产出力的梯形曲线变化规律

综合考察华人高被引学者整体以及各子群体的 SCI 论文发表情况后不难发现,精英科学家的学术产出量总体表现稳定,呈现为一条梯形曲线,表明他们在相当长的时间里持续高产且存在多个产出高峰,较少有大起大落的情况。①他们在职业生涯早期(专业年龄 0—6 岁)即已表现出卓越的科研潜质,相比普通科学家发表了明显更多的 SCI 论文。②华人高被引学者的发表均值不仅显著高于普通科学家,在整个国际高被引群体中亦表现不俗。我们的优势专业包括数学、工程学、材料科学和计算机科学,生物学相关专业科学家的总体表现逊于国际高被引群体的平均水平。③华人高被引学者职业生涯前段的论文发表量一般是稳步上升的,首个明显的产出高峰通常在博士毕业后 10 年前后到来,第二个比较突出的时期则出现在专业年龄 20 岁左右,30 岁之后还会有一段比较稳定的高产期,有的科学家更是后劲惊人,甚至在专业年龄 40 岁以上还会迎来发表爆发期。在产出高峰阶段,他们的年均 SCI 论文发表量超过 10 篇,有的科学家甚至可以达到几十篇之多。④在样本内部进行比较后发现,青年组科学家的论文出版数量显著高于中老年组前辈,且这种遥遥领先的优势几乎贯穿在他们迄今为止学术生涯的所有阶段。理学和工学科学家的产出均值不存在显著性差异,不过理学组科学家的产出表现更稳定,工学组的发表量变化幅度更大。

应当说,通过本节的探讨,本研究假设一、二和三中的相关内容都得到了证实。至于对这种周期变化的解释,以往学者也提出了不同的理论。科尔认为,科学家的科研产出主要是受"科研奖励系统"(scientific reward system)的影响,即奖励系统给予部分科学家更多精神奖励(如引用)和物质回报(拥有更多的研究资助、研究生、助手和技术帮助),使得强者恒强,弱者逐步被淘汰,从而拉平了整体表现。① 正因有科学奖励系统的存在,优秀学者才会在初涉科学界时为了获得同行认可而全力投入,力争高发表。在已经处于事业巅峰期,获得高声望后仍不懈怠,保持了相当长时间的多产期。换言之,年龄对研究产出并不是直接影响,而是通过学术职业系统中的一些要素(如科研奖励系统)在起作用,这里我们姑且称之为年龄对于研究产出影响的"中介效应"。

而关于影响年龄与研究产出之间关系的中介因素,除科研奖励系统外,其他一些要素在以往研究中也得到挖掘。莱文和斯蒂芬(Levin & Stephan, 1989)使用 1977 年的博士学位获得者调查(Survey of Doctorate Recipients, SDR)数据,对四个科学领域(生物化学、物理学、地球科学、植物和动物生理学)的科学家在 1978 年、1979 年发表的作品②,从五个方面(发表总数、合作情况、发表期刊影响因子、综合考虑合作因素与发表质量、发表频率)进行测量,并将科学家所在机构分为研究生培养单位和非研究生培养单位,分别呈现研究结果。发现在所评估的关系中,年龄只能解释不超过 13% 的产出上的变化,这种关系与所在机构

---

① Cole, Stephen. Age and scientific performance [J]. American Journal of Sociology, 1979, 84(4): 958 – 977.

② 选择 2 年,依据是 Nelson 和 Pollock(1970)发现在物理科学领域,从工作起始到发表,周期为 25 个月。

性质(是否为研究生培养单位)，以及是否开展合作研究有关。[1] 由于本研究的样本基本全部来自研究型大学，且合作已成为当今时代的主流科研模式，因此这两项基本可以被排除出中介变量。

莱斯特和迪(Leisyte & Dee)讨论了 1980 年以来，欧洲和美国研究型大学机构环境的变化对于学术工作的影响，认为美国研究商业取向的合法化以及欧洲新公共管理思想在公共政策领域的兴起等都影响了大学的工作环境与学术活动。作者预计在这种影响下，总的发展趋势是专业自主权降低，教师角色分化，以及对学术产出进行量化评估。教师的自我身份认同正从一种"自治的社区"转变为在学术精英和大学管理者统治下的"知识工人"。[2] 这些必将对科学家的研究表现产生影响。联系我国当前对教师绩效考核的强调，特别是越来越多的研究型大学开始实施"非升即走"政策，应当说也属于学术人工作环境变化的一个缩影。但本研究通过对样本成长周期的分析发现，华人科学精英的产出高峰往往出现在求职或晋升问题解决之后。由此推断，对真正有创造力的学者而言，相对宽松稳定的研究环境可能更加重要。

(二) 华人高被引科学家论文产出力的时代差异

所谓"时代差异"，指的是生于不同历史时期的科学家，其年龄与研究产出之间的关系表现是不同的，反映在本研究中即为不同年龄层科学家的产出表现存在显著性差异。奥维尔(Over)在对英国心理学家群体的年龄与学术产出关系进行探讨的同时指出，即使个体随年龄增长出现科研产出的递减态势，也是由特定年龄阶段相关的时代环境变化，诸如职业竞争激烈程度、资源支持情况等引起的。[3] 也就是说，论文产出力的变化很可能受到世代效应的影响。"世代效应" (cohort effects)是指生于同一历史时期或者经历过某个相同的社会事件，亦或是受同一种人口结构变化趋势影响的群体，可能拥有与其他群体相区别的共同

[1] Levin, Sharon G. and Stephen, Paula E. Age and research productivity of academic scientists [J]. Research in Higher Education，1989,30(5)：531 – 548.

[2] Leisyte, Liudvika and Dee, Jay R.. Understanding academic work in a changing institutional environment：Faculty autonomy, productivity, and identity in Europe and the United States [M]// Smart，J C, Paulsen, M B. Higher Education：Handbook of Theory and Research. Springer, 2012, 27：123 – 206.

[3] Over, Ray. Does research productivity decline with age [J]. Higher Education，1982,11(5)：511 – 520.

经验(梁玉成 2007；Cozby 2008；Keyes *et al*．2010)。① 例如，共同经历过文革的知识分子，这一事件会对他们此后的人生际遇产生相似的影响。

关于华人高被引科学家可能受到的世代效应影响，本书只能从现有数据出发作简单推断。就国内情况而言，20 世纪中叶大中华地区(包括中国大陆、中国香港和中国台湾)都经历了社会发展的剧变，生长于那个时代的科学家要面对复杂多变的社会环境，个人经历普遍坎坷，与之后的青年学者差别迥异。而从华人学者集聚的美国学术职业市场的发展轨迹来看，美国大学在 20 世纪 50、60 年代经历过一个快速扩张期，随后趋于饱和。日益萎缩的学术劳动力市场意味着年轻学者更难进入学术职业队伍②，致使新入职者需要做出更显赫的成绩才能谋得教职和获得晋升，从而导致学术产出压力渐增。

由于近年来青年科学家在学界异军突起的抢眼表现，加之他们作为新生代力量，未来将成为中国科技发展的中流砥柱，华人科学精英受到了政府的特别关注。从 2011 年起，我国计划每年引进 400 名左右的海外优秀青年人才，也就是俗称的"青年千人计划"。而当前，博士后研究基本已成为青年科学家的必备经历。我们根据华人高被引青年学者的产出规律，可以作出如下判断：在大约两个时期的博士后研究结束时(2 年/期，共 4 年左右)，这些青年才俊应当已经表现出了他们卓越的学术潜质，而有 10 年从业经验的科学家基本已经进入了高产期。这些规律可以为我们引进和培养青年拔尖人才提供参考。

(三) 华人高被引科学家论文产出力的学科差异

本研究发现，理科和工科华人高被引学者的论文发表量随年龄增长呈现明显不同的变化规律。这一结论与已有研究一致。拜尔和达顿(Bayer & Dutton)对 7 个学科领域的学术人进行考察发现，不同学科学者的产出与年龄间关系曲

① 梁玉成．现代化转型与市场转型混合效应的分解——市场转型研究的年龄、时期和世代效应模型[J]．社会学研究，2007(4)；

Cozby，P C．Methods of Behavioral Research(10th Edition)[M]．New York，NY：McGraw-Hill，2008；

Keyes，KM，Utz，RL，Robinson，W，Li，GH．What is a cohort effect? Comparison of three statistical methods for modeling cohort effects in obesity prevalence in the United States，1971 - 2006[J]．*Soc Sci Med*．2010，70(7)：1100 - 1108．

② Altbach，Philip G．Problems and possibilities：the US academic profession [J]．Studies in Higher Education，1995(1)，20：27 - 44．

线呈现不同的状态，即使存在规律，这种规律在不同学科也有不同表现。[①] 将目光投射到本研究样本之外的其他人文社科学者身上就更是如此了。基威克通过对挪威 4 所大学终身职教师的发表数据进行统计，发现不同学科领域的情况存在较大差异：社会科学领域所有年龄段教师的发表率没有显著差异；人文学科教师 55—59 岁发表成果量下降，但超过 60 岁后才达到顶峰；医学教师 55 岁后发表量开始下降；自然科学教师的发表量则随着年龄增长一直在降低。具体到自然科学内部，物理学教师的产出比数学教师降低得快，生物医学和临床医学比社会医学下降快。基威克认为这种差异与该领域知识更新速度有关。但是，在科学产出受年龄增长影响的领域（主要是自然科学和医学），早期受到专业认可的研究人员却能够一直保持较高的发表量。[②]

　　其他一些研究基本得出了类似的结论。如哈尔西和特罗（Halsey & Trow，1971）的研究发现，在自然科学领域发表量随着研究者年龄的增长而下降，人文社科则不存在这样的现象，人文社科的研究者在年老时会出现一个最后的爆发期（end spurt），对其一生的研究进行总结提升。[③] 丹尼斯（Dennis，1966）发现，在自然科学领域，发表量下降最明显的是生物学、化学和地理学，数学和植物学最小（物理学未研究），历史学和哲学则没有下降趋势。范．黑林根和迪克维尔（Van Heeringen & Dijkwel，1987）以荷兰学者为研究对象发现，物理学家和化学家的产出量下降明显，经济学家没有。科尔（1979）的研究结论是，化学家、地理学家和物理学家随着年龄增长产出减少，数学家例外。

　　这一结论提醒我们：不能简单地把不同学科学者的学术生命周期平均化、同一化，甚至笼统地按自然科学和人文社科区分也可能产生偏差。应在整体研究的基础上，对在不同层面上划分的各个学科研究者的学术生命周期分别加以深入研究，将研究结果作为与年龄有关的科研管理政策制订的依据，才能做到既公平合理，又有助于促进各个学科更好地发展。因为统一化的科研管理政策必

① Bayer, Alan E. and Dutton, Jeffrey E. Career age and research-professional activities of academic scientists: Test of alternative nonlinear models and some implications for higher education faculty policies [J]. The Journal of Higher Education, 1977,48(3): 259 - 282.

② Kyvik, Svein. Age and scientific productivity: differences between fields of learning [J]. Higher Education, 1990,19(1): 37 - 55.

③ 转引自：Kyvik, Svein. Age and scientific productivity: differences between fields of learning [J]. Higher Education, 1990,19(1): 37 - 55.

定要违背某些学科的自身演进逻辑,令这些学科被迫按其他学科的逻辑发展,结果将既不利于该学科的发展,也不利于该学科学者的成长。

至于对论文产出力学科差异现象的解释,朱克曼和默顿(1973)曾依据科学知识的体系化程度高低,提出在体系化程度较高领域的科学家更容易在年轻时做出重大发现的观点。[①] 但科尔(1979)采用多种方式对不同领域学者做出初次重大发现的年龄进行调查,结果并未发现很大差别。[②] 不过,更多的研究结果表明,年龄与研究产出的学科差别要复杂得多,单凭体系化程度高低去解释,实在是过于简单化了。关于华人高被引科学家成长历程存在的这种学科差异,还需要更具体的研究去揭示根源所在。

第二节　华人高被引科学家学术产出的质量分析
——以科学家的高被引期刊论文为例

在科学评价体系中,如果仅以论文产出数量来判断科学家的水准必然是有失公允的。研究成果的质量是另一个必须考虑、且越来越受到重视的维度。为此,科学计量学者开发了多种数据库和指标体系对科学研究成果的质量进行监测。对于精英科学家而言,虽说高发表量是他们为人熟知的途径之一,但更常见的情况是因为一项或几项突出的研究成果而受到学界瞩目,因此往往不乏“一文成名天下知”的杰出学者。而这样的“名篇”通常都会获得超高的引用率,即“高被引论文”。顾名思义,高被引论文指被引用次数位居同领域前列的文章,汤森·路透将其界定为同年度同学科领域中被引频次排名全球前 1% 的论文。这些作品代表了科学家最受专业共同体认可的研究成果,是本研究样本成为精英科学家的重要根据,也是我们能够用以评价科学家学术产出质量的可靠依据。考虑到研究的可行性,我们选择每位科学家被引频次最高的 10 篇期刊论文作为高被引论文的代表。本节利用自建的高被引论文数据库和高被引论文发表期刊

---

① 默顿,朱克曼. 科学人员的年龄、老龄化与年龄结构[M]//[美]默顿. 科学社会学(下册). 鲁旭东,林聚仁译. 北京:商务印书馆,2010:689.

② Cole,Stephen. Age and scientific performance[J]. American Journal of Sociology,1979,84(4):958-977.

数据库，以这些高被引论文为例，对华人高被引学者学术产出质量的变化规律进行探索。

一、高被引论文的发表时期

事实上，对科学家年龄与研究产出关系的关注，最初来自于对科学史上天才人物的个案观察，结论是杰出学者往往在很年轻的时候就做出了影响历史的重大发现。例如，牛顿在开始关于重力等方面的研究工作时只有 24 岁，爱因斯坦 26 岁就提出了相对论，达尔文则在 29 岁时开始发展他的自然选择理论等。人们据此相信，科学是一项年轻人的游戏。这种观点时至今日仍有影响力。以至于有些人认定，一名科学家如果过了某个年龄（通常是一个不大的年龄）还没做出什么贡献，那就注定一生平庸。基于此，本研究在研究假设中提出：华人高被引群体在职业生涯早期即已做出高质量的研究成果，不过考虑到世代效应的影响，这些高质量成果的产出年龄在逐渐增大（假设一）；不同学科的华人高被引群体做出高质量研究成果的年龄有大小之别（假设三）。

情况是否确实如此？本研究搜集到的 912 篇高被引论文中，有 853 篇能够确定发表时作者的专业年龄。对其进行分析发现，高被引论文平均发表于科学家博士毕业后的 16.48 年（标准差 9.881）。不过，高被引论文是一个相对概念。随着科学家年龄的增长与成果的累积，某人的高被引成果集群可能会发生变化。特别是对尚处在学术活跃期的中青年科学家来说，有为数不少的新近文献产出，且这些文献的被引次数一般都是偏低的，需要经历一定的时间才能稳定下来。因而，最合适的研究对象应该是论文发表量和被引频次相对凝固的样本，也就是本研究中的老年组科学家。透过他们高被引论文的发表时间更能看出优质研究成果产出的规律。

统计显示，老年组高被引科学家共发表了 311 篇高被引论文，对应的平均专业年龄为 24.55 岁（标准差 9.471），也就是自然年龄大约 55 岁左右，且理工科之间不存在显著性差异（见表 2 - 6）。由于年龄分布的离散程度较高，笔者根据每个年份对应的高被引论文篇数，绘制出了老年组华人高被引科学家所有高被引论文的发表时间散点图。从图 2 - 12 来看，研究对象在专业年龄 10 岁之前少有高被引论文产出，优质研究成果更多出现在华人高被引科学家职业生涯的中后阶段，高度集中于专业年龄 20—35 岁之间，且分布较为松散，呈现明显的多高峰特征。其中 20 岁、25 岁、30 岁和 35 岁前后分别是高被引论文产出最多的四个时期。由是，本研究假设一和三的相关内容均没有得到证实。

表 2-6　华人老年组高被引科学家高被引论文发表年龄的学科比较

	有效样本数	均值	标准差	组间差异	
				F	Sig.
理学组	184	23.74	9.016		
工学组	127	25.72	10.014	2.456	0.118
总和	311	24.55	9.471		

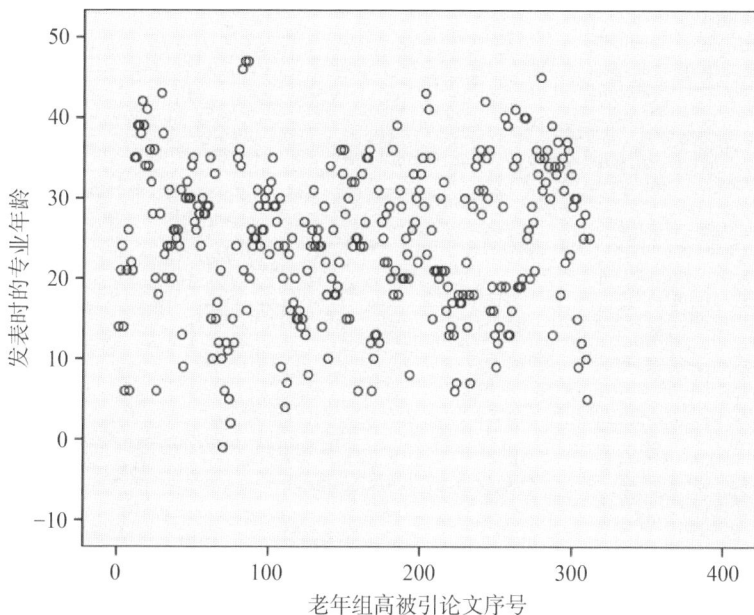

图 2-12　华人高被引科学家高被引论文的发表时间分布图

从表 2-7 的数据可以看出，华人高被引科学家在职业生涯早期发表高被引成果的情况是不多见的，第一篇高被引论文产出时间最早的是 LYZ，他作为合作者之一于博士毕业后第 4 年参与发表了第一篇高被引论文。此外，还有 6 位学者在职业生涯早期即将结束时（专业年龄 6 岁）发表了第一篇高被引论文，且主要集中在数学领域；23 位华人高被引科学家的第十篇高被引论文发表于专业年龄 30 岁之后。甚至有 7 位发表于专业年龄 40 岁之后。这意味着大多数高被引科学家在自然年龄 50—60 岁之间仍然有重量级的成果发表。也就是说，华人高被引科学家主要是在步入学术生涯的成熟阶段后才产出了高质量成果。科学家的成长需要一定的积累时间，随着科学研究的分化和发展的深入，这段积累期会越来越长，科学天才在少年时期即做出惊人发现的时代已经逐渐远去，此时更不应忽视资深科学家的创新能力。

表 2-7　华人老年组高被引科学家高被引论文的发表时间分布

科学家编码	第 1 篇高被引论文发表时的专业年龄	第 10 篇高被引论文发表时的专业年龄	第 1 篇与第 10 篇高被引论文相距时间(年)	所属专业
LZL	**5**	30	25	数学
PJS	**6**	26	20	数学
DJH	**6**	43	37	数学
QCT	**6**	36	30	数学
WZY	**6**	19	13	数学
KWJ	9	19	10	数学
LTP	14	31	17	数学
WJF	15	32	17	数学
LSC	8	27	19	地球科学
AZS	34	42	**8**	地球科学
LMZ	24	31	7	生物学
LWX	23	35	12	生物学
YXF	7	30	23	植物生化学
HQT	20	31	11	农学
QCC	**6**	31	25	工程学
SJY	8	33	25	工程学

（续表）

科学家编码	第1篇高被引论文发表时的专业年龄	第10篇高被引论文发表时的专业年龄	第1篇与第10篇高被引论文相距时间(年)	所属专业
HZM	9	35	26	工程学
ZZW	13	39	26	工程学
MYR	15	36	21	工程学
HXT	16	47	31	工程学
SJD	18	39	21	工程学
TCL	22	43	21	工程学
HZM	24	30	**6**	工程学
HK	10	35	25	计算机
LYZ	**4**	25	21	化学
ZYS	13	31	28	材料学
MHG	10	26	26	物理学
ZJW	19	40	21	物理学
YZS	28	42	14	药学
ZMZ	21	45	24	精神病学

　　根据已有研究,随着时代发展,高质量成果产出总的变化趋势是,科学家做出重要工作的年龄在增加。琼斯(Jones)等对这一问题进行了持续研究。2010年,他通过对 1901—2003 年间 547 名诺奖获得者(包括诺贝尔物理学奖、化学奖、生理或医学奖以及经济学奖)和 286 名重大科技创新者的回归分析发现,一个世纪以来这些科学家做出重要成果的平均年龄增长 6 岁左右。[①] 此后,琼斯和温伯格(Jones & Weinberg, 2011)选取 1901—2008 年物理学、化学、生理学或医学领域的诺贝尔奖金获得者(总计 525 人,其中物理学 182 人,化学 153 人,

---

[①] Jones, Benjamin F. Age and great innovation [J]. The Review of Economics and Statistics, 2010, 92 (1): 1-14.

医学 190 人）为样本，分析他们做出获奖成果时的年龄，发现各领域科学家获奖的平均年龄随时间变化的程度大于领域之间的差异。如果将 1905 年前作为早期，1985 年后作为后期的话，科学家获奖年龄在后期比前期分别增加了 13.4 岁（物理学）、10.2 岁（化学）和 7.4 岁（医学），而获奖平均年龄在领域之间的最大差距仅为 3 岁（化学与物理学领域之间）。在早期，三大领域中年纪轻轻就做出伟大发现的现象很普遍。1905 年前，69％的化学家、63％的医学科学家、60％的物理学家在 40 岁之前做出了他们的获奖发现，30 岁之前做出获奖工作的约占20％。在物理学领域，30 岁之前做出获奖发现的科学家在 1923 年达到顶峰，占31％；40 岁之前做出获奖发现的科学家则在 1934 年达到顶峰，占 78％；之后持续下降。到了 20 世纪末，在 30 岁之前做出伟大发现的几乎为 0。此外，不同领域的平均获奖年龄在不同时期的评级排序变化也很大。物理学家整体上获奖时最年轻，在早期排第二，到后期则排第三。[1]

　　我国学者赵红州（1979）亦曾统计了历代 1 249 名杰出科学家做出 1 928 项重大科学成果发现的年龄，发现历史上科学发现的最佳年龄是移动的，总的趋势是年龄愈来愈大。他认为这反映了由于人类知识数量的增长所造成的科学发现困难程度的增加。[2] 琼斯和温伯格则认为，这种情况与所做研究的性质（理论工作还是实证工作）和训练时间的长度有关。一般认为，实证性或归纳性的工作，因为高度依赖知识积累，因而出成果费时更多；反过来，理论性或演绎性的工作则可能更快取得成果。依此进行的统计检验大体支持这一猜想。这种解释大体可以回答在本研究中，数学家普遍先于其他学科学者发表了高被引论文的现象。

二、高被引论文发表期刊的影响力

　　除引用率外，成果所发表的学术期刊的影响力，有时也被认为是判断成果质量的重要参考。例如，国内的一些职称晋升、科研奖励政策就将论文发表期刊的等级作为成果质量评判的重要标准。华人高被引科学家们的高被引论文为我们考察这一做法的合理性提供了样本。因此，在考察了华人高被引论文的发表时期后，我们将进一步检验这部分成果发表在什么级别的刊物上。经验似乎向我

① Jones, Benjamin F. and Weinberg, Bruce A. Age dynamics in scientific creativity [J]. PNAS, 2011, 108(47): 18910 - 18914.
② 赵红州. 关于科学家社会年龄问题的研究[J]. 自然辩证法通讯, 1979(4).

们传递着这样一种讯息，即顶尖科学家创造的顶尖成果，理所应当发表在顶尖刊物上。那么，事实是否真的如此呢？笔者利用自建的"华人高被引科学家高被引论文的发表期刊数据库"，对这一推测进行了检验。

　　对华人高被引科学家高被引论文的发表期刊进行统计时，我们注意了以下两个方面：第一，遇到刊物更名的情况[①]，本研究将期刊当前名和曾用名下的文章一起计算；第二，每本学术刊物的出版国家、影响因子和特征因子皆是唯一值，但学科领域和期刊分区可能不止一个。比较典型的情况有两种，①如果 JCR 中同时显示了某一期刊所处的大领域和小领域，那么优先选择具体（小）领域。如表 2-8 中期刊 A，本研究就采用了冶金学和冶金机械学所对应的排名及分区。通常来说，学术刊物在小领域中的排名要高于在整体领域的排名；②如果某一期刊的学科分类在 JCR 中处于交叉学科，那么优先选择排名靠前的分区及领域。如表 2-9 中期刊 B，笔者就将其列入分区为 Q2 的化学类刊物。由此可见，本研究采纳的基本上都是期刊的最高分区与最好排名。

表 2-8　期刊 A 的 JCR 分区数据

该领域名称	该领域期刊总数	该领域期刊排名	该领域期刊所属分区
CHEMISTRY, PHYSICAL	136	71	Q3
MATERIALS SCIENCE, MULTIDI-SCIPLINARY	251	73	Q2
METALLURGY & METALLURGI-CAL ENGINEERING	75	8	Q1

---

① 本研究遇到的期刊更名情况包括 *Acta Metallurgica* 变更为 *Acta Materialia*；*Scripta Metallurgica* 曾更名为 *Scripta Metallurgica et Materialia*，后又变更为 *Scripta Materialia*；*Annual Review of Material Science* 变更为 *Annual Review of Material Research*；*Annual Review of Plant Physiology and Plant Molecular Biology* 变更为 *Annual Review of Plant Biology*；*IEEE Transactions on Acoustics*，*Speech and Signal Processing* 更名为 *IEEE Transactions on Signal Processing*；*IEEE Transactions on Neural Networks* 更名为 *IEEE Transactions on Neural Networks and Learning Systems*；*IEEE Transactions on Systems*，*Man and Cybernetics Part A-Systems and Humans* 更名为 *IEEE Transactions on Systems*，*Man*，*and Cybernetics*：*Systems*；*SIAM Journal on Scientific and Statistical Computing* 更名为 *SIAM Journal on Scientific Computing*；*Journal of the American Medical Association* 更名为 *The Journal of the American Medical Association* 等等。

表 2-9　期刊 B 的 JCR 分区数据

该领域名称	该领域期刊总数	该领域期刊排名	该领域期刊所属分区
GHEMISTRY, MULTIDISCIPLI-NARY	148	67	Q2
PHYSICS, CONDENSED MATTER	67	39	Q3

（一）高被引论文发表期刊的基本情况

总体来看，华人高被引科学家的高被引文章主要发表在高影响力的期刊上。通过统计，华人学者发表的 912 篇高被引文章中绝大多数是原创性研究论文（92.4%），综述类文章占 7.6%，也是不可忽视的一部分。这些高被引论文集中发表在 280 部学术期刊上。其中，有 178 本是美国出版的刊物（63.6%），其次是英国出版的 54 本（19.3%），德国 16 本（5.7%），荷兰 15 本（5.4%）；瑞士、新加坡、法国、加拿大、丹麦、日本、以色列等国家出版的期刊共占 5%；中国仅有 2 本。并且，亚洲地区高被引论文的发表刊物全部集中在 Q2—Q4 区，影响因子总体低于北美和欧洲的学术期刊（见表 2-10）。这一数据再次证明了欧美当前的科技中心地位，华人科学家要想得到科学共同体的认可，就必须寻求在欧美知名学术期刊上发表成果的机会。同时，发表在这类刊物上的文章也更容易受到同行的关注，获得更高的被引量。由此可见，建设我们华人自己的高水平科学研究阵地任重而道远。

表 2-10　高被引论文发表期刊的出版国家与期刊分区对应表

国家	JCR 期刊分区				
	Q1	Q2	Q3	Q4	合计
美国	140	27	7	4	178
英国	36	15	2	1	54
德国	15	0	1	0	16
荷兰	8	5	2	0	15
瑞士	3	1	0	0	4

（续表）

国家	JCR 期刊分区				
	Q1	Q2	Q3	Q4	合计
新加坡	0	2	0	1	3
法国	1	1	0	0	2
加拿大	0	1	1	0	2
中国	0	1	1	0	2
丹麦	0	1	0	0	1
瑞典	0	1	0	0	1
以色列	1	0	0	0	1
日本	0	0	1	0	1
合计	**204**	**55**	**15**	**6**	**280**

　　另外,进一步分析发现,华人高被引科学家在发表自己的优质成果时表现出一种明显的"期刊偏好"特征。也就是说,超过一半的高被引科学家被引量最高的 10 篇同行评议论文主要分布在 2—3 本学术期刊上,有的甚至全部集中在某一本刊物上(如 ZYZ)。表 2-11 列出了曾发表过 3 篇及以上同一位华人高被引论文的期刊名录及其在本领域的排名。可以看到,绝大多数华人高被引学者更倾向于将自己的得意之作集中发表在本领域的优质刊物上,形成一种"受欢迎作者＋知名期刊"的强强联合模式。这种取向很容易理解:纵然在高影响因子的刊物上发表论文明显更难,但可能获得更广泛的关注度、更大的引用机会,甚至随之而来的各种奖励仍然吸引着大量科学家将之作为努力奋斗的目标。这其中,优秀学者的成功概率更高。而一旦在某一本优质刊物上曾有过发表经历,特别是还获得了良好的反响和评价,这部分科学家自然就成为了被信任度更高的作者,甚至被纳入该刊物相对稳定的作者群。不可否认,马太效应在这个过程中发挥了较大的影响。

表 2‑11　华人高被引科学家高被引论文的集中期刊目录

科学家编码	高被引论文数	期 刊 名 称	在本领域期刊排名
ZYZ	10	*Physical Review B*	14/67
LYZ	9	*Journal of Chemical Physics*	8/33
QCC	9	*Environmental Science & Technology*	2/46
JJM	8	*IEEE Transactions on Antennas and Propagation*	11/78
LSC	8	*Journal of Geophysical Research*	24/174
WKW	8	*IEEE Transactions on Information Theory*	14/135
HZM	7	*IEEE Transactions on Electron Devices*	32/136
TCL	7	*International Journal of Heat and Mass Transfer*	8/55
WZL	7	*Science*	2/55
GBQ	6	*IEEE Transactions on Electron Devices*	32/136
ZJW	6	*Physical Review Letters*	6/78
MRL	6	*Physical Review Letters*	6/78
TWT	6	*Applied Physics Letters*	20/136
CS	6	*International Journal of Control*	**32/59**
YXF	6	*Plant Physiology*	6/199
CGR	5	*International Journal of Bifurcation and Chaos*	**22/55**
LMZ	5	*Journal of Virology*	7/33
LY	5	*IEEE Transactions on Wireless Communications*	8/78
LRJ	5	*Computer Methods in Applied Mechanics and Engineering*	6/87
LFH	5	*Communications on Pure and Applied Mathematics*	3/251
SJY	5	*IEEE Transactions on Pattern Analysis and Machine Intelligence*	4/121
WJC	5	*Journal of Differential Equations*	13/302
XJC	5	*Mathematics of Computation*	42/251
ZYZ	5	*IEEE Transactions on Antennas and Propagation*	11/78
HYG	4	*Science*	2/55

（续表）

科学家编码	高被引论文数	期　刊　名　称	在本领域期刊排名
QYT	4	*Advanced Materials*	6/251
AZS	4	*Science*	2/55
CY	4	*New England Journal of Medicine*	1/156
CHF	4	*SIAM Journal on Scientific Computing*	19/251
FJQ	4	*Journal of the American Statistical Association*	12/119
HDY	4	*Science*	2/55
HK	4	*IEEE Transactions on Computers*	**15/50**
LYP	4	*IEEE Transactions on Vehicular Technology*	4/32
NWM	4	*Journal of Differential Equations*	13/302
SJD	4	*Journal of Composite Materials*	**9/24**
WJF	4	*Technometrics*	16/119
YYY	4	*Mathematical Programming*	18/251
ZZW	4	*Composites Science and Technology*	1/24
HXT	3	*IEEE Transactions on Pattern Analysis and Machine Intelligence*	4/121
HZM	3	*Physics of Fluids*	**13/31**
HWL	3	*IEEE Transactions on Signal Processing*	23/248
LKZ	3	*Annals of Statistics*	8/119
FJQ	3	*Annals of Statistics*	8/119
LWH	3	*Science*	2/55

　　与此同时，还存在另一种比较少见的情况，那就是仍然有数位华人高被引科学家选择多次在影响因子不那么高的普通刊物上发表自己的高被引成果，例如CS、CGR、HK、SJD 和 HZM 的高被引论文集中发表在 Q2 和 Q3 区间的学术期刊上。为何要在业内排名平平的刊物上发文？虽然笔者无法直接通过访谈获得第一手资料，但通过其他途径还是找到了蛛丝马迹，能够在一定程度上做出分析。例如，CGR 的 10 篇高被引文章中有一半都是在职业成熟期发表在

International Journal of Bifurcation and Chaos 这本 Q2 分区的期刊上，而他正是该刊物的主编。提升刊物的影响因子自然是主编的重要职责，因而也不难理解他为何做出将自己的优质成果发表在这里的选择了。这可以被视为"受欢迎作者＋普通期刊"的带动模式。CS 的情况又有不同，他的 6 篇高被引论文皆是在专业年龄 3—6 岁之间发表在一本 Q3 分区的专业期刊上的。此时的 CS 尚处在职业生涯早期，学术高峰的攀登需要一个积累过程，以这样一种"普通刊物起步模式"开启自己的学术生涯也不失为一种聪明的选择。此外，将高质量成果发表在影响力不高的期刊上还有可能与不同期刊关注的领域和主题存在差异有关。也许有的科学家研究的问题并不容易被影响力大的刊物重视，那么另择他处也是为自己的成果选择一个合适的归宿了。

（二）刊物的影响力指标分析

由于科学期刊数量庞大，品质良莠不齐，要检视高被引学者优质研究成果的出处，我们有必要对出版刊物在科学界的影响力进行分析。而衡量一本学术期刊的影响力可以采用若干种指标，本研究选择 JCR 数据库中比较重要的三项——影响因子、特征因子和 JCR 期刊分区和学科排名——来对高被引论文发表期刊的情况做进一步考察。

1. 影响因子

学术期刊的影响因子（Impact Factor，缩写 IF）由加菲尔德创立，自 1970 年代中期开始每年定期发布于 JCR 数据库，是 JCR 评价学术期刊的重要参数之一。影响因子是一个相对数量指标，指某期刊前两年发表的论文在当年被引用的平均次数。计算公式为：该期刊前 2 年发表的论文在第 3 年被引用的次数/该期刊前 2 年内发表的论文总数。[①] 虽然近年来由于全球性的"SCI 情结"和"影响因子崇拜"现象而饱受诟病，甚至有学者还提出期刊影响因子可以被人为操纵[②]，但它仍然是当前国际科学界评价科研工作现状普遍采用的比较成熟的指标，一般认为能够较好地反映学术期刊的质量和影响力。通常而言，IF 值越大，期刊的学术影响力也越大。不过，同样的 IF 数值在不同学科领域的意义是不同的。例如，IF 值大于 5，在材料学领域可能仅算普通优质期刊的水平，但在数学

---

① 史庆华. 影响因子评价专业学术期刊的科学性与局限性[J]. 现代情报，2006(1).

② Falagas, M. E., Alexiou, V. G. The top-ten in journal impact factor manipulation [J]. Archivum Immunologiae et Therapilae Experimentalis，2008,56(4)：223 - 226.

与统计学或者地球科学等领域无疑已经是顶级期刊了。这提醒我们,在利用影响因子评价华人高被引科学家的高被引论文时,必须分学科进行,以避免不同学科期刊影响因子分布差异可能带来的误判。

　　基于此,本研究以高被引论文分布频次较高的四个专业(包括物理学、材料学、数学和统计学)为例,对高被引论文发表刊物的影响因子进行统计,结果发现,在各专业内部,高被引论文对应刊物的影响因子的离散度普遍很大(见图 2 - 13)。以材料学为例,有 5 篇高被引论文发表在 IF 值大于 20 的期刊上,21 篇高被引论文分布在 IF 值 10～20 之间的刊物上,还有 54 篇高被引论文对应期刊的 IF 值小于 10。其他三个专业的情况亦然。

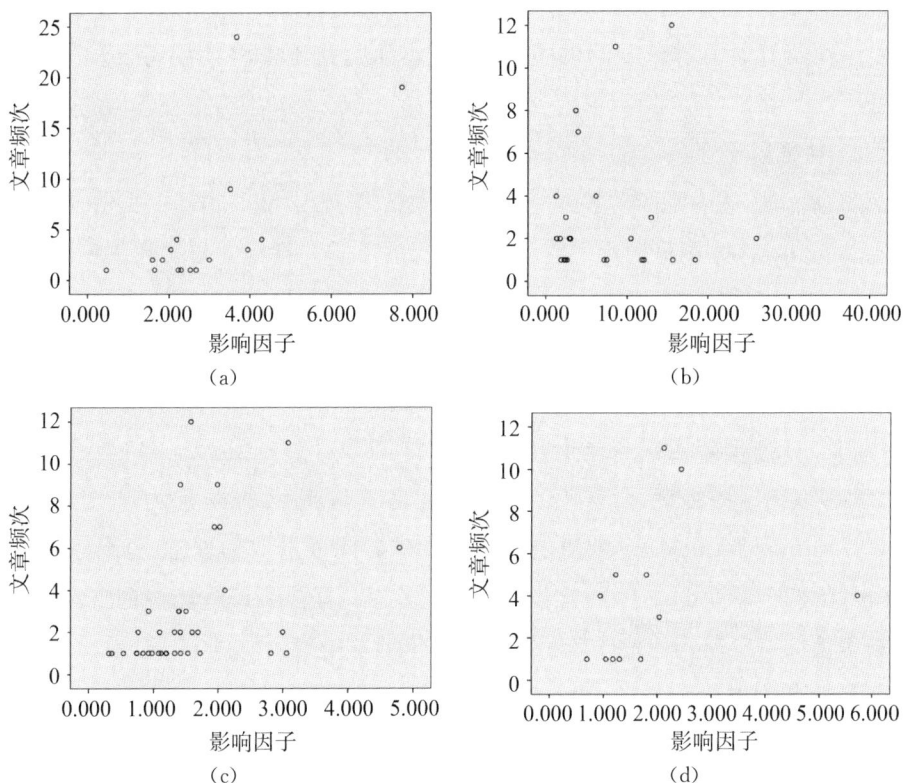

图 2 - 13　高被引论文在四个专业的影响因子分布图
(a)物理学　(b)材料学　(c)数学　(d)统计学

当前,国内科研机构在人才延聘和职阶晋升环节越来越强调在 SCI 高影响因子期刊上发表论文，不少院校还根据期刊的影响因子设置了不同级别的经济奖励。如有学校规定"普通 SCI 论文奖励×元，IF3.0 以上奖励×元，5.0 以上奖励×元"，或"奖金等于影响因子取整后乘以 1 000"等；对于在《科学》和《自然》上发文更是予以重奖，金额数倍于普通 SCI 论文。在精神和经济双重激励机制的作用下，科学家们可谓卯足了劲向顶尖学术期刊冲刺。而我们的研究发现，华人高被引科学家发表在本领域超高影响因子刊物上的高被引论文数量固然多于普通科学家，但他们更多的优秀成果还是集中在本领域其他优质学术刊物上，甚至不乏一些一般性期刊。

以上是根据影响因子分析的结果，考虑到学界当前对影响因子的争议，我们认为有必要使用其他指标做进一步检验。而特征因子相对影响因子，被认为是一个可弥补其部分缺陷的指标，因此本研究接下来将使用特征因子进行验证。

2. 特征因子

汤森·路透集团在 2009 年的 JCR 数据库中正式增加了特征因子（Eigenfactor）作为度量期刊整体影响力的又一项重要指标。与期刊影响因子不同，特征因子不仅考察引文量，还考虑了施引期刊的影响力。该指标使用 JCR 数据库的引文期刊数据，构建起剔除期刊自引的 5 年期引文矩阵。与影响因子相比，特征因子的优点主要在于它在设计算法的过程中考虑了引文的价值，排除掉期刊自引的影响，使结果能更好地评价期刊的整体影响力。①

本研究中，特征因子最高的期刊是《自然》，最低的期刊为 *Journal of Computational Acoustics*，数值之间差距悬殊。同样选取物理学、材料学、数学和统计学四个专业 Hi-Ci 论文发表刊物的特征因子进行统计能够看出，各领域高被引论文对应期刊的特征因子离散程度依旧非常显著（见图 2-14）。以数学为例，109 篇高被引论文中，发表在特征因子大于 0.05 的刊物上的仅有 1 篇，分布在特征因子 0.03—0.05 和 0.01—0.03 两个区间内分别有 17 篇和 78 篇，特征因子小于 0.01 的对应有 13 篇。其他三个专业情况类似。这一结论再次印证了影响因子部分的分析，即华人高被引科学家最引人瞩目的成果所发表期刊的

---

① 任胜利.特征因子(Eigenfactor)：基于引证网络分析期刊和论文的重要性[J].中国科技期刊研究，2009,20(3).

计量指标离散度非常高,意味着并非所有优质科学成果都发表在计量学意义上的"好刊物"上。因此,仅用影响因子或者特征因子作为评价科学家研究质量的标准,确是不尽合理的。

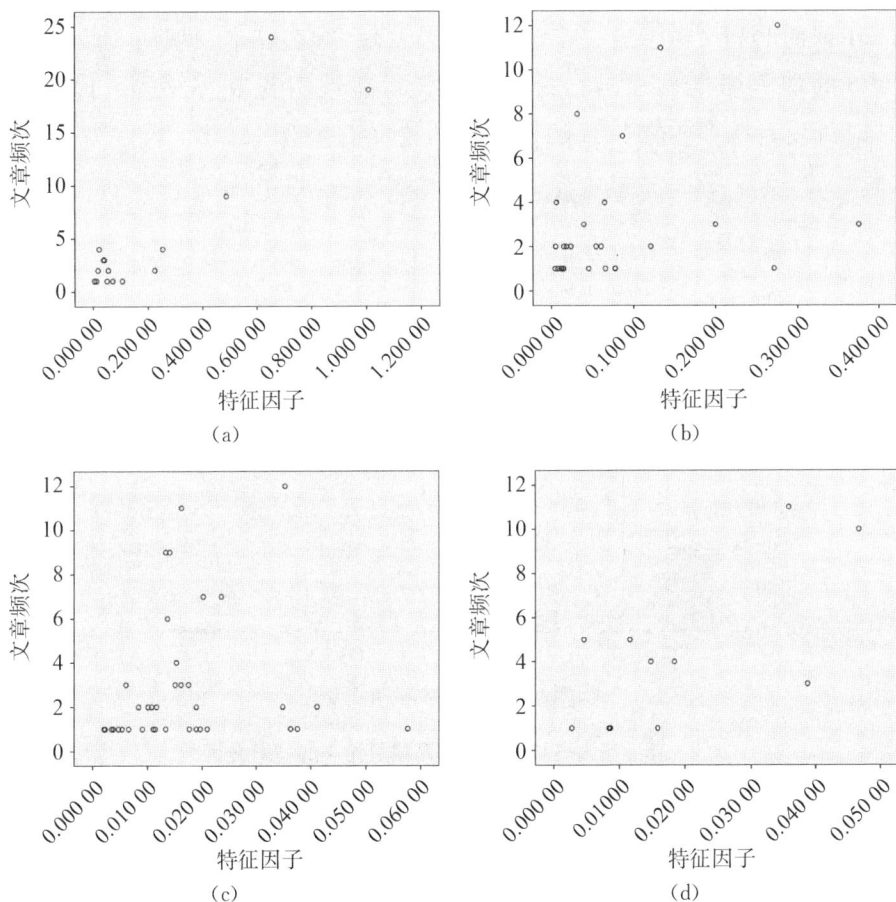

图2‑14　高被引论文在四个专业的特征因子分布图

（a）物理学　（b）材料学　（c）数学　（d）统计学

3. JCR 期刊分区与学科排名

JCR 期刊分区是按照汤森·路透的学科分类,将某一学科的所有期刊按照上一年度的影响因子降序排列后再四等分,依次对应 Q1,Q2,Q3,Q4 区,每一区间的期刊数占该领域总期刊数的 25%。

如图 2-15 所示,华人高被引科学家发表高被引论文的 280 本刊物中,有 72.9% 集中在 Q1 区,其他超过 1/4 的期刊均分布在 Q2、Q3 和 Q4 区。具体到 912 篇高被引论文中,有 85.5%(780 篇)分布在 Q1 区,还有 14.5%(118 篇)分布在 Q2—Q4 区。由于 25% 仍然是一个相对宽泛的区间,我们对 Q1 区的期刊又做了进一步分析,结果发现,排名在本领域前 10%(包括在内)的期刊数为 117,约占华人科学家高被引论文发表期刊总数的 41.8%;发表在排名前 10% 的期刊上的论文总量为 459 篇,约占高被引论文总数的 50.3%。

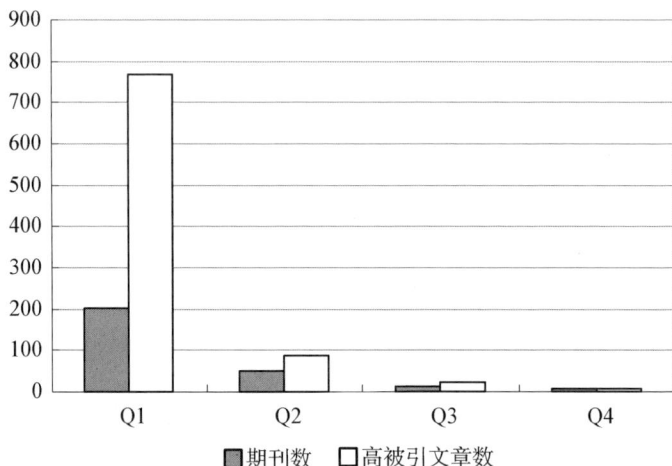

图 2-15　华人高被引科学家高被引论文的 JCR 分区图

前文中已经说明,本书采纳的分区与排名数据基本都是学术期刊的最好成绩。这样的结果再次验证了,受到科学共同体高度认可的杰出成果,绝大多数只是发表在本领域中的高级别刊物(而非顶级刊物)上,甚至还有一些仅发表在普通杂志上。这一结果多少有些令人意外。毕竟,如果按照国内机构在奖励科研成果时通常采纳的中科院期刊分区标准——进入学科排名前 5% 的学术期刊才算 1 区,那么华人高被引科学家的这些高被引论文分区结果可能更不理想。这一发现也提醒我们有必要对"唯影响因子至上"和"1 区文章才算数"的科研成果评价方式进行反思。

第三节　华人高被引科学家专业认可的获致过程

科学界的通行规则是，高产出、高质量的成果证明了科学家具备杰出的研究能力，进而将为学者个人或团队带来显赫的声望。因此，在了解了华人高被引群体的学术发表规律后，我们对由学术发表带来的专业认可的获致过程进行了探索。本研究将科学界的专业认可分为机构内部的认可，以及更大范围的科学共同体所赋予科学家个体的认可。而机构内部的认可主要体现在职阶晋升方面，这同时也是科学家专业成长的另一个重要维度；专业共同体的认可则反映在科学家通过荣誉性奖励所获得的专业声望上。

一、职阶晋升的规律

本研究通过对华人高被引科学家在海外研究的时长进行分析后得出结论，目前在国内（包括港台）任职的高被引科学家绝大多数是在海外功成名就后"回流"归国的，且基本来自美国的科研机构（见第五章第一节）。因而，考察职阶晋升的过程参考美国高校的学术规则更为适用。

经过统计，华人高被引科学家晋升为副教授或副研究员（associate professor）的平均专业年龄为 5.46—5.54 岁，且不同年龄段、不同地域及不同学科之间不存在显著性差异。晋升副教授/副研究员意味着他们从此取得终身教职，这是科学家学术生涯的一个重要里程碑。虽然笔者暂时无法获得美国研究型大学教师获得终身教职的平均时长，但一般来说，在"非升即走"要求的压力下，教师如果在两个聘期内未能取得终身教职则不再被续聘。美国大学教授协会（American Association of University Professors，AAUP）规定的试用期（probationary period）为 7 年（除去最后一年审查期，实际上是 6 年），这意味着只有合格优秀的人才才能通过这 6 年的考验。但自 20 世纪 80 年代末以来，由于就业市场竞争加剧、申请研究基金的难度增大等多种因素的综合影响，部分美国大学的院系开始调整对教师试用期的时限。以医学院为例，20 世纪 90 年代初，杜克大学医学院就将试用期从 7 年延至 8 年；整个加州大学系统医学院的试用期调整为 8 年；范登堡大学医学院在 7 年之外增加了一段不超过 2 年的额外试用期；凯斯西储大学(Case Western Reserve University)医学院的试用期为自助理教授任命开始后 9 年，生育女性可以另外申请延长一年时间。[①] 反向推测，这种政策调整正说明了在美国学术职业压力越来越大的现实背景下，能够在 6—7 年内获得终身教职的人数减少了。那么相比之下，本研究中有 75.4％的华人高被引科学家在博士毕业后 6 年内获得了终身教职，无疑算科学共同体内部的佼佼者。

表 2‑12　1983—2005 年美国医学院终身轨教师试用期时长变化[②]

专业	时长	1983	1994	1997	1999	2002	2005
临床医学类	8 年以内	74	69	59	58	53	57
	8 年(含)以上	26	31	41	42	47	43
基础科学类	8 年以内	74	73	66	62	63	61
	8 年(含)以上	26	27	34	38	37	39

(单位：％)

正教授(full professor)代表着学术职业阶梯的最高层次，也是终身轨教师奋斗的重要目标。对学者个体来说，晋升正教授意味着他/她已成长为一名受到科学共同体认可的娴熟研究者，到达职业生涯的成熟阶段。一般来说，在美国从进入大学开始工作到评上教授至少需要十五六年时间[③]。而本书中，72.4％—73.7％的华人高被引科学家在博士毕业后 10 年内即升为正教授/正研究员。而且，他们晋升正教授/正研究员的平均专业年龄在 8.99—9.14 岁之间，也就是说，这批高被引科学家平均在取得终身教职之后 4 年内即再次获得晋升，这样的速度远远高于普通科学家。此后，不少华人高被引科学家还因杰出的科学成就获得了知名大学的各种荣誉教席称号。

---

① Bickel，Janet. The changing faces of promotion and tenure at U. S. medical Schools [J]. Academic Medicine. 1991,66(5)：249－256.

② 数据来源：Association of American Medical Colleges. Supporting data for "the continued evolution of tenure policies for medical school clinical faculty"[EB/OL]. [2007－03][2014－11－08]. https://www. aamc. org/download/102370/data/supplementvol7no1. pdf.

③ 包万平，李金波. 我们的教授太多，国外的教授太少[N]. 科学时报，2009－11－16.

二、专业声望的确立

在学术职业中,专业声望主要通过科学家赢得的荣誉头衔的数量来度量。最有声望的荣誉种类包括全国专业性协会或其他特殊协会的主席、国家科学院院士、美国艺术和科学院院士、由不是现在任职的或获得学位的机构授予的荣誉博士称号和诺贝尔奖金获得者;比之稍逊的荣誉包括担任高声望组织(例如古根海姆基金、洛克菲勒基金、国家科学基金会基金等机构)的评议员。① 本研究限于信息和篇幅均有限,遂选取其中最重要的两项声望来源——院士头衔和专业奖项来作具体分析。

(一) 院士头衔

院士称号在科学界是一项极其崇高的荣誉,通常是对科学家终身成就的认可。院士的授予一般更青睐年长资深学者。有学者统计,2007 年前中国科学院院士的当选年龄集中在 55—65 岁之间。② 而 2003—2005 年和 2012 年新入选的美国科学院院士的平均年龄分别为 56 岁③和 58 岁④,比起以往已经呈现明显的年轻化趋势,由此推测 20 世纪新当选的美国科学院院士的平均年龄应当接近甚至超过 60 岁。

从 102 位华人高被引科学家简历搜集到的信息来看,至 2014 年 7 月,其中 46 位科学家已是主要国家或地区的科学院或工程院院士(包括中国科学院、中国工程院、美国科学院、美国工程院、美国艺术与科学院院士、欧洲科学院、英国皇家学会、加拿大皇家科学院、澳大利亚科学院、澳大利亚工程院等),包括丘成桐、田长霖、毛河光等在内的大约 20 位科学家甚至同时获得数个国家或地区的院士头衔。对研究样本的年龄分析显示(见第三章第一节),大约 2/3 的华人高被引科学家的自然年龄超过 55 岁,这意味着在高被引科学家同期群中,又有约 2/3 的样本入选一国最杰出的科学家行列,成为科学共同体当中的佼佼者。

---

① [美]杰里·加斯顿. 科学的社会运行——英美科学界的奖励系统[M]. 顾昕等译. 北京:光明日报出版社,1988:42.

② 卜晓勇. 中国现代科学精英[D]. 合肥:中国科学技术大学,2007:70.

③ Alberts, B, Fulton, K. Election to the National Academy of Sciences: pathways to membership [J]. Proceedings of the National Academy Sciences of the USA. 2005,102(21): 7405-7406.

④ Jeffrey Mervis. U. S. National Academy gives itself a facelift [EB/OL]. [2012-05-01][2014-11-7]. http://news. sciencemag. org/2012/05/u. s. -national-academy-gives-itself-facelift.

笔者对华人高被引科学家入选院士的专业年龄进行了统计,其中对于大约20位获得不止一国(或地区)院士称号的样本①,这里仅计算其初次当选的时间。结果显示,46名华人高被引科学家获得院士称号的平均专业年龄为21.68岁(标准差7.338),也就是自然年龄约50岁。如图2-16所示,其中有一半高被引科学家获得院士荣誉的时间在博士毕业后20年以内(包括),估算自然年龄在50岁以内,还有1/3的高被引科学家当选院士时大约在自然年龄50—60岁之间。与已有数据进行对比可以发现,华人高被引学者当选院士的平均自然年龄小于主要国家或地区院士当选的整体平均年龄。

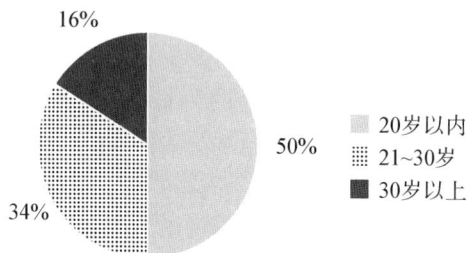

图2-16 华人高被引科学家当选院士的专业年龄分布图

同时获得高被引学者和院士称号的46位华人科学家中,笔者能够确认其中42名学者发表10篇高被引论文时的专业年龄,在此基础上对其当选院士的年龄与高被引论文的发表时间之间的关系进行了分析,发现存在三种关系模式:①有6名科学家的10篇高被引论文全部发表于获得院士称号之后,如图2-17(a)所示。也就是说,这部分科学家是在获得共同体的高度认可后再次爆发创造力,做出了一系列的突破性研究;②更多的高被引科学家(24名)在当选院士前已经发表了一定数量的高被引论文,而当选后仍然有一定数量的高被引论文产出,如图2-17(b)所示。我们可以将获得院士称号视为华人精英科学家在论文持续获得高关注度时期的一座里程碑,它承前启后地贯通了高被引科学家最有影响力的学术生涯;③还有12位华人高被引科学家的全部高被引论文均发表于当选院士之前,如图2-17(c)所示。这种情况可以解释为,这12位学者在取得院士称号后基本没有再产出能与此前发表的高被引论文相媲美的杰出成果。

---

① 包括吴建福、徐立之、王中林、李文雄、丘成桐、朱经武、黄煦涛、田长霖、刘锦川、王永雄、何大一、张永山、杨祥发、毛河光、何志明、胡正明等。

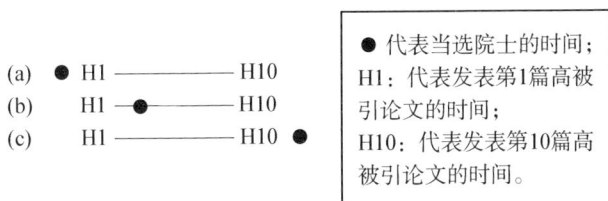

图 2‑17　华人高被引科学家当选院士与高被引论文产出的时间关系图

无论对哪国科学家而言,当选院士无疑都是他们职业生涯的耀眼时刻。不过,综合华人科学家高被引论文的发表情况来看,获得院士头衔有时会成为学术人研究工作辉煌时期的起点,有时是终点,更多的则是处于一段发表质量高峰期的中间阶段。大多数学者在获得院士称号时仍然处于优质成果产出的事业黄金期,一方面说明了当前的科学奖励系统大体处于良性运作的状态,专业认同和高声望带来的荣誉感激励着精英科学家继续在科学瀚海中不断探索,勇夺头筹;另一方面这一现象也可能是高声望荣誉所带来的马太效应的表现。院士头衔能够为科学家带来更多的资源和更高的关注度,有助于他们的事业再创新高。因此也提醒我们,在遴选院士时应当考虑给年富力强的中青年学者更多机会,为他们之后的发展添薪加柴,这些学者往往在获得院士称号后还会给科学界带来更多的惊喜。

(二) 专业奖项

在科学研究领域取得的卓越成就和巨大声望为华人科学精英带来了数不清的专业荣誉。可以说,几乎所有的华人高被引学者都曾经获得过国内外各种科学奖项。有几位科学家曾是诺奖的热门候选人,例如,朱经武多次被提名诺贝尔物理学奖,李文华、徐立之曾经被提名诺贝尔生理学或医学奖。

除此之外,他们还获得了大量各专业领域的重量级奖项,包括美国国家科学奖章(National Medal of Science)、中国国家自然科学奖、美国总统公民奖章(Presidential Citizens Medal)、运筹管理学领域最高奖冯·诺依曼理论奖、美国运筹学会授予的兰彻斯特奖(Lanchester Prize)、美国统计学界的知名奖项威尔克斯纪念奖(Wilks Memorial Award)和考普斯会长奖(COPSS)、美国材料化学界最高荣誉贝克兰奖(Leo Hendrik Baekeland Award)、美国化学学会材料化学奖(ACS Award in the Chemistry of Materials)、美国化学学会国家奖(ACS

National Award)、美国陶瓷学会最高奖 Sosman 奖、美国公共卫生协会的斯皮尔曼奖(Spiegelman Award)、国际数学联盟针对年轻数学家的最高荣誉菲尔兹奖(Fields Medal)、国际计算力学最高奖高斯-牛顿奖章(Gauss-Newton Medal)、世界最高成就奖之一沃尔夫奖(Wolf Prize)、美国数学学会颁发的博修奖(Bôcher Memorial Prize)、华人数学家协会的最高奖项晨星数学奖、美国国家科学基金授予的艾伦·沃特曼奖(Alan T. Waterman Award)等等。

其中,考普斯会长奖是北美统计学会授予 40 岁以下国际青年统计学者的最高奖项,每年仅授予一人,被称为"统计学界的诺贝尔奖"。自 1979 年设立以来,已经有包括黎子良(1983)、吴建福(1987)、王永雄(1993)、范剑青(2000)、孟晓犁(2001)、刘军(2002)等在内的 9 位华人高被引统计学者获得了该项奖励。

在默顿看来,作为一种社会建制的科学,也发展出了一套给那些实现了其规范要求的人颁发奖励的经过精心设计的制度。这就是他所提出的"科学的奖励系统"。① 科学奖励系统的本质是科学共同体根据科学家的角色表现来分配承认。其功能主要包括两点：一是鼓励科学家做出独创性的发现,促进知识的增长;二是在科学界的社会控制方面发挥作用。一个运转良好的科学奖励系统应该持普遍性价值取向,即根据科学家产出的数量和质量来分配承认,不受其他外部因素的影响。本研究的华人高被引科学家基本都曾获得各专业领域的重要奖项,有的甚至可以说"荣誉等身",这应当也是对当前科学奖励系统普遍性特点的一种检验。

加斯顿(Gaston)考察了英美科学界奖励系统的运行情况,他认为影响科学奖励系统运行的因素包括：第一,知识的规范条理化程度,主要体现为学科及专业的差异;第二,科学研究的社会组织形式,主要体现为一国的科学管理体制,譬如科学研究的拨款和决策方式。他认为,科学奖励系统通常在集中化程度更高的社会组织内部的运行更具普遍性。原因在于：在这样的社会系统中控制政策和资助的可能性更小,而在一个集中化程度低的社会中,竞争机会的不平等能够轻易影响奖励的分配。② 按照这种解释,中国的科研体系应当是科研奖励系统的典范,而美国作为一个高度分散化和竞争性的学术体系,其奖励反而可能受到

---

① ［美］默顿.科学社会学［M］.鲁旭东,林聚仁译.北京：商务印书馆,2010：400.
② ［美］杰里·加斯顿.科学的社会运行——英美科学界的奖励系统［M］.顾昕等译.北京：光明日报出版社,1988：57,61.

多种因素的影响。不过事实似乎并不是如此，从本研究的结果来看，无论是在美华人学者，还是本土科学家，基本上都在本领域确立了极高的专业声望，受职位、族裔的影响有限。因而可以初步推断，至少在对高层次科技人才的评鉴方面，中美两国的科学奖励系统大体都处于一种良性运行的状态。

本章小结

本章在目前能够掌握的数据资料的基础上，利用自建的三个数据库（华人高被引科学家的 SCI 论文数据库、高被引论文数据库和高被引论文发表期刊数据库），先后检验了本书第一章提出的三项研究假设。综而观之，华人高被引科学家的学术产出数量总体表现稳定，呈现为一条表明他们在相当长时间里持续高产的梯形曲线，且存在多个产出高峰。具体体现在：

第一，他们在职业生涯早期（专业年龄 0—6 岁）已表现出突出的科研能力，相比普通科学家发表了明显更多的 SCI 论文，且师生合作是他们在职业生涯早期比较常见的合作类型。

第二，华人高被引学者的 SCI 论文发表均值为 7.69 篇/年，在整个国际高被引群体中表现不俗。不过，他们的论文产出力存在比较显著的学科差异，优势专业包括数学、工程学、材料科学和计算机科学，生物学相关专业科学家的总体表现略逊于国际高被引群体的平均水平。

第三，华人高被引学者职业生涯前段的论文发表量一般是稳步上升的。总体看，拥有大约 20 年科研从业经验的科学家是开始处于多产期，且表现最稳定的群体。有的老年科学家更是后劲惊人，甚至在专业年龄 40 岁以上还会迎来发表爆发期。

第四，可能受世代效应的影响，不同年龄组科学家的论文产出力存在显著的代际差异。青年组科学家的论文发表数量在学术生涯的所有阶段均显著高于中老年组前辈。理学和工学组科学家的产出均值不存在显著性差异，不过理学组科学家的表现更稳定，工学组的发表变化幅度更大。

分析认为，科学家在多产时期的杰出表现是包括深厚的专业积累、丰富的从业经验、明确的发展方向、良好的人脉资源、优越的研究条件等各种优势因素累积叠加的结果。晋升压力并不是影响科学产出的最重要因素，相反，稳定的工作环境对于科学家施展才华更为重要。此外，知名大学的资深学者在资源分配过程中往往处于优势地位，他们通常都领导了独立的研究团队，有为数众多的青年助手在他们手下从事具体研究工作，但在论文发表时他们依然会被署名为通讯作者。这或许是华人科学精英能够长期保持高产能力的可能原因之一。

从研究质量的角度看，华人高被引学者主要是在步入学术生涯的成熟阶段后才产出了高质量成果（主要体现为高被引论文），且呈现多高峰特征。这符合已有研究关于科学家做出重要工作的年龄在推后的发现。科学家的成长需要一定的积累时间，而且随着时代的发展，他们作出突破性发现的难度在增加。因而，在当代我们应当重视发掘资深学者的创新能力。

对高被引论文发表刊物的影响力进行分析后发现，即便在各专业内部，高被引论文对应刊物的计量指标（影响因子与特征因子）的离散度依然很明显。其中，发表于本领域排名前10％的专业期刊上的高被引论文数约占高被引论文总数的一半，甚至有超过 1/4 的高被引论文所对应的期刊分布在 Q2、Q3 和 Q4区。另外，华人高被引科学家在发表优质成果时表现出一种明显的"期刊偏好"特征，超过一半的样本将自己被引量最高的 10 篇 SCI 论文集中发表于 1—3 本刊物上。基于以上结论，我们有必要对当前国内研究机构在人才延聘、职阶晋升和发表奖励环节越来越明显的"影响因子崇拜式"科研政策做出反思和调整。

最后，本章还发现，华人高被引科学家获得终身教职和晋升正教授所需的时间远远少于普通科学家。他们获得院士头衔的平均自然年龄约为 50 岁，同样小于主要国家或地区院士当选的平均年龄。且当选院士时，多数高被引科学家实际上正处于优质成果产出期的中间阶段。也就是说，大多数学者在获得院士称号后仍然有一段高质量论文频出的事业黄金期。而且，几乎所有的华人高被引学者都曾经获得过国内外各种重量级科学奖项，这也从一个侧面验证了当前的科学奖励系统大致处于良性运行的状态。

诚然，如果还能对华人精英科学家的成长规律与其他族裔的同期群进行对比，本研究将更有价值，也更有趣。但受限于对高被引科学家的既有研究缺乏，以及笔者本人的时间、精力有限，目前暂时无法获取其他族裔高被引学者的发表数据，也就无法从横向比较的维度对华人高被引群体进行考察。这既是本研究的遗憾，也是未来研究可以进一步努力的方向。

第三章
华人高被引科学家成长的
个人背景因素分析

了解高被引科学家的个人背景及社会特征不仅有助于我们知晓杰出研究成果的产生条件,并将其纳入科技人才政策制订的参考指标,其他科学家还可以通过这些成功的标杆预见自身的职业发展轨迹,同时提醒我们关注科学系统中的女性与少数族裔科学家的境遇。而已有研究对高被引科学家的描绘,基本上止于一个"坐标位于北美的中年男性"形象。除此之外,人们关于该群体的其他特征就知之甚少了,对属于少数族裔的华人高被引学者更是印象模糊。因此有学者强调,需要更多的研究来深入揭示高被引科学家的社会特征,并检验不同学科之间的差异。同时其他特征也应当被纳入考察范围内,包括人口统计学属性、工作习惯和资源,研究焦点等。① 本章主要利用笔者自建的"华人高被引科学家个人特征数据库"和相关质性资料,对影响其成长的个人背景因素进行分析。

第一节　人口学特征

人口学特征是一个群体最基本的特征。因此我们从这一特征入手,首先对本研究样本的基本人口学特征进行描述,整体结果如下(见表3-1)。

---

① Parker, J N, Lortie, C, Allesina, S. Characterizing a scientific elite: the social characteristics of the most highly cited scientists in environmental science and ecology [J]. Scientometrics, 2010, 85(10): 129 - 143.

表3-1　本研究样本的基本特征分布表①

性别	男,96(94.1%);女,6(5.9%)
自然年龄	50岁以下,7(10.1%);50—64岁之间,28(40.6%);64岁以上,34(49.3%)
专业年龄	23岁以下,13(13.3%);23—37岁,50(51.0%);37岁以上,35(35.7%)
最近工作机构的性质	大学,82(80.4%);科研院所,16(15.7%);商业机构,4(3.9%)
最近工作机构所属地区	中国大陆,9(8.8%);中国台湾,15(14.7%);中国香港,14(13.7%);海外,64(62.7%)
最高学历	本科,3(2.9%);博士,99(97.1%)
早期居住区域	中国大陆,41(40.6%);中国台湾,41(40.6%);中国香港,15(14.9%);海外,4(4.0%)

一、年龄

不是每名学者都会向外界公布自己的出生年份,但获得博士学位的时间与院校却是一份完整的学术简历不可或缺的关键信息。本研究搜集到了2001版华人高被引科学家中69名学者的自然年龄(占样本总体的67.6%)和98名学者的专业年龄②(占样本总体的96.1%),可以依此判断样本的年龄结构。其中4位高被引科学家已经走完了自己的全部人生旅程,他们的专业年龄按照逝世年份减去博士毕业年份计算。

就自然年龄而言,至2014年末,华人高被引科学家中最年长的已经85岁,最年轻的仅38岁,平均年龄62.97岁(标准差10.620)。其中,50岁以下的科学家占10.1%,50—64岁之间的占40.6%,64岁以上占49.3%。通常情况下,大学生于22岁左右取得本科学位,在不中断学业的前提下再用5年甚至更久时间完成研究生阶段学习。所以一名学者获得博士学位的年龄一般至少在27岁。

---

① 自然年龄和专业年龄的计算均截至2014年年末;表中部分项目未能搜集到所有样本的信息,因此人数合计小于102人。

② "专业年龄"的概念前文中已做过解释,指博士毕业后距今的时间,计算方式为"当年－博士毕业年。"

根据这一经验推断,专业年龄在 23 岁以上的科学家,自然年龄一般超过 50 岁;专业年龄在 37 岁以上的科学家,自然年龄通常超过 65 岁。通过对研究对象的专业年龄进行分析后发现,全体科学家的专业年龄平均为 33.21 岁(标准差 9.836),其中 51% 的科学家的专业年龄在 23—37 岁之间,35.7% 的科学家的专业年龄超过 37 岁。

需要说明的是,这是在求学经历相当顺利的前提下作出的推测,实际情况可能并非全都如此。一方面,并非所有科学家在本科或硕士毕业后会选择立即攻读博士学位。本书中即有部分科学家是在有过一段工作经历后才选择走上学术道路,有时受时代影响甚至间隔相当长时间,体现在数据上就是博士学位获得时间与本科学位获得时间相差 8 年,甚至 10 年以上。另一方面,现实情况是取得学术型博士学位需要艰辛的付出,特别是绝大多数高被引科学家都是在海外知名大学接受的博士生教育,面临的挑战相对更大。统计发现,华人高被引科学家的博士学位与本科学位的获得时间平均相差 6.67 年(标准差为 2.807),而且实际上仅有刚刚超过 1/3(36.4%)的样本能在本科毕业后 5 年及以内获得博士学位,超过 10 年以上的有 9 人(见图 3-1)。因此上文假设的专业年龄对应的自然年龄应当向后延。

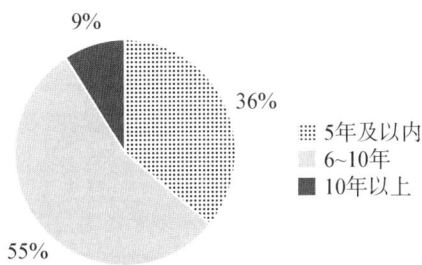

图 3-1 华人高被引群体博士毕业距离本科毕业的时间分布图

在专业年龄信息缺失的 4 个样本中,有 3 位未查找到接受过博士生教育信息的学者,其中 2 名科学家已逾古稀之年,1 名科学家自然年龄未知,还有 1 位接受过博士生教育的科学家无法找到他的毕业年份。根据这部分相对完整的专业年龄信息我们基本可以推断,应当有接近一半的样本群体自然年龄在 65 岁以上,也从另一个角度证实了我们对自然年龄做出的统计结果。笔者由此判断,在本研究样本中，有一半群体为基本具备完整学术生命周期特征的资历丰富的科学家，有 1/3 左右的中年科研骨干力量，还有一小部分已做出突出科研成就的科学新秀。

与此同时，笔者对汤森·路透 2014 版高被引科学家群体的年龄情况也进行了分析。从图 3-2 和图 3-3 可以看出，统计口径改变后，华人高被引科学家的年龄（包括自然年龄与专业年龄）特征发生了明显变化。2014 版样本中中国大陆高被引作者能够获得 103 位科学家的年龄信息，截至 2014 年年末，其平均年龄 50.85（标准差 11.682），比 A 组高被引群体的平均年龄小 12.37 岁。其中 50

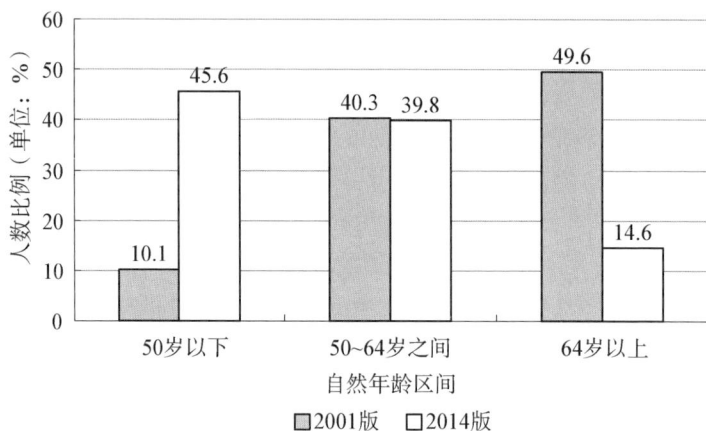

图 3-2 两组华人高被引科学家的自然年龄对比图

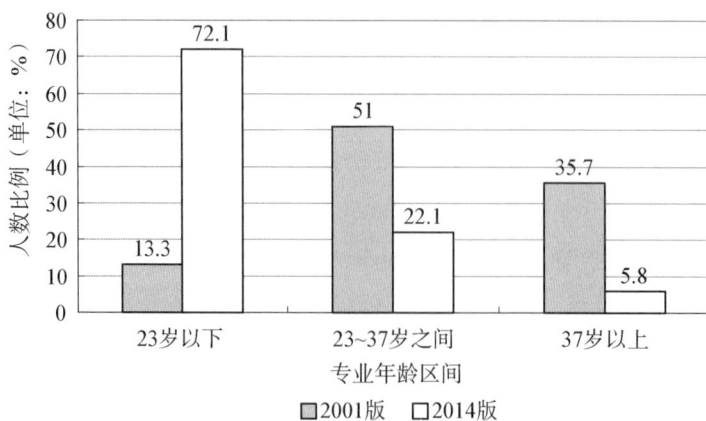

图 3-3 两组华人高被引科学家的专业年龄对比图

岁以下47人（占比45.6%）、50—64岁之间41人（39.8%）、64岁以上仅有15人（14.6%）。专业年龄平均为18.85岁（标准差9.328），其中专业年龄23岁以内的占绝大多数（72.1%）。因而，相比汤森·路透2014年推出的高被引科学家群体，2001版样本的年龄特征更加符合对拥有完整学术成长历程的科学精英样本的分析要求。不过，2014版的样本明显年轻化，恰好补充了对新生代科学精英的研究。其次，这批科学家多出生于中华人民共和国成立后，虽然也经历过一系列社会变迁，但主要发生在他们的幼年时期，对求学历程的影响不大。总体来看，他们成长的社会背景比较类似，更有利于探讨中华人民共和国成立后的社会环境与国家政策对科学精英成长的影响。

二、性别

本书的样本中有96位男性科学家和6位女性科学家，女科学家占样本总体的5.9%，分布在微生物学（3人）、分子生物学（2人）和物理学（1人）三个领域。而2014版中国大陆高被引科学家中，有105位男性科学家和6位女性科学家，女科学家占样本总体的5.4%，分布在材料学（2人）、化学（1人）、工程学（1人）、物理学（1人）和药物与毒物学（1人）五个领域。由此可见，无论按照何种统计口径，男科学家在华人高被引群体中都占据绝对优势比例，华人女性科学精英始终是"珍稀品种"。

其实在普通科学家群体中，女性科学家的从业人数同样少于男性。根据美国2004年发布的《全国高等院校教师调查报告》（*National Study of Postsecondary Faculty*），在四年制高等教育机构中，自然科学（natural sciences）、工程学（engineering）和卫生科学（health sciences）领域中全职女教师的人数比例分别占22.9%、9.5%和48%。[①] 国内有学者对我国设置研究生院的高等教育机构的教师特征进行调查发现，在随机抽取的2118名理工类教师中，男女性别比例分别为73%和27%。[②] 可见，虽然从事科学职业的女性数量相较以往有了一定提升，但在部分领域与男性的差距仍然显著。而与普通女科学家的情况相比，女性科学精英的占比又处在一个明显更低的水平。

---

① 数据来源：National Center for Education Statistics. 2004 National Study of Postsecondary Faculty (NSOPF：04)[R]. U. S. Department of Education，2004.

② 数据来源：中国研究生院院长联席会组织撰写的《中国研究生教育年度报告（2014）》（尚未公开出版）。

　　进一步结合其他科学精英群体的性别结构进行比较，可以发现这一结论并无族裔、时间或者学科上的差别。截至 2019 年 10 月新一届诺贝尔奖全部揭晓之时，百年间共有 20 人次女科学家摘得诺奖桂冠（玛丽·居里先后得过两次），其中物理学奖 3 人次，化学奖 5 人次，生理学奖 12 人次，女性占诺贝尔科学奖获得者总人次数（616）的比例仅为 3.2%。1965—1978 年间，女性科学家占高被引科学家总体的比例约为 2.3%。[1] 根据特里富纳茨（Trifunac）的统计，地震工程领域高被引科学家的男女性别比为 96% 比 4%[2]，在 737 名中国科学院院士中也得出了相同的性别比数据[3]。在北美科学家占主体的 339 名环境科学与生态学高被引作者群体中，女性科学家占比为 5.5%。[4] 1999 年的数据显示，美国国家科学院院士中女性占 6.2%，日本学士院 0.8%，英国皇家学会 3.6%，瑞典皇家科学院 5.5%，土耳其科学院 14.6%，荷兰艺术与科学院 0.4%。[5] 可见，在科学界，性别差异并未随着时代的进步和科学的发展而消弭，纵然女性在 20 世纪为科学界做出了巨大贡献，但无论在金字塔的顶层或者底端，女性始终是弱势群体。

　　根据目前能够搜集到的信息，多数女科学家是与其亲人或导师一起入选高被引科学家的。例如，常嫒（女）与丈夫帕特里克·穆尔（Patrick Moore）同时入选微生物学高被引作者，孟如玲（女）与访美期间的合作导师朱经武同时入选物理学高被引科学家，袁钧瑛（女）与导师霍维茨（Horvitz）同时入选分子生物学与基因学高被引科学工作者，曹韵贞（女）与在美国洛克菲勒大学艾伦·戴蒙德艾滋病研究中心工作期间的实验室主任何大一同时入选微生物学高被引科学家。而且，她们被引频次最高的一批论文恰恰都是与这几位亲人或导师合作发表的。常嫒与穆尔合作发表了近百篇 SCI 论文，10 篇高被引论文中有 8 篇是二人合作的成果；孟如玲和朱经武的合作频次更为惊人，Web of Science 数据库中即有超

① Garfield, E. The 1000 contemporary scientists most-cited 1965 - 1978. Part 1. The basic list and introduction [J]. Current Contents, 1981, 41: 5 - 14.

② Trifunac, M. D. On citation rates in earthquake engineering [J]. Soil Dynamics and Earthquake Engineering, 2006, 26: 1049 - 1062.

③ 中国科学院. 院士信息：性别分布图 [EB/OL]. [2014 - 10 - 12]. http://www.casad.cas.cn/document.action? docid=12018.

④ Parker, J N, Lortie, C, Allesina, S. Characterizing a scientific elite: the social characteristics of the most highly cited scientists in environmental science and ecology [J]. Scientometrics, 2010, 85(10): 129 - 143.

⑤ 贾宝余, 饶毅. 珍稀品种——杰出女科学家 [J]. 科学文化评论, 2009(1).

过 150 篇二人联合署名的论文,且她的 10 篇高被引论文全部是与朱经武合作发表的;袁钧瑛与霍维茨合作发表过 3 篇,其中一篇被引用超过 1 800 次,另一篇被引量超过 400 次,皆是她入选高被引科学家的重要根据;曹韵贞和何大一合作发表过二十多篇 SCI 论文,她的 8 篇高被引论文为两人合作的产物。2014 年6 月,尽管改变了统计口径,这一现象依然反映在新版高被引科学家名录中:汪尔康与董绍俊(女)夫妇同时入选化学高被引群体,卢柯与卢磊(女)兄妹,林君与李春霞(女)师徒同时入选材料学高被引作者,同一研究团队的曹进德(负责人)与梁金玲(女,成员)同时入选工程高被引科学家。也就是说,大多数入选高被引群体的女性科学家都与同期入选的男性科学家存在亲缘或者学缘关系。

与诺贝尔科学奖的情况(见表 3-2)进行对照,诺贝尔科学奖历史上产生过四对夫妻、六对父子、一对父女和一对母女。其中,玛丽·居里与丈夫皮埃尔·居里 1903 年共同获得诺贝尔物理学奖,他们的女儿伊雷娜·约里奥-居里(Irène Joliot-Curie)与其夫弗雷德里克·约里奥-居里(Frédéric Joliot-Curie)于1935 年一起获得诺贝尔化学奖,居里一家也因此创造了诺奖历史上最受瞩目的家族传奇。后来,格蒂·特雷莎·科里(Gerty Theresa Cori)和梅·布莱特·莫索尔(May-Britt Moser)又分别与自己的丈夫分享了诺贝尔生理学奖。六对父子中,布拉格(Bragg)父子分享了 1915 年的诺贝尔物理学奖,汤姆森(Thomson)、波尔(Bhor)和西格巴恩(Siegbahn)三对父子曾在不同年份先后获得过物理学奖,冯·欧拉(von Euler)和科恩伯格(Kornberg)父子先后分别获得过化学奖与生理学奖。丁伯根(Tinbergen)兄弟分别曾获经济学奖与生理学奖,前后仅相隔 4 年。

表 3-2 诺贝尔科学奖获得者的亲缘关系表①

关系	名　单
夫妻	Marie Curie & Pierre Curie(1903,物理学奖) Irène Joliot-Curie & Frédéric Joliot(1935,化学奖) Gerty Cori & Carl Cori(1947,生理学奖) May-Britt Moser & Edvard I. Moser(2014,生理学奖)

① 数据来源: The Official Web Site of the Nobel Prize. "Nobel Prize Facts". [EB/OL]. [2014 - 10 - 12]. http://www.nobelprize.org/nobel_prizes/facts/.

（续表）

关系	名　单
母女	Marie Curie & Irène Joliot-Curie
父女	Pierre Curie & Irène Joliot-Curie
父子	William Bragg & Lawrence Bragg(1915,物理学奖) Niels Bohr(1922,物理学奖)& Aage N. Bohr(1975,物理学奖) Hans von Euler-Chelpin(1929,化学奖)& Ulf von Euler(1970,生理学奖) Arthur Kornberg(1959,生理学奖)& Roger D. Kornberg(2006,化学奖) Karl Manne Georg Siegbahn(1924,物理学奖)& Kai M. Siegbahn(1981,物理学奖) Joseph John Thomson(1906,物理学奖)& George Paget Thomson(1937,物理学奖)
兄弟	Jan Tinbergen(1969,经济学奖) Nikolaas Tinbergen(1973,生理学奖)

　　综上所述，华人高被引科学家群体中女性的比例非常低，且多与同期入选的男科学家存在亲缘或者学缘关系。此前关于科学产出之性别差异的研究已不胜枚举，女科学家平均发表论文数量及被引用次数少于男科学家这一结论已经在自然科学的多个子领域的相关研究中得到了证实。[①]

　　朗（Long，1990）试图揭示这种差异产生的根源。总体来看有两方面的原因，一是与"优势累积效应"同理但方向相反的"劣势累积效应"。朗发现男女科学家的论文发表量与被引用量的差别其实在女性迈入科学职业的初期已经初露端倪，而这又与他们在接受科研训练时与导师的关系有关。在科学界，导师对学

① Cole, J R, Zuckerman, H. The productivity puzzle: persistence and change in patterns of publication of men and women scientists [M]// Maehr, P and Steinkamp, M W. Advances in motivation and achievement. Greenwich: JAI Press, 1984: 217 - 258;

Fox, M F. Gender, Environmental milieu, and productivity in science [M]// Bruer, J, Cole, J and Zuckerman, H. The outer circle: women in the scientific community. New York: Norton, 1991: 188 - 204;

Hornig, L S. Women graduate students [M]// Dix, Linda S. Women: their underrepresentation and career differentials in science and engineering. Washington, DC: National Academy Press, 1987: 103 - 122;

Long, J. Scott. Problems and prospects for research on sex differences in the scientific career [M]// Dix, Linda S. Women: their underrepresentation and career differentials in science and engineering. Washington, DC: National Academy Press, 1987: 157 - 169.

生早期职业成就和科学产出有至关重要的影响已得到公认①，特别是在实验科学领域，学生接受的科研训练主要在导师主持的实验室里完成。而对于女博士生来说，一些因素（有些是很微妙的）会使她们与导师的关系具有特殊性。首先，她们师从低产出、低声望的女导师的比例更高；且有证据表明，导师对于女学生，特别是有配偶和子女的女学生的要求更宽松。此外，男性导师不愿因为与女学生建立紧密的合作关系而招致误解，损害自己的声誉。这些方方面面看似微小的差别累积起来最终形成了男女科学家在科学生产力方面的明显差距，且这种性别差距在科学家学术生涯的头 10 年逐渐扩大，直到 10 年后趋势才有所转变。②

原因之二是婚姻、家庭对于女性科学家科研产出具有很大的影响。索内特和霍尔顿（Sonnert & Holton）将科学界女性稀缺的原因归结为"科学管道效应"（Science pipeline effect）的存在。他们将科学职业生涯比作一个一节节连接而成的管道。它充斥着渗漏的罅隙，内容物可以渗透出去，外物却很难进入其中。在科学职业的各个环节和部分，不断地有科研人员退出，而且退出的多数是女性科研人员。③ 这一点实际上在女性攻读学位阶段就已经表现出来，即女性更容易被家庭牵绊而中断学业。回到本研究样本的几位高被引女科学家，她们几乎都拥有一个支持她们从事科研的家庭环境，这也为她们在科学界的脱颖而出提供了一定的条件（详见后文的质性材料分析）。此外，朗（1992）的另一项研究表明，由于女性是其家庭事务的主要承担者，她们在婚姻和抚育子女方面会消耗大量时间，从而降低了导师和其他同事与其合作的意愿，这种标签印象甚至会迁移到未婚育女性身上，仅仅因为她们未来可能面临同样的境况，而男性则不存在这

① Crane，Diana. Scientists at major and minor universities ［J］. American Sociological Review，1965，Vol. 30：699 - 714；

　Long，J. Scott，McGinnis，R. The effects of the mentor on the academic career ［J］. Scientometrics，1985，Vol. 7：255 - 280；

　Reskin，Barbara F. Scientific productivity and the reward structure of science ［J］. American Sociological Review，1977，Vol. 42：491 - 504.

② Long，J. Scott. The origins of sex differences in science ［J］. Social Forces，1990,68（4）：1297 - 1316.

③ Sonnert，G.，Holton，G. Who succeeds in science：the gender dimension ［M］. New York：Rutgers University Press，1995：9 - 11.

种困扰。因而在现实中，女科学家与配偶合作开展研究的比例远高于男科学家[1]，这更多可能是一种无奈的选择。一方面由于男性形成合作同盟的历史相对久远；另一方面，在科学家年富力强的时期，科研合作和男女情爱之间的尺度有时难以把控[2]，而一旦越轨，对科学合作关系的影响多数可能是负性的。不过夫妻或亲属合作模式对双方的职业性质与研究领域提出了严格的要求，适用的范围自然狭窄许多，导致女科学家拥有的合作机会更少。考虑到合作研究与高质量成果之间往往有高度相关，我们也就能够理解为什么在人数本就极少的华人高被引女科学家中会出现多个与配偶和亲属共同入选的案例。因此，对女性科学家来说，要想突破女性在科学界发展的藩篱，跻身高度分层的科学共同体的顶端，除了自身的勤勉努力外，一种友好的社会环境、平等的科研制度，以及拥有良好的合作伙伴都是至关重要的。

第二节　社会出身

文化资本理论表明，人的家庭出身会对其学术成就产生影响。文化资本是一种表现行动者文化上有利或不利因素的资本形态。学术文化更接近中产阶级的家庭文化，自幼接受这些文化形态熏陶的学生自然在学术成就方面具备优势，而低阶层出身的学生由于不熟悉中产阶级的文化形态，在学术文化主导的场域中自然处于劣势(Bourdieu & Passeron 1977；Bourdieu 1996)[3]。这种关系是否也存在于华人高被引科学家身上？下面就结合华人高被引科学家的社会出身情况稍作分析。

一、华人高被引科学家的社会出身信息

本书能搜集到 39 位华人高被引学者的家庭背景信息(见表 3－3)，占样本总

---

[1] Long, J. Scott. Measures of sex differences in scientific productivity [J]. Social Forces, 1992,71(1)：159－178.

[2] 贾宝余,饶毅. 珍稀品种——杰出女科学家[J]. 科学文化评论,2009(1).

[3] [法]P. 布尔迪约,J. C. 帕斯隆. 继承人——大学生与文化[M]. 邢克超译. 北京：商务印书馆,2002：20.

量的近 40％。根据以往研究的启示，笔者特别关注了科学家父辈的职业和受教育程度。剔除父亲早逝的 CYZ - M - F，其余 38 名华人高被引科学家中父亲从事专业工作（包括教师、工程师、科学家、艺术家等）的人数最多，比例接近 50％；其次是体力劳动者（主要是农林牧渔职业），人数超过 25％；政府官员和商铺经营者的占比分别为 10.5％和 7.9％（见表 3 - 4）。[1] 在 20 世纪中叶的中国，专业人员和政府官员一般都要求从业者接受过良好的学校教育，家境优渥的地主和商人子嗣亦有接受教育的机会，他们作为父辈组织起来的家庭通常可以向子女提供更优越的教育环境，子女先天地就拥有较多的文化资本。相对而言，出身体力劳动者和小商贩家庭的科学家早年处境会更艰难一些，所接受的家庭教育和学校教育的质量可能更低一些。本书借鉴布迪厄（Bourdieu）的阶层划分方式，将来自专业人员、政府官员、企业高管和地主家庭的科学家界定为中高阶层群体，商铺经营者中 LMZ - T（序号 3）的父亲虽然没有接受过高等教育，但经常阅读自修，自学英文，伯父曾任台湾成功大学化工系主任和教务长，同样属于文化资本优势家庭。这部分科学家占样本量的 65.8％（25 人），远高于该群体在总人群中的比例，因而本研究假设四中关于"科学精英的家庭出身更优越"的推测得到了证实。其余科学家则出身于占有文化资本较少的家庭，人数比例为 34.2％（13 人）。

表 3 - 3 华人高被引科学家的家庭背景信息表[2]

序号	作者编号	出生年代	家 庭 出 身
1	AZS - M	1941	父亲为大学教师，母亲为中学教师。
2	QYT - M	1941	来自英杰辈出的无锡钱氏家族，与钱穆、钱学森、钱伟长、钱三强等同为钱氏子弟。
3	LMZ - T	1942	家境小康。父亲继承家族商铺，经常阅读自修，自学英文。伯父曾任台湾成功大学化工系主任、教务长、教授。
4	LYZ - T	1936	父亲是一名画家和美术教师，母亲是幼稚园园长。

---

[1] 注：个别科学家由于战乱或迁徙导致父亲职业与家庭境遇发生过变化，本书以父辈的原初职业作为分析依据。

[2] 内容搜集自公开出版或网络发表的信息。

（续表）

序号	作者编号	出生年代	家 庭 出 身
5	LGY - T	1951	新中国成立前父亲曾任两广电信局局长，声名显赫。
6	LSC - T	1944	父亲在家乡原是小地主，抗战胜利后举家迁往中国台湾。
7	ZYZ - T	缺	父亲是台南师范学院教授。
8	CFC - H	缺	幼时居住在中国香港一间矿场木屋，生活艰难。父亲是矿场的机械工程师，来港前曾执教于中山大学。
9	QLQ - M	1945	父亲为中国大陆知名学者，母亲是小学教师。
10	XLZ - H	1950	父亲是文人，擅诗画，精书法。从上海迁居中国香港后，虽生活艰辛，仍重视子女教育。
11	XYN - M	1965	出身教师家庭，三代中一共产生了9位教师。
12	YPD - M	1971	父亲是医生，重视子女教育。
13	MHG - T	1941	父亲曾为国民党高级将领。
14	YJY - M - F	缺	出身科学世家，祖父是有机化学家，父亲是解剖学家，母亲是植物学家。
15	HZM - T	1947	父亲毕业于空军官校机械系，曾留美学习机械专业；母亲是小学教师。
16	HYG - M	1962	父亲为中科院院士、清华大学力学系知名教授，父子在同一专业领域多有合作。
17	TCL - T	1935	出身书香世家，父亲毕业于北京大学物理系。
18	SHZ - O	缺	父亲原籍浙江，是一名轮船工程师；母亲原籍南京，后全家移民英国。
19	DJH - T	1933	父母均是公派赴美留学生，受过良好教育，回国后在国民政府任要职。
20	LJ - M	1965	父母皆是大学教师。
21	MXL - M	1963	父亲是上海一所中学校长。
22	QCT - H	1949	父亲是大学哲学教授，毕业于厦门大学，曾留学日本早稻田大学。
23	TNS - T - F	1950	父亲和叔叔都是大学教授，母亲是外科医生。

（续表）

序号	作者编号	出生年代	家 庭 出 身
24	HDY－O	1952	父母均出身于地主家庭。父亲先后毕业于浙江大学、美国南加州大学,在美国创办资讯公司并担任总裁;母亲毕业于彰化女中。
25	ZJW－T	1941	父亲曾留学美国,后在国民政府空军部门任职。
26	LWH－T	1951	家境贫寒,父母兄长靠常年打渔谋生。
27	LWX－T	1942	出身于中国台湾农户家庭,家境贫苦。
28	ZZM－H	1957	家境贫寒,父亲在中国香港做小买办,母亲在家带孩子。
29	LGQ－M	1963	生长于山东一户农村家庭,家中兄妹九人。
30	MYR－H	1946	童年家境贫苦,父亲是一名木匠,一直希望子女成人后学一门手艺贴补家用。
31	WZL－M	1961	生长在陕西蒲城一户普通农家,父亲在县城当工人,母亲务农。
32	ZYS－M	1932	幼年在河南贫困的农村长大,母亲不识字。
33	YXF－T	1932	父亲曾参与蔗糖生意,工厂卖掉后做了磨坊主。五年级时母亲去世,由姐姐抚养照顾,高中时父亲过世。
34	ZJK－M	1967	生长在皖北农村。父亲读过中专,成为子女的启蒙老师。
35	FJQ－M	1962	出身于福建莆田一户贫苦农民家庭。
36	LFH－M	1959	出身于一户普通家庭。父亲是工人,响应解决城市粮食供应紧张的号召而举家返乡。
37	WJF－T	1949	父母在中国台湾经营一家小鞋店。
38	XJC－M	1961	生长在湖南农村。
39	CYZ－M－F	1941	父亲早逝,姐妹二人由母亲独自抚养长大。

表3－4　华人高被引科学家父亲的职业分布情况表

职业类别	人数	比例(%)	职业类别	人数	比例(%)
专业人员	18	47.4	政府官员	4	10.5

职业类别	人数	比例（%）	职业类别	人数	比例（%）
企业高管	1	2.6	体力劳动者	10	26.3
商铺经营者	3	7.9	其他	1	2.6
地主	1	2.6	**总和**	**38**	**99.9**（注：四舍五入后＜100）

那么，不同家庭出身的科学家之间是否还存在其他差别？本节又从专业和年龄两个维度对其展开了进一步的分析。

如图 3-4 所示，来自文化资本优势家庭的华人高被引科学家主要分布在数学、材料学、工程学、地球科学、微生物学等 9 个专业领域，其总和占比达到 76%。而来自较低社会阶层家庭的学者分布在数学、材料学、动植物学等 6 个专业领域，且这三类专业即包揽了该阶层出身科学家总数的 76%。就专业而言，数学和材料学属于华人科学家表现突出的优势专业，两个群体中最多数的人都

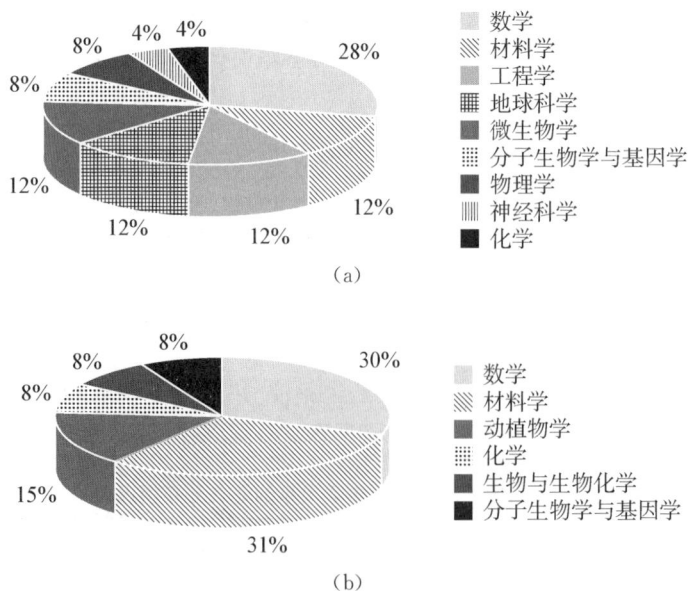

（a）

（b）

图 3-4　中高社会阶层(a)与较低社会阶层(b)出身学者的专业分布对比图

在从事该领域研究。可见,仅就这两个专业来说,对科学家的出身并没有选择性。不过,与中高阶层出身的科学家相比,低阶层出身的学者中来自生物学及相近专业(包括动植物学、生物与生化学和分子生物学与基因学)的比例更高,但无人从事工程学、地球科学、物理学和神经科学的研究。

鉴于本书样本所处时代背景的复杂性,笔者认为有必要分析不同家庭出身的学者在年龄分布方面是否呈现集聚特征。结果显示(见图3-5),有近一半(12人)来自中高阶层的科学家自然年龄超过64岁,可以推算这部分学者生于1949年之前。50—64岁年龄群中,低社会阶层出身的科学家人数最多(7人),占比超过50%,这意味着他们生于中华人民共和国成立后至1964年之间,比生于中华人民共和国成立前的科学家比例高出15个百分点。虽然这部分的样本量较少,但还是能够看出1949年后来自"草根"阶层的华人优秀科学家明显增多。

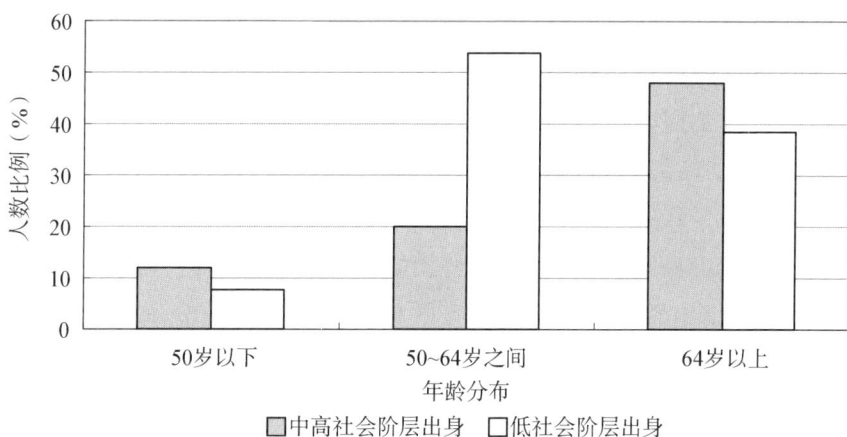

图3-5　不同家庭出身学者的年龄分布图

总体看来,华人高被引科学家中出身中高社会阶层的数量占优,这与对国外及我国科学职业群体家庭背景的研究发现大体一致。对西方科学家的家庭背景的研究表明,科学领域的超级精英甚至更大范围的科学从业者皆主要出身社会中上阶层,特别是来自占有更多文化资本的专业技术人员家庭的比例居多。例如,美国诺贝尔奖得主中超过半数者的父亲是教师、医生、律师等专业人员,其次是经理或企业主，父亲职业属于这两类群体的获奖者占到总体获奖人群的82％。① 谢宇对美国物理学、生物学、数学和社会学学者的考察发现，不同学科学者的社会出身具有很大程度的同质性，表现为父亲从事非体力职业的比例最高，除了生物学外都超过半数。② 对英国和瑞典科学从业者的研究也得出了类似的结论。③ 不过，家庭出身显然不是唯一的、绝对的主导因素，因为来自贫苦家庭的华人高被引科学家也占一定比例，这显然需要进一步的分析。

在中国大陆，其他科学家群体的家庭背景特征同样与西方学术界的情形相仿。479 名中国科学院院士中，约一半院士的父亲从事专业技术类工作，包括教师、科学家、工程师、律师、会计等职业，来自教师家庭的人数占到样本总量的1/4，仅有 8.8％的院士出身于农家。④ 对我国研究生院高校教师的更大范围的调查显示，父亲拥有高中（中专等）以上学历的比例达到 60％以上，而父亲来自管理领导层和专业技术阶层的比例约占 48％，从事农林牧渔工作的比例仅为 20％。⑤

对不同阶层出身的科学家所做的对比分析与已有研究发现部分一致。例如，农家子弟成为生物学家（或农学家）的机会更大，谢宇推测也许与他们幼年在田间长大，熟悉生物环境与生长过程有关。⑥ 这一点在之前的数据中也有体现，即较低社会阶层的华人高被引科学家从事生物相关专业的比例更高。另外，汉森和玛斯特卡萨（Hansen & Mastekaasa）对挪威高校的 36 个学科领域进行比较后认为，阶层出身的影响在人文社科领域表现得更加明显。挪威语与文学专业中不同阶层学生的成绩差距最大，其次是新闻传播学、神学、教育学和工程学

① ［美］朱克曼.科学界的精英——美国的诺贝尔奖金获得者［M］.周叶谦，冯世则译.北京：商务印书馆，1979：93.

② Xie，Yu. The social origins of scientists in different fields［J］. Research in Social Stratification and Mobility，1992，Vol. 11：259 - 279.

③ Bukodi，Erzsébet，Erikson，Robert，and Goldthorpe，John H. The effects of social origins and cognitive ability on educational attainment：evidence from Britain and Sweden［J］. Barnett Working Paper，2013，04(Oct.).

④ Cong Cao. China's Scientific Elite［M］. London and New York：RoutledgeCurzon，2004：77.

⑤ 阎光才.我国学术英才成长过程中的赞助性流动机制分析［J］.中国人民大学教育学刊，2011(3).

⑥ Xie，Yu. The social origins of scientists in different fields［J］. Research in Social Stratification and Mobility，1992，Vol. 11：259 - 279.

（侧重物理学和数学方向）。[①]本书的样本皆来自自然科学领域，不过的确发现中高社会阶层出身的华人学者在工程学领域学业的表现更加出色。

二、对华人高被引科学家社会出身特点的理论分析

从华人高被引科学家的家庭背景来看，虽以出身中高社会阶层的科学家居多，但出身低社会阶层的也不乏其人，而对两类人来讲，家庭环境对其成长的影响会有所不同。

（一）优势家庭环境对科学精英职业发展的影响

从现有研究结果看，家庭环境通过文化再生产对华人科学精英的职业选择和职业成就都产生过影响。

1. 优势家庭背景影响科学精英的职业选择

文化资本的再生产主要通过早期家庭教育和学校教育来实现。家庭是文化资本最初也是最主要的再生产场所，文化方面的不平等在非正规学校教育的领域表现得更为明显。布迪厄和帕斯隆（Bourdieu & Passeron）认为，子女能够从其出身的环境中习得习惯、训练、能力等直接为他们学业服务的东西，也从那里继承知识、技能与爱好。优越的家庭出身可以培养子女"有益的兴趣"，对学习产生间接的效益。[②]谢宇的研究发现，科学界存在职业的代际传承现象，第二代科学家往往是受父亲的影响在幼年被培养起从事科学工作的兴趣。诺贝尔科学奖得主中有四对父子、一对父女和一对母女，中国科学院和工程院也存在父子同为院士的案例，本书样本中也有不少高被引科学家是承继父辈衣钵加入科学阵营的。在科学社会学者看来，专业人员家庭提供了一种社会的和教育的联合优势，这种相加的优势累积效应在科学家事业启动期即赋予他们先天优势，有利于他们在今后的职业发展道路上继续处于有利地位。

"我上大学时学的是生物化学。因为我祖父是搞有机化学的，他觉得化学与

[①] Hansen，Marianne. Nordli，and Mastekaasa，Arne. Social origins and academic performance at university [J]. European Sociological Review. 2006,22(3)：277-291.

[②] ［法］P. 布尔迪约,J. C. 帕斯隆. 继承人——大学生与文化[M]. 邢克超译. 北京：商务印书馆,2002：20.

生物结合以后将大有前途，所以那时就选择了生物化学。"①（YJY‑M‑F）

"念数学开始倒是跟父亲念哲学有关。从某方面看，数学是哲学的一部分，一种自然的推广，所以父亲鼓励我念这方面。"②（QCT‑H）

……

2. 优势家庭文化的再生产影响科学精英的职业成就

既有研究认为，在受教育程度接近的情况下，出身较高社会阶层的群体比出身较低社会阶层的更容易取得高职业成就，且这种阶层划分以文化资本为主要参考指标。对挪威大学生与研究生的学业表现进行考察发现，来自文化资本最多阶层的学生学业成绩表现最好，相比之下，那些拥有最多经济资本的学生的成绩反而不如预期的理想。③ 克兰（Crane）曾经检验了美国一流大学部分学科的教师与博士毕业生的职业成就，发现高声望职业（涵盖学术职业）虽然有可能向低社会阶层的人开放，但这部分人成功胜任的概率更低。阶层出身对职业前景的影响即便在教育系统的最高级别依旧存在。④ 肯洛克（Kinloch）对工程科技人员的研究支持克兰的结论。⑤ 新近在德国的研究显示，在 6 500 名工程、法律和经济学博士学位获得者中，出身上层阶级的博士获得高层管理岗位的机会比来自工人阶层和中产阶级的博士同侪多 2～3 倍。工人阶层子女在工商界获得顶级职位的可能性比大型公司雇主、高管和地主的博士子女低 70%—90%。⑥ 因此，职业愿景并不单纯由个人才华与努力程度决定，先赋社会地位会影响人们职业成就的高度，特别是获得职位的声望等级。父辈的兴趣爱好、文化素养、学习态度与习惯等特征都会对子女产生潜移默化的影响，这种文化再生产的影响在华人高被引群体身上也得到明显的体现。

---

① 班立勤.与科学家对话——访哈佛大学医学院袁钧瑛教授[J].科学中国人，2001(4).

② 陈金次.专访丘成桐教授[M]//刘克峰.丘成桐的数学人生.杭州：浙江大学出版社，2006：23.

③ Hansen, Marianne. Nordli, and Mastekaasa, Arne. Social origins and academic performance at university [J]. European Sociological Review. 2006,22(3)：277‑291.

④ Crane, Diana. Social class origin and academic success：the influence of two stratification systems on academic careers [J]. Sociology of Education, 1969,42(1)：1‑17.

⑤ Kinloch, Graham C. Sponsored and contest mobility among college graduates：measurement of the relative openness of a social structure [J]. Sociology of Education, 1969,42(Fall)：350‑367.

⑥ Hartmann, M. Achievement or origin：social background and ascent to top management [J]. Talent Development & Excellence, 2010,2(1)：105‑117.

分子生物学家徐立之的父亲是擅绘画、精书法的传统中式文人,徐立之的成长经历很好地诠释了继承自父亲的艺术天分是如何应用在生物研究上的。"因为懂画画,所以对生物的构图、结构就很有感觉。他的几何是不错的,对三维观念非常清楚。建筑、几何、画画——这几样东西都是有联系的。"①

丘成桐的父亲是一名哲学教授,他在日后接受采访时屡屡强调父亲对自己的深刻影响。"父亲常强调哲学思想的重要及哲学对科学的重要,叫我们也花功夫去看一下哲学的书。父亲也要我们读文学、历史的书,后来文学、历史、哲学的启发对我日后的研究影响很大。""他经常和学生们在家讨论中西文化、中国当时的命运及未来的前途。我们在一旁听得很专心。当时虽然听不懂,但是后来回想起来,对我本人却有很大的帮助,培养了我对学术的兴趣及研究的专注力。"②

此外,接受过良好教育的家长对子女从事科学事业往往持积极的态度,更关心子女的学业表现,有辅导子女学业的习惯。遇到现实困境时,他们一方面给予子女精神上的鼓励,另一方面也有能力提供一定的实际帮助。丘成桐的父亲自幼教子女阅读文史哲方面的经典名著,对他们寄予厚望,"但并不是为赚钱做学问,他希望我在学问上留下成果。"③刘军的父母都是大学教师,家庭学习氛围非常好。在教科书和参考书缺乏的年代,父母竭尽所能四处找书,还利用休息时间帮他抄书,父亲甚至抄写过一整本书。④ 1978年,尚在读初中的孟晓犁参加上海市高考,被复旦大学数学系录取,成为大学生年仅15岁。他出色的成绩固然与其聪慧过人的天赋有关,但能够勇敢选择跳级参加高考,恐怕与其身为中学校长的父亲的良苦用心和鼎力支持密切相关。

(二) 对低社会阶层出身科学家成功现象的分析

尽管较低阶层出身的科学家从职业起步阶段就面临种种不利因素,但依然有少部分人能够打破"社会出身论"的符咒成功跻身科学精英集团。这个过程的发生机制值得我们思考。本书从两个方面对其进行简单的剖析。首先,导师作

---

① 亚视电视.香港百人(上册):一百个触动人心的香港故事[M].香港:中华书局(香港)有限公司,2012.

② 刘克峰.丘成桐的数学人生[M].杭州:浙江大学出版社,2006:7.

③ 刘克峰.丘成桐的数学人生[M].杭州:浙江大学出版社,2006:7.

④ 易蓉蓉.刘军:做数学就像"玩游戏"[J].成才之路,2013(14).

为科学精英学术道路的引路人，在他们职业成长历程中发挥了重要作用。甚至有学者将中下阶层出身的科学家较难获得高声望职位的原因解释为，这部分科学家在成长环境中形成的某些态度和行为方式阻碍了他们早期与导师建立有效的合作关系，而导师在学生申请教职过程中扮演了重要的角色，最终导致他们在进入科学职业时就面临不利的境遇。① 但如果师从知名导师，又深得导师的欣赏，那么可以通过导师获得珍贵的研究资源，在一定程度上弥补其先天文化资本的缺憾。关于导师的影响我们将在文中之后部分展开论述。

其次，华人族群千百年来有重视教育、崇尚读书的传统，"万般皆下品，惟有读书高"。来自社会较低阶层的体力劳动者也懂得知识的重要性，即便家庭经济窘迫也要竭尽全力支持子女接受教育。"整个村子的风气是种田太辛苦，孩子能念书就尽量让孩子念。"（LWX－T）②贫家子弟受此激励与鞭策往往更加珍惜读书的机会，最终取得良好的成就。因而不少家庭经济资本匮乏的华人高被引学者在访谈或回忆性文章中都感念父母当年的支持。"读过中专的才子父亲做了他的启蒙老师。更为关键的是，他对教育非常重视，省吃俭用供孩子们上学。"③（ZJK－M）

综上所述，本书承认家庭出身对高被引科学家成长的影响，华人高被引科学家主要出身占有较多文化资本的家庭，特别是来自专业人员家庭的比例最多。不过与西方研究不同，华人学者鲜少出身工商业家庭，来自政府官员家庭的更多，这可能与我国"重官轻商"的传统文化有关。家庭资本通过再生产影响了华人科学精英的职业选择与职业成就。不过，虽然来自中上社会阶层的子弟更容易实现自己的学术理想，但科学界从来不乏逆境中突围的勇士。依然有大约1/3的科学家出身社会较低阶层。因此，笔者认为华人高被引科学家成长的轨迹是"多元而非唯一"的。不论家庭经济状况和父母受教育程度如何，科学精英的最终成才更多得益于父母对子女教育的重视。④ 贫家子弟通过努力亦能够实现职业成就。只要父母认识到知识与教育的重要性，设法为子女求学创造条件，这样的家庭就是精英成才道路上坚强而温暖的后盾。

---

① West, S. Stewart. Class origin of scientists [J]. Sociometry, 1961, Vol. 24：251 - 269.
② 李名扬. 从数学出发的生物学大师——巴仁奖得主李文雄[J]. 科学人(中国台湾)，2008(5).
③ 易蓉蓉. 朱健康：在"逆境"中苗壮成长[J]. 科学新闻，2012(12).
④ 卜晓勇. 中国现代科学精英[D]. 合肥：中国科学技术大学，2007.

第三节　个人特质

科学研究工作主要由科学主体来承担,科学主体包括科学个体和"科学共同体"。尽管在当今的大科学时代,科学共同体(有人认为其在今天主要表现为"科研团队"①)的作用愈发重要,但科学共同体仍是由个人组成的。科学家个体,特别是杰出科学家的个体素质仍然会对其科研表现,乃至整个科研团队的科学产出产生重要影响。因此,本节通过对华人高被引科学家传记、访谈等质性材料的分析,试图揭示该群体身上所具备的个人特质。

一、关于科学家特质的已有研究

所谓科学家的特质,是指科学家成为科学家,从事科研活动所必备的基本条件。过去也有人表述为"科学家的品格和素质",认为两者(品格、素质)"是两个不同的而又密切相连的概念,它是科学家的心理、知识、智力、思想、品德诸因素在心理上、精神上、行为上和习惯上的一种综合表现。"②

科学家应具备怎样的特质,一直是学者和公众十分感兴趣的问题,人们渴望了解问题的答案常常是出于识别或培养科学家的愿望。对此,有科学社会学教科书提出,作为科学认识主体的科学家通常具有如下特点:①自觉能动性,主要指作为科学认识主体能够把握科学研究的方向,构建科学认识客体,创造和使用工具。②科学主体必须具备一定的科学研究素养和社会适应性,有较为扎实的科学理论基础,掌握科学方法,分析解决问题的能力和社会适应能力等。③这可能更多指向的是一般科学家所应该具有的素质。而相关的研究表明,高产的科学家确实拥有某些非高产的科学家们所缺乏的特质。

例如,佩尔兹和安德鲁斯(Pelz & Andrews,1966)发现,大学里高产科学家的动机水平高,对于探索想法有着很强的动力。默顿(Merton,1973)发现杰出科学家作为一个群体,有着很高的动机水平,自主性强,对自己的想法充满信心,

---

① 高嘉社.科学社会学[M].北京:科学出版社,2011:76.

② 曾德聪.科学家与科技人才群落[M].福州:福建科学技术出版社,1986:129.

③ 高嘉社.科学社会学[M].北京:科学出版社,2011:70.

这些特点往往使得他们在研究上投入更多的时间。西蒙（Simon，1974）研究杰出科学家的工作习惯后发现，他们把大量时间花在研究上，同时研究几个问题，早晨也用来工作。泰勒和埃里森（Taylor & Ellison，1967）分析了美国航空航天局（NASA）的 2 000 名科学家，发现他们独立、理性、自信心高。伍兹（Woods，1990）对澳大利亚高教系统中学术人员的研究表明，能力、经历、创造力、动机、抱负、自律等方面的差异，在区分高产出和低产出研究者中都是重要的因素。方瑟卡等（Fonseca et al.，1997）对巴西 50 位生物化学和细胞生物学领域的杰出科学家的研究表明，他们都具有高动机水平，能在工作中找到乐趣，能有效地面对挑战。访谈研究揭示了五类因素会影响他们的学术产出：①实验室里的人际关系，如领导者与学生的关系，交流想法、和其他科学家互动的能力，小组成员之间的亲密关系等；②主观情感因素，如面对挑战的能力，动机，工作中的愉悦；③良好的物质条件，如设备，买化学药品的钱；④研究的类型，可以自由地把个人的焦点放在新的领域；⑤用于工作的时间。①

　　从对上述研究结果的简述中可以看出，影响科学家表现的因素既包括个性品质，也涵盖工作习惯。那么这些结果是否也适用于华人高被引科学家呢？我们通过对样本进行分析发现，华人高被引科学家比较突出的特质是对科学工作的兴趣或动机，充满好奇心，而勤奋与志向也是其中引人注目的因素。

二、勤奋与兴趣

　　分析华人高被引科学家的传记资料，几乎一下子就会被他们的勤奋所吸引。这些常常被公众认为是世界上最聪明的人究竟是否智商超人，我们没有资料可予确认，但他们对于科学工作的投入之多，坚持之久，恐怕会超出一般人的想象。每周七天，每天十几小时，十余年持续投入工作，在华人高被引科学家中司空见惯，不足为奇。例如化学家支志明，除了春节，几乎天天泡在实验室做着自己喜欢的研究②；而同为化学家的赵东元，在刚刚回国时，几乎每周工作 80 小时，"为

---

① 以上资料均转引自：Zainab，A N. Personal，academic and departmental correlates of research productivity：a review of literature [J]. Malaysian Journal of Library & Information Science，1999，4 (2)：73 - 110.

② 向杰. 支志明：精心科研随性人生[N]. 科技日报，2007 - 4 - 18.

了灵光一闪的实验想法,常连续十几个小时泡在实验室里"①。而且,在勤奋上,
男女科学家可以说没有性别差异,身为女性的华人高被引科学家袁钧瑛在生孩
子前每天在实验室工作十五六个小时,生孩子以后一个星期就回实验室了②。
当然,这样的工作强度,肯定要影响到"正常的"家庭生活,因此没有家人的理解
和支持是不可能的。物理学家朱经武每周工作七天,十多年一直如此,太太陈璞
(陈省身女儿)便给予了充分的理解和支持,③从这个意义上说,华人高被引科学
家所取得的杰出成就也可以看作是"家庭团队"协作的结果。

　　科学家们缘何如此钟情于科研工作,不惜为之殚精竭虑,是出于外部的压
力,比如竞争而不得不为之吗? 仔细解读资料,发现并非如此。对于科研工作
的努力付出,主要还是华人高被引科学家们的一种主动选择,或者说出于对科
学研究工作规律的一种认识,同时也有对于科学研究工作的兴趣、热爱甚至
痴迷。

　　有的科学家非常明确地把勤奋看作是能够在科学研究领域做出成绩的非
常重要的一个条件。在他们看来勤奋与聪明是从事科学研究的两翼,缺一
不可。关于这两者与科研工作的关系,王中林的一番话可谓是表达得淋漓
尽致:

　　"我觉得一个好的研究者不聪明不行,蛮干是干不出来的,但是聪明不勤
奋更加不行。一个成功的人,有他的灵感,有他的聪明,更重要的是他付出的
血汗。勤奋、执着、锲而不舍是排在第一位的。文章是一篇一篇写出来的,字
是一个一个打进去的,多少个不眠之夜,多少个周末和晚上的付出,别人看不
见,别人看到的只是你的成功,背后付出的辛苦只有自己最清楚。我们这些从
乡下长大的孩子,不敢说比别的孩子聪明,我们最大的优点就是坚忍不拔。天道
酬勤,这份'勤'源于对你所从事的专业的无限热爱,源于你对设定目标的不懈
追求。"④

---

① 罗倩.赵东元:搞科研很累,可我就是喜欢[N].中国教育报,2008-2-22.

② 班立勤.与科学家对话——访哈佛大学医学院袁钧瑛教授[J].科学中国人,2001(4).

③ 龙飞.朱经武:陈省身的校长女婿[N].天津日报,2008-11-22.

④ 编辑部.视野,决定飞翔的高度——与王中林"面对面"谈科研[J].物理,2007(1).

　　而且，许多外人眼中的"苦"，如加班加点，持之以恒，在科学家的感知中根本不以为苦，反觉享受。仍以前面提及的几位科学家为例，支志明觉得泡实验室"就像别人喜欢看电影、看小说一样，是生活的一部分，只不过他喜欢的是化学研究和实验"①，不但不枯燥，甚至"无时无刻不让我高兴"。赵东元把对化学的痴迷和坚持视为自己成功的秘诀；而袁钧瑛谈到自己的勤奋工作时也说并不觉得苦，因为那是她的爱好。尽管在兴趣方面也有例外，例如数学家范剑清自述小时候对数学并无特别感兴趣，"只不过当年在莆田老家时，成绩好的学生都会选修数学、物理、化学，所以我就拣了数学系。"②但这样的情况并不多。可见，对科研工作和研究领域的"痴迷和坚持""无限热爱"，甚至"它无时不刻不让我高兴"的状态是科学家们勤奋努力、终有所成的重要动力。

　　关于驱动科学家的动机，史蒂文森和拜尔利曾将其分为三类："一是内在于科学研究过程的动机：指科学的好奇心，做研究过程中体会到的愉悦；二是指向科学共同体的动机：渴望获得科学声望，渴望在科学职业内产生更大的影响；三是对科学研究的外部影响：公众名声的吸引，渴望发现科学知识的有益应用价值，需要资金支持，渴望从应用科学研究中获得利益，影响公共政策的抱负。"③仔细分析我们所发现的动力因素可以看出，华人高被引科学家的动机更倾向于前两种类型，即对于做科学本身的兴趣，以及希望通过杰出的科学工作获得同行认可的愿望。

　　前者往往被视为科学家的突出特质——"科学家是一群长不大的孩子"，对一切充满好奇心。也有人视之为科学家最重要的素质。"科学家的最重要素质必须与内在动机挂钩，准确地讲就是源自人的心理需要和好奇、兴趣等人的天性，其他任何因素都无法与之相比。""要知道，一个人做某事的根本动力主要来自内部，联系到科学研究，因为特别需要主观能动性，如果光靠目标、物质精神的刺激，光靠毅力、勇气和追求而远离内在动机，则往往难以保持长久，遭遇巨大坎坷之后攻克科学难关也是不可想象的。"④

　　而源于科学共同体认可的动力，则与科学家接受的训练有关，即他们在接受

① 向杰.支志明：精心科研随性人生[N].科技日报，2007-4-18.
② 翁志军，黄宗云.范剑清摘取统计学桂冠[N].福建日报，2001-7-26.
③ 转引自：高嘉社.科学社会学[M].北京：科学出版社，2011：81-82.
④ 张诗中.科学家最重要的素质是什么[J].科技视界，2011(32).

科学训练过程中便内化了通过发表获得同行的认可,乃是科学家群体的内部规范这一事实。这也就是科学建制中奖励系统的影响。所从事的科学工作获得同行承认是对科学家活动价值的重要强化,它有助于保证科学共同体中的优秀科学家继续投入研究。[①]

当然,对前两类动机的倚重并不意味着第三类动机可以付诸阙如。在科学界,前两个目标的达成往往意味着第三种目标的实现,颇有第三类动机是前两类动机之副产品的意味。从这个意义上说,再多、再好的外部奖励机制的设置,也需要有真正热爱科学的科学家这个前提存在,才能发挥作用。奖励机制是造就不出杰出科学家的,但它确实可以在杰出科学家起跑之后为他们的途中长跑,乃至最后冲刺提供帮助。

三、志向与理想

除了兴趣和勤奋外,不少华人高被引科学家很早就树立了为人类发展贡献力量的鸿鹄之志,或称为科学家的职业理想。丘成桐在中学阶段就确立了为数学拼搏的坚定信念。"父亲去世后,我想人生在世,终需要做一些不朽的事吧。1963年杨振宁教授到香港演讲,对我们有莫大的鼓舞。我虽然没有雄心去争取诺贝尔奖,但却想做一些贡献,能够对人类有益,能够传世的工作。"[②]而从数学出发终成生物学大师的李文雄却不是一个很早就树立了志向的人,他称自己小时候根本没什么"远大的抱负",只是别人做什么,自己就做什么,甚至入大学填志愿也是稀里糊涂地填,上大学后才确立了人生目标,就是想当科学家、教授,从事研究与教学。[③] 此外,这些科学家人生目标和职业理想的确立之所由也各不相同。从他们各自的描述看,丘成桐人生理想的确立是源于生活道路上的突发事件,即父亲去世后对人生意义的重新审视。李文雄职业理想的确立则似乎与他的兴趣和对自己特长的认知有关——从小成绩不错,对数理化有兴趣,读大学时发现自己是"理论型的人"[④],因此以研究和教学为职业理想便是很自然的

① [美]杰里·加斯顿.科学的社会运行——英美科学界的奖励系统[M].顾昕等译.北京:光明日报出版社,1988:35.
② 黄泽林.丘成桐传——数学王国的一代天骄[M].南京:江苏人民出版社,2014:80.
③ 李明扬.从数学出发的生物学大师:巴仑奖得主李文雄[J].科学人(中国台湾),2008(5).
④ 李明扬.从数学出发的生物学大师:巴仑奖得主李文雄[J].科学人(中国台湾),2008(5).

事了。

不过，也有的科学家志向与理想的确立与周围环境的影响有关。如女科学家唐南姗高中时就读中国台北第一女子高中，"女中的教育是女生一定不能比男生差"，在这样环境中成长起来的唐南姗，对自己要求严格，"一直想成为杰出的人"①。而她此后的职业经历证明，她的确克服重重困难做到了这一点。

需要指出的是，身为科学精英的华人高被引科学家们的志向与理想也并非都是指向外在的、宏大的如人类福祉、科学事业，其中也有自我实现的需要。如王中林由一些基础物理课题转向纳米研究，就是认识到自己从前所发展的理论没有重要的影响力，"我需要寻找一个可以施展才华的新领域，建立自己的影响力"②。换言之，华人高被引科学家的志向与理想并非是牺牲"小我"去成就事业，而是将事业与自我实现统一起来。

关于理想对于成才的重要性，古今中外都留下过大量的论述和实例，理想作为成才的条件、动力可以说是不容质疑的。从原理上讲，理想作为"人们对未来美好世界的展望和构想"③，其本质是"主体的需要受到客观条件的限制而渴望其在未来实现的观念的辩证统一"④，即理想反映着人们试图满足但暂时无法满足，因而力争未来能够满足的一种状态。因此为主体所自觉的理想对于主体的活动具有导向、内驱、调控以及检验评价的功能⑤，这似乎便是理想之于成才动力作用的机理。

对理想之于成功的重要性的感性把握或理性理解，使得我们在教育过程中很重视理想教育，试图帮助青年人树立远大理想，把这看作促使他们成长的重要措施。但对华人高被引科学家们的理想及其形成细加审视，会发现和我们在理想教育上一些通常的做法并不一致。作为从成功者身上得来的经验，借助华人高被引科学家的理想形成过程反思我们的理想教育，对未来开展更为有效的理

① 摘自 2012 年 8 月发布的唐南姗的访谈实录《Nancy Chang：Biochemistry and the Business of Health》。
② Thomson Reuters. Newsletter interview：Georgia Tech's Zhong Lin Wang new power generation [EB/OL]. [2008 - 12] [2014 - 11 - 7]. http://archive. sciencewatch. com/inter/aut/2008/08-dec/08decZLWang/.
③ 荆品娥. 理想的本质内涵探讨[J]. 河南师范大学学报（哲学社会科学版），2004(5).
④ 杜建平. 试论理想的"二级"本质[J]. 牡丹江师范学院学报（哲社版），2008(4).
⑤ 赵润琦. 论自觉理想的本质和功能[A]. 陕西省价值哲学学会. 理想·信念·信仰与价值观——全国理想信念与价值观学术讨论会论文集[C]. 陕西西安，2000(8)：135 - 140.

想教育或许不无启发。具体来讲,有三个方面:

首先,期望成长中的人们树立的理想未必一定要"崇高""远大"。华人高被引科学家中虽不乏志向高远,誓为人类贡献心力者,但也有的只是瞄准一份职业,甚至带有很强的私人性,如想成为杰出的人、建立自己的影响力等。看来理想远不远大,与能否真的作出贡献,好像也没有必然联系。换个角度看,远大的理想与切近的理想之间可能本就是相通的。譬如要想杰出,有影响力,就势必要做出点于整个人类、社会有益的事来。从理想反映个人需要的意义上看,直接与个人需要相联系的切近的理想更容易为人感知到,也更加真实。因此,教导成长中的人们树立理想,实在没必要揪住崇高、远大不放。

其次,理想未必要从小树立。我们的理想教育是很强调理想要"从娃娃抓起",以至于在成长早期,就要写"我的理想"之类的作文。可如果较真地问起曾经写过的理想到底是不是"我的",是否真的起了作用,大家恐怕只好一笑置之。反过来,华人高被引科学家中确有如李文雄者,小时候懵懵懂懂,长到很大才确定自己的理想,而此时确定的理想是建立在对自己兴趣、擅长等有充分把握的基础上,似乎倒真起了作用。太小的时候,自己所爱还在不停变化,所长尚无法辨明,树立的"理想"能否有持久作用,恐怕比掷骰子还难判断。

再次,理想的树立恐怕主要靠环境的熏陶和榜样的示范,华人高被引科学家们之理想树立就是例证。而目前理想教育中经常采用的说教方式,效果好像并不好,这在当下也有不少实例。

第四节　专业特征

作为专业工作者,高被引科学家身上所具备的专业特征将直接影响他们取得的学术成就,因而尤其值得关注。本节拟从客观与主观两个维度来廓清华人高被引科学家的专业特征。客观性专业特征主要指华人高被引群体的专业分布,目的是为了探讨华人科学家是否具有学科倾向性,是否更易在某些领域做出成就。前文(第二章第一节)已从 SCI 论文人均发表量的角度对这一问题展开过探讨,本节将采纳其他指标进行补充检验。主观性的专业特征则是指除了勤奋、兴趣、志向与理想等成功人士普遍具有的特质外,科学家所具备的与专业工作

（科学研究）紧密相关的核心素养，这种专业素养直接体现为在选择研究问题时精准而独到的专业眼光。

一、专业分布

统计发现，本研究的样本中，超过2/3的华人高被引科学家集中在数学、材料学、工程学与计算机科学四个领域（见表3-5）。其中，以数学家人数最多，所占比例超过1/4。可见，我们的优势专业既包括有良好学科基础和人才储备的传统学科，如数学和工程学；也有20世纪下半叶开始蓬勃发展的新兴领域，如计算机科学和材料学。具体而言，在不同年龄段的高被引科学家中（见图3-7），青年学者多集中于材料学，年长学者更多分布在数学领域，特别是专业年龄处于23—37岁之间的中年组学者中，有18位数学家。而专业年龄超过37岁的学者从事计算机科学研究的人数比例最少。

表3-5　华人高被引科学家的专业领域分布表

研究领域	人数（单位/人）	比例/％	研究领域	人数（单位/人）	比例/％
数学	28	27.5	药物学	2	2.0
材料学	15	14.7	神经科学	2	2.0
工程学	15①	14.7	动植物学	2	2.0
计算机科学	13	12.7	心理学与精神科学	1	1.0
物理学	6	5.9	免疫学	1	1.0
微生物学	5	4.9	空间科学	1	1.0
地球科学	4	3.9	生物与生化学	1	1.0
分子生物学与基因学	4	3.9	农学	1	1.0
化学	2	2.0			

（注：工程学领域一名学者同时属于生态环境学领域，另一名同时属于计算机科学领域，被计算在内；微生物学领域的一名高被引学者同时属于临床医学和免疫学领域。）

---

① 其中1人同时属于工程学领域，另1人同时属于生态环境领域。

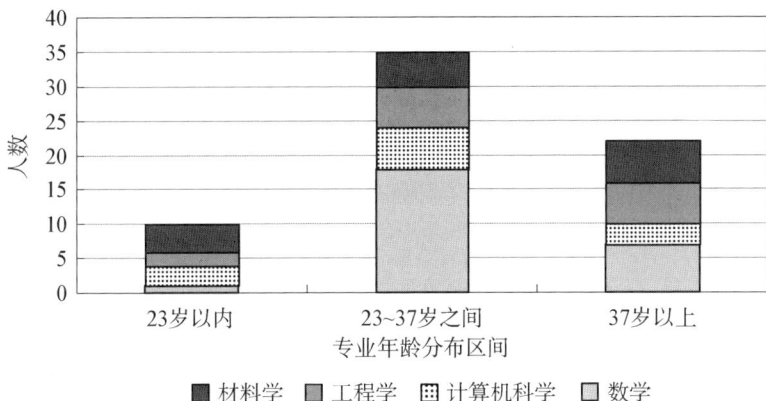

图 3-6　不同年龄组华人高被引科学家的专业分布图

以上情况很可能与不同学科的发展轨迹有关：数学学科虽有悠久的历史，但进入 20 世纪后呈现出新趋势，应用范围大大超出了传统数理科学的范畴，统计学和运筹学出现并获得了较大发展。从事传统数理研究的学者如没能及时把握这一趋势就可能落伍。计算机虽然发明于 20 世纪中叶，但信息技术却是在 20 世纪 70 年代步入"微型计算机＋国际互联网"时代之后才爆发出勃勃生机。随着化工技术的进步，也为了满足航空航天以及军事等部门的需求，20 世纪 70 年代以来，一些具有特殊性能的材料得到了很大发展，如新能源材料、纳米材料、高温超导材料、复合材料等都有着很好的应用前景，材料科学发展可谓势头正猛。

对不同地区的高被引科学家的专业分布进行分析后发现（见图 3-7），中国大陆 9 名高被引学者中有 4 名从事材料学研究，缺少数学家；中国香港、中国台湾和海外的华人高被引学者中最多的恰恰是数学人才，海外华人学者中有高达 17 位数学家。这种专业分布的差别也许与不同地区的战略研究重点及科研政策导向有关。

将以上结论与汤森·路透更换了统计口径后发布的高被引学者名单进行对比后发现，2014 版高被引学者中，中国的华人科学家主要聚集于工程学（30 人），化学（28 人），材料学（25 人），数学（18 人），其中 5 人同时属于化学领域和物理学（14 人）五个领域，占比超过总人数的 79.1％。可见，根据新的统计口径，在专业年龄小于 23 岁的青年学者占绝对优势的新华人高被引科学家群体中，从事化

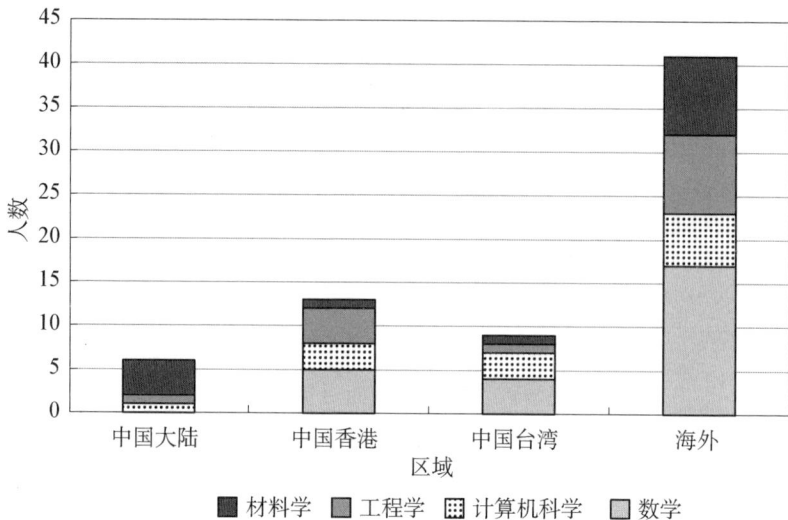

图3-7　不同区域华人高被引科学家的专业分布图

学和物理学研究的科学家人数大大提升，而计算机科学领域的学者人数却急剧下降，仅有 5 人。其中，中国大陆高被引科学家最集中的专业涵盖了工程学（21人）、化学（20 人）、材料学（20 人）和物理学（13 人）领域，与 2001 版相比，化学和物理学的发展可谓异军突起；中国香港地区的高被引学者则集聚在工程学（6人）、材料学（3 人）、地球科学与化学（各 2 人，化学领域其中 1 人同时为材料学家）领域；中国台湾地区此次仅有 7 位学者入选，分布在工程学（3 人）、数学（2人）、材料学和计算机科学（各 1 人）四个领域。

二、专业眼光

华人高被引科学家的研究成果之所以备受同行关注，固然与研究成果的质量高有关，同时也与他们能够敏锐地触及科技发展的脉动，领先一步，率先把握科学研究的前沿问题和发展趋势密切相关。吴建福在谈及自己的成功时，就提到"要有能力在别人之前找到新兴领域并做出主要工作，这种能力不同于解决具体问题的能力"①。王中林直言他的文章引用次数增长快的秘诀就是"走在了别人的前面"。他自 20 世纪 90 年代末开始，几乎每隔两年就有重要发现，1999 年

① 艾明要. 国际知名统计学家访谈——专访吴建福（C. F. Jeff Wu）教授[J]. 数理统计与管理，2009（7）.

发现纳米秤,2001 年发现纳米带,2003 年发现纳米环,2005 发现纳米螺旋,2006 发明纳米发电机。这些在 2000 年时还是"冷门",而现在已成为纳米材料研发的热点之一。[①] 丘成桐更是认为"会主动寻找问题的人"才是"第一流人物"。[②] 这些科学家中的第一流人物无疑都是捕捉前沿问题的高手中的高手了。那么,他们的这种能力是如何炼成的呢?

在已有研究中,跟随名师学习的优势之一被认为是能够把握到相关领域研究的前沿,因为名师的研究方向通常就是该领域的前沿问题。但仔细分析华人高被引科学家们的相关资料,会发现"通往罗马的路"不仅仅这一条。跨学科的训练应该是有助于形成精准专业眼光的一项要素。以生物学家李文雄为例,大学读土木,硕士班攻地球物理,博士班辅修应用数学,在求学期间换过多个领域后却终成生物学大师。而且,不管学什么,他都能从最基础的内容学起,根基扎得既深又广;进入学术圈后,又一直走在尖端,在基因研究上做出了很多开创性的贡献。在他看来,这当中,跨学科的训练对自己帮助很大。他曾说:"应该接触一些非本行的东西,扩大自己的视野,不必要抱着什么特别目的,只是单纯地去多接触一些其他领域的东西,有时新学问就会这样跑出来。"[③]进入 20 世纪,科学逐渐发展为一门多层次的、综合的整体。各门学科不断拓展自己的领域外延,相关学科开始在中间地带相遇,它们相互交迭、融合、补充,学科之间的空隙被大量新出现的交叉学科和边缘学科所填补。[④] 而当代综合性问题的增加令学科交叉、融合部分更容易产生新的研究生长点。由跨学科的背景引出新课题,最终取得突出成绩的现象在科学家中并不鲜见。

有趣的是,除了依靠扎实的功底和跨学科的优势外,还有不少科学家是因为偶然机会发现前沿研究方向的。例如著名的艾滋病研究专家何大一,最初在麻省理工学院(MIT)学理工科,后改学医学,至于从事病毒研究是因为在洛杉矶医院实习时,看到好几个因病毒(实为当时尚不为医学界所知的艾滋病毒)感染久治不愈的病例,于是去哈佛大学从事研究时便选择了病毒研究。[⑤] 而地质学家

① 编辑部. 视野,决定飞翔的高度——与王中林"面对面"谈科研[J]. 物理,2007(1).
② 陈淑玉. 数学之美让他摘得菲尔兹大奖桂冠——访世界著名数学家、美籍华人丘成桐[J]. 中国科技奖励,2007(3).
③ 李明扬. 从数学出发的生物学大师:巴仁奖得主李文雄[J].科学人(中国台湾),2008(5).
④ 路甬祥等. 科学之旅[M]. 沈阳:辽宁教育出版社,2005:115.
⑤ 周锡生,朱振国. 何大一——力挽艾滋病狂澜的风云人物[J].《瞭望》新闻周刊,1997(13).

安芷生原本一直专长研究黄土，在思考黄土成因时，竟因翻开女儿的初中地理教科书意外获得灵感，经过艰难求证，提出了东亚古环境变迁季风控制论。[①] 两位科学家一位是在开展研究之前，一位是在多年的研究之后，均由于偶然机会确立或重新确立了使其取得重大成就的新的研究课题。尽管可以肯定，对两人科研成就影响巨大的偶然因素与他们的济世情怀和投入钻研不无关系，但似乎也不得不承认，即便科学研究这般严谨的工作，有时也不免包含一点"运气"的成分。

本章小结

本章通过对"华人高被引科学家个人特征数据库"的统计及相关质性资料的分析，主要探讨了影响华人精英学者成长的个人背景性因素，包括人口学特征（年龄、性别）、社会出身与早期居住区域、科学家的个人特质以及专业特征等。

研究发现，在 2001 版华人高被引科学家中，成熟资深的老年学者（专业年龄超过 37 岁）占到一半以上，其余还有 1/3 左右的中年科研骨干力量（专业年龄 23—37 岁之间）和小部分已做出突出成就的科学新秀（专业年龄小于 23 岁）。其中，男性科学家占绝对优势，女性科学精英所占比例极低，且多与同期入选的男科学家存在亲缘或者学缘关系。分析认为，这是"性别劣势累积效应"在科学界的体现。女性科学家师从高声望导师的机会本身就比男性少，而导师对女学生（特别是在有配偶和子女的情况下）的要求往往更宽松，在与女学生合作发表时可能会顾虑其他因素。同时，"科学管道效应"的存在在一定程度上解释了女科学家流失率高的原因。因此，一种友好的社会环境、平等的科研制度、稳定的婚姻关系以及良好的合作伙伴对女性学者的专业发展至关重要。

从社会出身来看，华人高被引科学家大多来自文化资本优势家庭，其父辈从事专业技术工作的比例最高。这一发现与已有研究结论一致。不过，与西方情

---

① 李晓明. 他用黄土释"春秋"：记陈嘉庚地球科学奖获得者安芷生院士[N]. 中国国土资源报，2008 - 07 - 10.

况不同的是,华人学者鲜少出身工商业家庭,来自官员、学者家庭的更多。而且,不同阶层出身的华人学者选择投身的专业有所差异,中高阶层出身的科学家在工程学领域的表现更加出色,农家子弟成为生物学家(或农学家)的机会更大。质性资料分析发现,家庭环境对华人高被引群体专业成长的影响主要体现在职业选择和职业成就两方面。其一,科学界的"代际传承现象"在华人科学精英身上有所体现,不少学者是在父/祖父辈的影响下早年即培养起了从事科学工作的兴趣。其二,研究样本的经历告诉我们,拥有较高文化资本的家长对子女从事科学事业往往持积极的态度,不仅关心子女的学业表现,也有能力提供一定的实际帮助。

而对低阶层出身的科学家成功现象的分析显示,一方面,导师作为他们学术道路的领路人,在华人高被引学者的职业成长历程中发挥了重要作用;另一方面,华人族群千百年来重视教育崇尚读书的传统,深深影响着家庭的教养理念,即便来自社会较低阶层的体力劳动者也认同知识的重要性。

精英科学家的个性特质一直都是颇受研究者和公众关注的问题,人们渴望了解问题的答案常常是出于选拔、识别或培养优秀人才的愿望。本章通过对质性材料的编码分析发现,华人高被引科学家比较突出的特质首先是对科学工作的兴趣、热爱甚至痴迷,由此主动为其全情投入,不惜殚精竭虑。具体而言,华人高被引科学家从事研究的动机更倾向于对科学问题本身的兴趣,以及通过杰出的科学工作获得同行认可的愿望,这一点与其他族裔科学精英以及普通科学从业者并无二致。其次,志向与理想也是影响他们做出突出成就的重要因素。但在本研究中,华人学者树立的志向和理想并非都是指向外在的、宏大的,其中也有不少是出于自我实现的需要。而且,尽管科学家的人生目标和职业理想的确立之所由并不相同,但理想的逐步树立大多是受到周遭环境的熏陶和榜样的示范。这一点对我们今后的青少年理想教育应当有所启发。

最后,本章从客观和主观两个维度描述并分析了华人高被引科学家具备的专业特征。从客观角度看,多数华人高被引学者集中在数学、材料学、工程学与计算机科学四个领域,尤以数学家最多。而在不同年龄段的高被引科学家中,青年学者多集中于材料学,年长学者更多分布在数学领域。这种专业分布的倾向性也许与不同学科的基础和发展轨迹有关,也可能受到不同地区、不同时期的科研政策导向与战略研究布局的影响。从主观维度来分析,华人高被引科学家之所以能成为顶尖人才，与他们敏锐独到的专业眼光密不可分。跨学科的训练是有助于形成精准专业眼光的重要因素。除此之外，还有不少科学家是由于偶然的机会发现了前沿的研究方向。科学事业的不确定性和魅力也正在于此，既需要付出和机遇，有时还需要一点小运气。

第四章
华人高被引科学家成长过程中的"重要他人"

个体因素对于成才的意义不言而喻,但成长历程中总有一些不可忽略的人在某个阶段、关键性时刻对科学家的职业方向或者人生抉择产生过深远影响。这些"对个体的社会化过程具有重要影响的具体人物"被称为"重要他人"①本章中的"重要他人"具体指在华人高被引科学家求学及专业成长过程中对其产生过重要影响的人物。在世界科学史上,科学大师的此类良师益友比比皆是。例如,贝尔与华生通力合作发明电话;哈雷劝说牛顿进入对引力问题的研究,并资助他出版了《自然哲学的数学原理》这部西方科学史上的第一巨著;第谷和开普勒在天文学领域有过短暂而意义深远的合作;焦耳因为开尔文勋爵的赏识才得以成为一代物理学大师。甚至如牛顿与莱布尼兹、开尔文与赫胥黎、伏尔泰与尼达姆等的棋逢对手纵是困扰,同时也成全了彼此辉煌的专业生涯。本章通过对质性材料与量化数据的综合分析发现,华人高被引科学家的"重要他人"主要包括他们的老师、研究合作者和亲属等,同时,一些重要他人对华人高被引科学家而言还同时兼具多重身份。

第一节　师承及其影响

人的成长离不开教育,而随着学校教育的普及,教师已成为影响人之发展的

---

① 吴康宁.教育社会学[M].北京:人民出版社,2000:244.

最重要的教育者之一。对华人高被引科学家而言也不例外。检视他们的求学经历和专业成长历程，发现在他们发展和成长的不同阶段都有对他们产生重要影响的教师。本节根据分析结果，重点讨论基础教育阶段和高等教育阶段，特别是博士及博士后导师对他们成长的影响。

一、基础教育经历及教师的影响

基础教育阶段，正是一个人各个方面成长与发展的关键期，在这一时期的发展情况对于人的一生影响深远，这一点在华人高被引科学家身上也得到了完全的体现。作为在智力领域做出了杰出贡献的科学家，人们首先想到的可能就是他们从小成绩优异。的确，这样的好学生不乏其人。譬如祁力群就读扬州中学期间就是班上的学习骨干，自学微积分。安芷生以优异的成绩入读名牌中学。其中亦不乏天资聪颖者，如统计学家魏庆荣教授，三四岁时即能为大人们玩四色牌出谋献策，稍长又成为象棋高手，在中国台湾"清华—交大梅竹赛"中屡夺冠军，还能诗善画，多才多艺。① 但若以为华人高被引科学家个个成绩超群，人人出入名校，则不尽然，其中不少因为家庭、社会的原因在中学阶段属于勉强"有书读"，甚至没能接受完整的中学教育。

从事基因研究的徐立之，小时候一家人从上海迁至中国香港，由于家境不好，只能去不收费的义务学校读书，还被迫经常转学，念过的小学就"不止四间"，"升中试"考得也不好。② 支志明则是自小家贫，很小便要帮忙贴补家用，大些则半工半读，中学时曾被转进较差学校，幸而"并未因此学坏"，而有趣的是他当时的化学实验能力还很差，是"习惯不成功"的心态和勤奋刻苦使他终成化学家。③ 1950 年随家人来到台湾的刁锦寰，因当时的社会境况混乱受到波及，从七年级到十二年级，竟经历了六所不同的高中，很少有在同一间学校待超过一年的

---

① 台湾高雄大学统计学研究所. 魏庆荣教授行实［EB/OL］.［2014 - 10 - 31］. http://140. 127. 226. 1/wei/files/魏庆荣教授行实. pdf.

② 焦点人物：徐立之；我一世好运！［EB/OL］.［2014 - 10 - 19］. http://www. com. cuhk. edu. hk/ubeat_past/021253/tsui. htm.

③ 星岛日报. 杰出科研扬威"中国诺贝尔"支志明格言：习惯不成功［EB/OL］.［2014 - 9 - 28］. http://hd. stheadline. com/culture/culture_content. asp? contid=24308&srctype=g.

情况。① 从事纳米研究的王中林 70 年代初在家乡陕西蒲城读中学,正处在"学习就是'学工学农'"的时代,"三分之一的时间都泡在田里",1977 年夏恢复高考的消息传来后,9 月开始准备,凭惊人的决心和毅力啃完中学全部相关课程,1978 年高考考出了全区第一名的成绩。② 这些因家庭的困苦、时局的动荡未能接受良好、甚至完整基础教育的科学家们,仍能取得巨大成就,恐怕只能归因于他们的个人努力。

另外一点可能和通常想象不同的是,尽管成绩优异在华人高被引科学家中是普遍现象,但这并不意味着他们在求学时都是"书呆子",更不是在封闭式环境中成长起来的,如今社会上触目皆是的"补习达人"。如身为科学家的祁力群在回忆母校扬州中学时,特别提及扬中的人文环境熏陶对自己走上学术之路的影响,"扬州中学有很好的文学课程。教材精选了中外古今世界名著,而扬中老师们精湛热情的讲解,使我们从中汲取到古往今来许多志士仁人的博大思想和美好意境,为我们铺开了一条不断进取的人生之路。"③从华人高被引科学家联想到其他一些著名科学家,如爱因斯坦、钱学森等,会发现他们身上都有我们通常所说的全面发展的特点,虽然作为科学家治学专精,但个人的基本素质却是文理兼通。

除了上述特点外,华人高被引科学家们的基础教育经历中还有两点令人印象深刻:一个是当年的老师对他们的影响,另一个是他们中的不少人在接受基础教育时就形成了对后来从事的某些科学门类的兴趣。

当他人赞扬丘成桐的数学天赋时,他却将自己的成功归因为当年培正中学数学老师的启蒙。一流的老师对几何公理的解释生动优美,"讲得眉飞色舞,讲很多有趣的故事",令少年丘成桐"兴趣盎然、欲罢不能"。④ 祁力群回忆起自己在扬州中学读书时的老师们,不但提及初中时的数学老师李西涛、高一时的数学老师赵翠英对自己数学学习兴趣养成的影响,而且提到化学教师杨公仆虚心向他请教中学生数学竞赛题的解法,并夸奖他做得好的故事,更令他感怀老师对年

① Ngai Hang Chan. The ET interview:professor George C. Tiao [J]. Econometric Theory, 1999,15:389 - 424.

② 杨亲民. 封面人物——王中林[J]. 功能材料信息,2011(1).

③ 祁力群. 韶华青春[N]. 光明日报,2002 - 10 - 27.

④ 黄泽林. 丘成桐传——数学王国的一代天骄[M]. 南京:江苏人民出版社,2014:54.

轻学子进取心的鼓励。① 另一位统计学家范剑青则是在渠桥一中读书时，幸运地遇到了蔡瀛洲等一批才华横溢的教师，"这些被斥为'臭老九'的教师在'文革'结束后迸发出巨大的教学热情，他们独特的人格魅力深深地感动着范剑青幼小的心灵"，在1978年全国恢复高考的次年，范剑青以优异的成绩考进复旦大学数学系。② 科学家们提到的老师对他们的影响不仅仅包括学业方面的，还包括对他们的激励鼓舞，乃至行为示范和人格熏染，这为我们诠释"师"者的涵义提供了有价值的参照。

除了优秀教师的言传身教，一些科学家们还较早地得到了另一位"老师"——兴趣的指引和帮助。1946年出生的物理学家陈和生，高一时得到一本中文版的《物理学的进化》（爱因斯坦著），读得津津有味，由此对物理学产生了浓厚的兴趣。③ 自小爱读书的支志明上中学后"渐渐发觉自己爱看科学书籍"④。也是搞统计的刘军从12岁起就对数学着迷，他说："做数学就像玩一个游戏，你所需要的只是一张纸和一支笔"。对父母给他挖来的书，刘军分不出哪些是高中的，哪些是大学的，就都看了；每到星期天，刘军都喜欢骑一小时自行车到朋友家或数学小组去做题。⑤ 在渐渐步入纷繁的大千世界的过程中树立起较为稳固的兴趣，既使得科学家们能够早早投入其中，打下坚实基础，又帮助他们在未来的求索中持之以恒，百折不挠。

在对高层次创新人才的千呼万唤中，关于基础教育该如何为创新人才的培养贡献力量，近年来讨论不少，但对基础教育究竟能够对创新人才的成长起到什么作用，却研究不多，从华人高被引科学家的基础教育经历看基础教育的作用为我们提供了一个有益的视角。从上述分析中可以看出，良好的个人禀赋和优质学校资源的确对创新人才的成长有帮助，但绝不是唯一起作用的要素，相比之下，个人的勤奋努力甚至能够弥补外部条件上的不足。而且在诸多外部条件中，教师的作用至少是最重要的条件之一；就教师所起的具体作用而言，激励鼓舞、

① 祁力群. 韶华青春[N]. 光明日报，2002 - 10 - 27.

② 邵红能. 国际统计科学界的领军人物——华人数学家范剑青[J]. 中小学数学（高中版），2011(Z2).

③ 李舒亚.【走近院士】陈和生：纳宇宙于粒子[EB/OL]. [2014 - 11 - 6]. http://www. chinapictorial. com. cn/ch/se/txt/2012-08/02/content_472886_3. htm.

④ 星岛日报. 杰出科研扬威"中国诺贝尔"支志明格言：习惯不成功[EB/OL]. [2014 - 9 - 28]. http:// hd. stheadline. com/culture/culture_content. asp? contid=24308&srctype=g.

⑤ 易蓉蓉. 哈佛终身教授刘军：生活在一个统计学的时代[N]. 中国科学报，2012 - 07 - 09.

率先垂范的作用不说强于，至少不弱于学业上的指导。而就整个基础教育所追求的目的而言，恐怕帮助学生形成自己的兴趣，为学生提供文理体艺兼具的丰富的学习内容是最为重要的了。从华人高被引科学家的基础教育经历看，在中学阶段就设立所谓"创新基地"，可能确实有助于部分天分较高的人才早日脱颖而出，但一来其所要求的条件大多数学校并不具备，恐难以普及；二来怕不免会错失一些此时表现并不抢眼，未来却可能成就功业的人才。毕竟，不少华人高被引科学家在中学时代也只是平平，甚至落后，最多看起来略有成功的可能而已。

二、高等教育阶段教师的影响

（一）本科阶段老师的影响及关键事件

尽管不似博士及博后阶段导师的影响被浓墨重彩地提及，但资料显示，华人高被引科学家本硕阶段的老师/导师仍有一些对他们的发展产生了重要影响，并且这些影响主要表现为"慧眼识才"，大力推荐方面。例如，就读于香港中文大学数学系的丘成桐在大学三年级时已修完所有课程，显露出出众的才华，被该校外籍教师推荐去加州大学伯克利分校深造，但因伯克利不接受还没取得大学毕业文凭的人而受阻，幸得刚刚接受中大名誉博士的数学泰斗陈省身发掘才得以成行。[①]　林芳华在浙江大学数学系时并不是成绩最好的学生，但郭竹瑞和董光昌两位老师慧眼识才，使林芳华树立了终身钻研数学的信念，并得两位老师推荐赴美留学。[②]

尽管本硕阶段的老师的影响似乎"有限"，但若从未来成长道路的选择和奠基来看，这一阶段发生的不少事件都是非常重要的"关键事件"。例如，吴建福本科就读于中国台湾大学数学系，他说当时台大老师们上课质量不尽如人意，而有两个因素帮助了他：一是他有一帮聪明的同学，二是台湾大学都采用和美国主流高校相同的英文材料，使得他后来在美国读书时适应非常快。[③]　王中林1982年于西北电讯工程学院毕业时通过了CUSPEA（中国物理类学生赴美留学考试），从而得到留学机会。[④]　朱健康在中国农业大学土化系学习时，只觉得土化

①　李心灿. 名师与高徒——陈省身与丘成桐[J]. 自然杂志，1989(6).
②　林惠珠. 享受数学记镇海籍杰出青年数学家林芳华[N]. 宁波日报，2008-01-29.
③　艾明要. 国际知名统计学家访谈——专访吴建福(C.F. Jeff Wu)教授[J]. 数理统计与管理，2009(7).
④　杨亲民. 封面人物——王中林[J]. 功能材料信息，2011(1).

专业并非自己所爱，却不清楚未来该做什么。但他在校武术社团结识了两名美国外教，他们是来自美国威斯康星大学的植物病理学博士后，同时在农大教授英语。相识后，朱健康经常去实验室跟着"蹭"实验，慢慢地对植物生物学产生了兴趣，并决定报考北大生物学研究生。[①] 对赖明诏而言，其于大三暑假台大暑期研习营聆听加州理工学院黄秉乾、黄周汝吉院士的分子生物学讲座，对他从事分子生物学研究是重要启蒙。[②]

从以上老师对华人高被引科学家的影响及发生的关键事件来看，大学本科阶段的教师对于他们一生的学术发展有着不容忽视的作用，可大体概括为如下几个方面：一是"伯乐"角色，即对于学生学术潜质的发现与认可，以及更进一步的推荐等。学生在本科阶段往往只是初步接触学问，对自己究竟是否适合从事科研心中并不了然，而且因身处科学共同体边缘，即便有意向，对未来发展的路径也不甚了解，因而此时老师的发掘与指点是十分重要的。二是"奠基"与"激趣"的作用。水平高且要求严格的老师可以帮助学生打下较好的学术基础，能够激发学生对某一领域的研究兴趣，这显然对他们未来的研究方向选择、做出研究成绩具有重要价值。另外，从本科教育的角度而言，提高本科阶段的师资力量和教学水平，采用与国际接轨的课程教材，在学生之中营造自学探究的氛围，以及多请名家为本科生开设前沿讲座报告等，似乎均有助于学生在本科阶段厚植科学基础，培育原创能力。

（二）博士/博后阶段导师的影响

相比之下，博士及博后阶段的导师对华人高被引科学家的学术之路往往会产生更为直接的影响。本研究综合利用了 MathSciNet、Mathematics Genealogy Project、ProQuest 等数据库，并通过查找科学家的个人简历及各种质性材料，确定了 68 位华人高被引科学家的博士导师或博士后导师姓名，之后再对导师的个人简历进行检索，搜集到其学术职位、获得荣誉等相关信息（见表 4 - 1）。

---

① 朱健康：与"逆境"为伍[EB/OL]. [2018 - 11 - 28][2020 - 11 - 10]. http://www.cnpeople.com.cn/figure/rwzk/27867_20180731022521_2.html.

② 林秀美. 扬声国际学界的提琴手——成功大学赖明诏校大[J]. 台大校友（双月刊）. 2010 年 5 月第 69 期.

表 4-1　华人高被引科学家的博士(博后)导师信息表

序号	高被引科学家	导师	导师身份
1	陈和生	丁肇中(博后)	麻省理工学院教授,1976 年诺贝尔物理学奖得主、美国科学院院士。
2	安芷生	刘东生	中科院院士、第三世界科学院院士。
3	何吉欢	刘高联	中科院院士。
4	霍启升	Galen Stucky (博后)	与赵东元、杨培东同一导师。加州大学圣塔芭芭拉分校教授,美国科学院院士、艺术与科学院院士,介孔材料领域的顶尖学者。**汤森·路透高被引学者,**曾位列材料学高被引科学家全球前五名。
5	赵东元	Galen Stucky (博后)	与霍启升、杨培东同一导师。
6	杨培东	Charles Lieber; Galen Stucky (博后)	Lieber:哈佛大学教授,美国科学院院士、艺术与科学院院士,国际纳米科技领军人物,被国际学术界公认为是纳米科技领域的开创者之一,**汤森·路透高被引学者。**曾获美国化学学会纯化学奖,费曼奖章、沃尔夫化学奖。 Stucky:与霍启升、赵东元同一导师。
7	黄文良	Stephane Mallat	法国高等理工大学教授,**汤森·路透高被引学者,**小波理论的主要研究者。
8	赖明诏	Peter Duesberg	加州大学伯克利分校教授,美国国家科学院院士,一直被同行视为学术界的特立独行者。
9	李文华	Peter Duesberg	与赖明诏同一导师。
10	李德财	Franco Preparata	布朗大学教授,IEEE 会士,**汤森·路透高被引学者。**
11	李克昭	Jack Kiefer	美国科学院院士,艺术与科学院院士。1969—1970 年,曾担任数理统计学会主席。
12	李远哲	Bruce Mahan; Dudley Herschbach(博后)	Mahan:美国科学院院士; Herschbach:哈佛大学教授,曾获美国国家科学奖章,并与李远哲共同分享 1986 年的诺贝尔化学奖。
13	林一平	Edward Lazowska	华盛顿大学教授,美国工程院院士、艺术与科学院院士,**汤森·路透高被引学者。**

（续表）

序号	高被引科学家	导师	导 师 身 份
14	梁赓义	Norman Breslow	华盛顿大学教授，生物统计学大师，曾获过斯皮格曼；**汤森·路透高被引学者。**
15	刘太平	Joel Smoller	密歇根大学教授、古根海姆学者；曾获洪堡研究奖、乔治·大卫·比尔科夫奖。
16	魏庆荣	黎子良	斯坦福大学教授。曾获得考普斯会长奖，**汤森·路透高被引学者。**
17	陈关荣	Charles Chui	德州农工大学杰出荣休教授，密苏里大学教授。**汤森·路透高被引学者。**
18	陈繁昌	Joseph Oliger	斯坦福大学荣休教授。
19	陈汉夫	Olof Widlund	纽约大学教授，因对区域分解方法的奠基性研究而闻名学界。
20	刘锦川	Barry Gurland	哥伦比亚大学教授。
21	高秉强	Richard Muller	加州大学伯克利分校教授，美国工程院院士，IEEE会士。
22	黄泽权	Lipman Bers	美国科学院院士、艺术与科学院院士、芬兰科学院院士，获美国数学学会斯蒂尔奖。
23	邝文锦	Richard Beals	耶鲁大学教授
24	魏军城	倪维明	明尼苏达大学教授，**汤森·路透高被引学者。**
25	徐立之	Roger Hendrix；Manuel Buchwald（博后）	Hendrix：James Watson 的博士生，匹兹堡大学杰出教授。 Buchwald：加拿大皇家学会成员。
26	支志明	Harry Gray	加州理工学院教授，**汤森·路透高被引学者。**曾获美国国家科学奖章、普利斯特里奖、沃尔夫化学奖、美国化学学会纯化学奖等。
27	陈一苇	Ali Argon	麻省理工学院教授，美国工程院院士，**汤森·路透高被引学者。**
28	蔡瑞胸	刁锦寰	芝加哥大学讲座讲授、**汤森·路透高被引学者**，曾获威尔克斯纪念奖。
29	刁锦寰	George Box	美国艺术与科学院院士、英国皇家学会成员，**汤森·路透高被引学者。**曾担任美国统计学会和数理统计学会主席，获威尔克斯纪念奖。

（续表）

序号	高被引科学家	导师	导师身份
30	范剑青	David Do-noho & Peter Bickel	Donoho：斯坦福大学教授，美国科学院院士、艺术与科学院院士、考普斯会长奖得主，**汤森·路透高被引学者**； Bickel：加州大学伯克利分校教授，美国科学院院士、艺术与科学院院士、考普斯会长奖得主，曾担任数理统计学会主席，**汤森·路透高被引学者**。
31	樊晓辉①	Michael Strauss	普林斯顿大学教授，**汤森·路透高被引学者**。
32	何其悦	Peter Gaspar	圣路易斯华盛顿大学教授
33	胡正明	John Whinnery	美国国家科学奖章获得者，美国科学院院士、工程院院士、艺术与科学院院士。获加州大学"总校教授"的称号。
34	黄凯	Arthur Gill	缺失。
35	黄永刚	John Hutchinson	哈佛大学教授，英国皇家学会外籍成员，**汤森·路透高被引学者**。曾获威廉·普拉格奖、季莫申科奖等。
36	金建明	Valdis Liepa	密歇根大学高级研究员，IEEE 会士。
37	黎子良	David Siegmund	斯坦福大学教授，美国科学院院士、艺术与科学院院士。
38	李岩岩	Louis Nirenberg	纽约大学教授，**汤森·路透高被引学者**，曾获首届克拉福德奖、博谢纪念奖、斯蒂尔奖、美国国家科学奖章、首届陈省身奖等，被认为是 20 世纪最杰出的分析师之一。
39	李烨	丁峙	IEEE 会士。2013 年加入上海科技大学，此前任加州大学戴维斯分校 Davis 教授。
40	廖荣锦	Thomas Hughes	德克萨斯大学奥斯汀分校教授、美国科学院院士、工程院院士、艺术与科学院院士、皇家学会会员、澳大利亚国家科学院院士，**汤森·路透高被引学者**。获得了包括季莫申科奖在内的大量奖项。
41	刘国瑞	Kung Yao	UCLA 杰出教授，IEEE 会士。

---

① 硕士阶段导师为中国科学院院士。

（续表）

序号	高被引科学家	导师	导 师 身 份
42	刘军	王永雄	斯坦福大学教授，美国国家科学院院士、**汤森·路透高被引学者**，曾获得过统计学界最高奖考普斯会长奖。
43	林丹瑜	魏立人	哈佛大学教授，**汤森·路透高被引学者**，曾获威尔克斯纪念奖。
44	林芳华	Robert Hardt	莱斯大学教授。
45	毛河光	William Bassett & Taro Takahashi	Bassett：康奈尔大学荣休教授，古根海姆学者，曾获超导领域布里奇曼奖、美国矿物学会罗勃林奖。高桥：哥伦比亚大学教授，**汤森·路透高被引学者**，曾获联合国环境领导奖。
46	孟晓犁	Donald Rubin	哈佛大学教授，**汤森·路透高被引学者**。
47	Pang, Jong-shi	Richard Cottle	斯坦福大学教授。
48	李伟光	陈省身	美国科学院院士、法国科学院、英国皇家学会、意大利国家科学院和中科院的外籍院士；美国国家科学奖章、沃尔夫数学奖等的获得者。
49	丘成桐	陈省身	与李伟光同一导师。
50	舒其望	Stanley Osher	加州大学洛杉矶分校教授，美国科学院院士、艺术与科学院院士，**汤森·路透高被引学者。**
51	孙锦德	Jan Achenbach	美国西北大学荣休教授，美国科学院、工程院、艺术与科学院院士，曾获美国国家科学奖章、美国机械工程师学会奖章、季莫申科奖、威廉·普拉格奖在内的多项荣誉。
52	沈华智	Michael Greenberg	哈佛大学教授，**汤森·路透高被引学者**，美国科学院院士、艺术与科学院院士。曾获爱德华·斯格内特奖、麦克奈特基金会奖。
53	唐南姗（女）	John Morrow；Sidney Pestka（博后）	Morrow：耶鲁大学教授。Pestka："干扰素之父"，美国国家技术奖章等多项荣誉的获得者。
54	王晓东	Vincent Poor	美国科学院院士、工程院院士、艺术与科学院院士、英国皇家工程学院院士、IEEE会士。
55	王永雄	Grace Wahba	威斯康星大学麦迪逊分校教授，美国科学院院士，**汤森·路透高被引学者**，研究平滑噪声数据法的先驱。

（续表）

序号	高被引科学家	导师	导师身份
56	王跃	Tianhu Lei	匹兹堡大学副研究员
57	王中林	John M. Cowley	国际知名的显微分析学家、英国皇家学会会员、高分辨电子显微学奠基人，曾获国际晶体学联合会最高荣誉。
58	魏立人	Stephen Stigler	芝加哥大学统计系欧内斯特·德威特·伯顿杰出服务教授。
59	吴建福	Peter Bickel	与范剑青同一导师。
60	吴政彦	Paul Boyer（博后）	Boyer：1997 年诺贝尔化学奖得主，加州大学洛杉矶分校教授。
61	夏幼南①	George Whitesides	哈佛大学教授，**汤森·路透高被引学者**。曾获美国国家科学奖章、富兰克林奖章、普利斯特里奖等重要奖项。
62	许进超	James Bramble	康奈尔大学荣休教授、德州农工大学名誉教授，**汤森·路透高被引学者**。
63	杨伟涛	Robert Parr	北卡罗来纳大学教堂山分校教授，**汤森·路透高被引学者**。曾获美国国家科学院奖、美国化学协会奖等。
64	叶荫宇	Edison Tse & George Dantzig	Dantzig：美国科学院院士、工程院院士、艺术与科学院院士；曾获美国国家科学奖章、冯诺依曼理论奖。被称为线性规划之父。
65	袁钧瑛（女）	Robert Horvitz	麻省理工学院教授，2002 年诺贝尔生理学奖得主，美国艺术与科学院院士，**汤森·路透高被引学者**。
66	庄明哲	Eliot Slater	伦敦大学精神遗传学大师。
67	朱经武	Bernd Matthias	美国科学院院士、艺术与科学院院士，在超导体物理方面贡献颇大，一生共发现了数百个具有超导特性的元素或合金，是全世界所有科学家之最。
68	朱健康	Paul Hasegawa	普渡大学教授，**汤森·路透高被引学者**。

---

① 硕士阶段导师为 2000 年诺贝尔化学奖获得者艾伦·马克迪尔米德（Alan G. MacDiarmid）。

从表4-1可以看出，在能够找到相关资料的68位华人高被引科学家中，有29人（约43%）的导师自身也是汤森·路透的高被引学者，包括朱健康师徒、魏军城师徒、袁钧瑛师徒、杨伟涛师徒等等；即便导师不是高被引学者，也往往是其所从事领域的杰出科学家。此外，有些华人高被引科学家还有着共同的导师，如霍启升、赵东元、杨培东同为汤森·路透高被引学者盖伦·斯塔基（Galen Stucky）的学生，吴建福和范剑青的导师都是彼得·比克尔（Peter Bickel），丘成桐和李伟光皆曾师从陈省身。

关于精英科学家成长中的"名师出高徒"现象，或称"师生现象"，在以其他精英科学家为对象的研究中已有发现。例如，在范玉芳等人（2003）对1901—2002年间167位诺贝尔物理学奖获得者的导师（包括本科、研究生期间的任课老师、论文指导老师，博士后和访问学者的课题指导老师）进行统计，结果发现，"学术界的精英们有着类似姻亲的紧密联系，形成了一个庞大的学术家族网"。具体而言，诺贝尔物理学奖获得者的导师超过半数也是诺奖得主，即便是没获过诺奖的导师，也有超过半数是著名科学家，其中有的师生链甚至"延续数代"，"最为典型的是以卡文迪许实验室为源头的一条绵延六代的师生链，在87位具有师生关系的诺贝尔物理学奖得主中，有60位出现在这个师生链中"。[①] 显然，华人高被引科学家身上，也存在类似的"师生现象"。

为什么师承如此重要？朱克曼在她对诺贝尔奖得主的经典研究中指出，和多产的、一流的科学家合作，"有助于他们建立能够进行重大研究的工作方式"，也有助于他们提高自己在科学界的声望，而后者主要是通过与他们的杰出的"师傅"合作发表成果来实现的。朱克曼发现获奖人早期在联合发表的论文中署名的次数大大超过其他也很优秀的同行（7.9次对2.9次），而且，他们的师傅往往通过把学生的名字排在作者名单前列，甚至自己不署名等方式，"以便使富于上进心的年轻人有更好的机会得到承认"。[②] 范玉芳等（2003）则认为，以诺奖得主为导师，可以获得如下有利条件：接近前沿课题，易有重大发现；接受导师先进理论的指导；利用大型先进的实验装置；广泛进行学术交流，获得前沿信息；及时

---

① 范玉芳，朱国富，董臻，宋千.诺贝尔物理学奖中的师生现象研究[J].高等理科教育，2003(12).
② [美]朱克曼.科学界的精英：美国的诺贝尔奖金获得者[M].周叶谦，冯世则译.北京：商务印书馆，1979：204.

获得同行的承认等①。华人高被引科学家们是否如此？我们将结合质性资料做进一步分析。

三、名师的影响

师从杰出科学家究竟给华人高被引学者带来了哪些积极影响呢？研究对象的亲身经历告诉我们：

首先是对他们研究方向的确定有重要意义。例如，朱经武赴美求学时师从加州大学圣地亚哥分校（UCSD）的超导巨人贝恩德·马蒂亚斯（Bernd Matthias），马蒂亚斯的一个主要研究目标就是让超导在尽可能高的温度下工作，这也成了朱经武未来几十年的工作重点。②

其次，能够为他们的研究提供较好的条件。袁钧瑛提出细胞死亡的基因序列与神经退行性疾病相关的假设后，发现只有麻省理工学院的霍维茨在做这方面研究，遂决定加入霍维茨的团队，并对相关研究做出了重要贡献。③

第三，能够学到治学方法。例如范剑青，他自认为在伯克利最大的收获就是从老师那里学到很多科学思想和科学哲学。他说："我把我的数学结果拿给老师看，但他说'不用看，我知道你们中国人做数学可能比我都好，我就跟你去喝咖啡，聊聊数学，教你怎么做有创意的研究，探讨什么是知识创新'。"④陈和生的博士后合作导师是丁肇中教授。说起丁对他的影响，他认为最重要的是在潜移默化中学会了严谨的研究方法，"他从不允许发表的物理结果有任何差错"。而丁肇中更在陈和生回国后，购买了一台高性能计算机送给他，显示了老师对学生的关怀和支持。⑤

第四，培养良好的研究习惯。朱健康的博士生导师是一位不太受学生欢迎的日裔科学家，由于对学生要求过于严苛，之前甚至有好几个学生被他训斥得不

① 范玉芳，朱国富，董臻，宋千. 诺贝尔物理学奖中的师生现象研究[J]. 高等理科教育，2003(12).

② Michelle Klump. Professor sees endless possibilities for supercodctivity [EB/OL]. [2014 - 11 - 13]. http://www. uh. edu/pride-stories/Paul-Chu/Paul-Chu-Story/index. php.

③ John Fleischman. ASCB member profile：Junying Yuan [J]. ASCB Newsletter，2009. April：17 - 19；Patricia Thomas. Brainy women：at the frontiers of neuroscience [J]. Harvard Magazine，2002. May/Jun：37 - 86；Nicole LeBrasseur. Junying Yuan：changing avenues without losing focus [J]. The Journal of Cell Biology. 2007,179(2)：174 - 175.

④ 邵红能. 国际统计科学界的领军人物——华人数学家范剑青[J]. 中小学数学(高中版)，2011(Z2).

⑤ 李舒亚.【走近院士】陈和生：纳宇宙于粒子[EB/OL]. [2014 - 11 - 6]. http://www. chinapictorial. com. cn/ch/se/txt/2012-08/02/content_472886_3. htm.

得已选择了退学。不过，朱健康却表示自己跟导师学习受益匪浅。"他每星期都会要求学生汇报研究进展。许多学生见了他都紧张得发抖，但我很轻松。因为我都在认真做研究，没有成果他也不责备。当我把自己从文献里读到的新东西告诉他，他会很高兴，一点也不觉得难为情。受他的影响，我现在也特别喜欢好问的学生，能从他们那儿学到很多新东西。"①

　　还有一点让人印象颇为深刻，就是有些导师很能为学生的长远学术发展着想，范剑青选择导师的过程就充分地说明了这一点。他在20世纪80年代中期想去美国进修的时候，和外界并没什么联系，但凭借自己在期刊上发表论文的影响才来到加州大学伯克利分校攻读博士学位。范剑青最初希望跟随列·卡姆（Le Cam）做博士，但列·卡姆说自己年龄大了，将他推荐给一位29岁的专家大卫·道能浩（David L. Donoho），但当时尚籍籍无名的道能浩却对范剑青说，"你跟我做学问可以，但我毕竟年轻，你以后要走自己的路，还需要有资深的人指导"，他又将范剑青推荐给伯克利的另一位统计学大师、美国科学院院士彼得·比克尔，结果范剑青由两位导师共同指导。② 这种从学生长远发展角度考虑的襟怀令人肃然起敬，学生在这样的"呵护"下能够取得成就也在情理之中。这似乎可以算作对学生的另一种"生涯指导"，因为从事作为一种社会建制的科学研究，早已不仅是一个纯粹的学术探究过程，而且还是一条身份建构之路。

第二节　科研合作伙伴

　　在影响科研产出的各种要素中，除科研奖励系统的作用得到了众多发现的支持外（Allison & Stewart 1974；Faia 1975；Bayer & Dutton 1977；Allison，Long & Krauze 1982），合作与研究产出的关系也得到了较多学者的关注。科学巨星、2001版高被引数学家马丁·诺瓦克（Martin A. Nowak）认为"与竞争意识相比，合作意识似乎是人类的直觉或本能"。③ 科研合作伙伴往往是成就华人精

① 赵永新，王健. 农家子弟如何成为美国院士[N]. 人民日报，2012-5-10.

② 邵红能. 国际统计科学界的领军人物——华人数学家范剑青[J]. 中小学数学（高中版），2011(Z2).

③ [美]马丁·诺瓦克，罗杰·海菲尔德. 超级合作者[M]. 龙志勇，魏薇译. 杭州：浙江人民出版社，2013；中文版序，X.

英科学家身份的重要人物,也是高被引学者杰出成果的共同缔造者。该群体主要来源于同一实验室的人员、学生、同侪,甚至还包括跨机构、跨城市及跨国的本领域或其他领域的同行。此外,本章关注的导师和亲属也都有可能成为科学家的合作对象。

一、科学合作的重要性

当代科学表现出既高度分化又高度综合的双向发展态势,使得许多研究项目都需要依赖于多个学科集体完成,科学研究基本上成为一项团队合作工作。历史上曾经发生过的,靠一己之力做出划时代的伟大发现,甚至在多个领域做出突出贡献的情况不说绝迹,至少已经很罕见了。

科学研究从"单干"走向"协作"被认为始于十九世纪末,随后呈逐渐增长趋势。朱克曼对诺贝尔奖获得者的经典研究表明:在 1901—1972 年的 286 位获奖者中,有 185 人是因为与别人合作进行的研究而获奖的;并且,在诺贝尔奖颁发的第一个 25 年中,因合作研究而获奖的占 41%,第二个 25 年达 65%,随后则增至 79%(朱克曼研究的时域不能被 25 整除,因此其中最后一个阶段不到 25 年,但其占比仍超过了前一个 25 年,实际上更有力地说明了她的结论)。[①] 我国学者陈其荣对 1901 年至 2008 年诺奖的颁发奖项和获奖人员的统计表明,所颁诺贝尔自然科学奖奖项中,36.2% 是由合作的研究者分享的,而且若以 20 年为一个时间单位,合作研究获得的奖项所占比例呈逐渐增长之势,合作获奖人数所占比例也不断增大;此外,许多非合作获奖的成果实际上也是合作做出的,只是由于合作者去世等原因未能分享奖项,倘若算上这一部分研究者,比例会更大。[②] 艾凉凉统计发现,2008—2010 年诺贝尔自然科学奖获得者中,有一半以上(52.5%)是以合作的形式获奖的。[③] 通过上述三项研究可以看出,诺贝尔奖在 110 年历程中始终保持了对于合作开展的科学研究的嘉许。作为科学界最重要的奖项,诺奖的态度实际上反映了并影响着科学界的认识和趋势。一些更

---

① [美]朱克曼.科学界的精英:美国的诺贝尔奖金获得者[M].周叶谦,冯世则译.北京:商务印书馆,1979:243.

② 陈其荣.诺贝尔自然科学奖与跨学科研究[J].上海大学学报(社会科学版),2009(5).

③ 艾凉凉.从诺贝尔自然科学奖看现代科研合作——以 2008—2010 年诺贝尔自然科学奖为例[J].科技管理研究,2012(10).

直接的证据表明合作对于研究产出确实有积极影响。如普赖斯和比弗（Price & Beaver 1996）发现作者的产出能力（发表论文数）与其合作数量正相关，最高产的亦是合作最频繁的。[①]

从科学发展的特点出发，当今时代被视为"大科学时代"。相对于"小科学"而言，"大科学，指的是科研难度大，需要复杂的实验仪器装备和庞大的信息支持系统，强烈依赖国家（甚至国际间）的经济资助，既高度分化又高度综合为特征的复杂知识巨系统"；大科学时代科学特点的变化，使得相应的科学研究方式也需跟着发生变化。"与小科学时代相适应的主要研究方式是科学家个人的自由研究，而大科学时代则需要科学家之间的合作。"[②]相对于以往一位杰出科学家可以对一个学科或领域产生长久的、里程碑式的影响，今天的科学研究更需要的是团队作战。且已有多项研究发现，科学产出与科学合作之间存在一种正向关系（Pravdi & Olui-Vukov 1986；Harande 2001）[③]。基于此，本研究提出了假设五，即"华人高被引群体的科研合作规模大于普通科学家，且在合作类型及合作对象的选择上有所偏好。"

二、华人高被引科学家的科研合作情况

为了检验研究假设，笔者利用自行建立的"华人高被引科学家的高被引论文数据库"，对其中 912 篇高被引论文从合作者人数、所属国家、城市和机构，合作模式等角度进行了分析，来描述华人高被引科学家科研合作的基本情况。

（一）合作者人数

科学合作的一种重要表现形式是合作研究论文的共同署名。因此，我们首先通过对论文合作作者的计量来分析科学合作的情况。对 912 篇高被引论文进行统计后发现，只有 64 篇论文为作者独撰，占 7%，也就是说，华人科学家的高被引论文绝大多数都是合作研究成果，合作人数从 2 人到 5 人以上不等，不同合

---

① 转引自：梁立明，武夷山. 科学计量学：理论探索与案例研究［M］. 北京：科学出版社，2006：223 - 224.

② 李国亭，秦健，刘科. 略论大科学时代科学家的合作［J］. 科学技术与辩证法，1998(3).

③ Pravdi, N & Olui-Vukov, V. Dual approach to multiple authorship in the study of collaboration/scientific output relationship ［J］. Scientometrics, 1986,10(5)：259 - 280；Harande, Y I. Author productivity and collaboration：an investigation of the relationship using the literature of technology ［J］. Libri, 2001,52(2)：124 - 127.

作人数作者发表论文的篇数及占比见表4-2。

表4-2 高被引论文作者的人数分布表

作者人数	文章篇数	有效百分比(%)	作者人数	文章篇数	有效百分比(%)
1	64	7.0	4	105	11.5
2	247	27.1	5	74	8.1
3	188	20.6	5以上	234	25.7

　　进一步处理后可知,高被引论文的篇均作者人数为4.56人(标准差3.815)。按照占比从高到低排序,最多的为2人合作,其次为5人以上合作和3人合作,三种情况合计占了所有论文总数的近四分之三(73.4%),占合作论文总数的近80%。可见,华人高被引科学家发表的优秀成果以2、3人的"小规模"合作和5人以上的"大规模"合作为主。

　　关于合作人数,不同的研究结论略有不同。我们认为,这很可能与学科差异有关。在各类学科中,人文学者更擅长独立创作,这种孤独的思考与探索甚至是必需的;而实验性学科(如生物学和物理学)中合作发表更加常见。一般来说,凡为科学实验贡献了一份心智的人都有署名权。例如,董凌轩等(2014)对近20年获诺贝尔物理学奖的52位科学家获奖前主要研究成果的合著信息进行分析,其中85.92%属于合作成果,按从单独完成到10人及以上合作分别统计,结果排在前三名的是:2人(17.80%)、10人及以上(16.99%),3人(14.71%)。[①] 而克罗斯曼(Crossman 1999,2002)对半个世纪以来数学家合作模式的大样本研究表明,数学家开展合作的趋势愈加明显,与1940年代仅有28%的数学家有过合作的经历相比,这一比例在1990年代已经升至81%。尽管如此,数学论文的合作率依然较低。直到1990年代,依然有超过一半的数学论文是独立作者发表的,篇均作者人数为1.63人。[②]

---

① 董凌轩,胡文婷,陈贡.国际科技人才成长中合作团队特征及其演变研究——以诺贝尔物理学奖获奖者为例[J].现代情报,2014(9).

② Grossman, J W. Patterns of Collaboration in the Mathematical Research [J]. SIAM News, 2002,35 (9):1-3; De Castro, R, Grossman, J W. Famous trails to Paul Erdos [J]. The Mathematical Intelligence,1999,21(3):51-63.

　　此外，合作人数的不同还可能和样本选择有关。有些研究表明，不同国家或一个国家不同时期的科学家在合作人数上都会有所不同。例如，冯茜和陈强以国际著名科技期刊《自然》和国内著名科技期刊《中国科学》《科学通报》1996 年全年刊载论文为样本，对中外科学家的合作研究情况进行比较，发现中外科学合作研究都以 2—4 人完成的占比最大，但中国科学家 5 人以内的合作高于外国科学家，5 人以上的合作则低于外国科学家（28.07％对 45.21％），涉及两国及以上的国际合作中国大大低于外国（约 6％对约 30％），而且《自然》上单一学科科学家完成的论文占 53.98％，而《中国科学》《科学通报》上则有 90％以上。[①] 此外，90 年代末有作者以《科学通报》为主样本，《中华医学杂志》《药学学报》和《生理学报》为辅助样本，探讨上述期刊论文发表的合作度（即每篇学术论文的平均作者人数），发现 4 种期刊的论文作者合作度总体呈上升趋势，50 年代在 1—3 人之间，90 年代则上升到 3—5 人之间。[②] 可见，不同国家、同一国家不同时期在科研合作的人数上的确有所不同。

　　对此，我们倾向于认为，合作研究无疑已经成为今天科学研究的主要趋势。事实证明，大多数重大科学研究成果都是通过合作取得的，但合作究竟以多少人数为最佳，却很难有一个确定的结论，要结合学科特点、研究条件、研究课题等具体情况。不过一般而言，2、3 人的小规模合作和人数较多的大规模合作取得的优质成果会相对多一些。这可能是因为 2、3 人更便于深入沟通探讨，而人数较多的合作可能更有利于一些复杂的、跨学科的重大课题的攻关。华人生物学家蒲慕明先生特别强调了"小科学"实验室运作对于科学创新的重要性，认为小规模的科研合作使得科学工作者之间的交流更充分有效，更有利于激发创造性的思路、开展创新性的实验。而且，小实验室可以提供培养年轻科学家所需要的导师与学生之间的紧密关系。因此，就大多数专业而言，小规模的科学实验室是重大科研进展出现的主要场所，是培养下一代科学家的最好的环境。[③]

（二）合作的跨国、跨地域、跨机构情况

　　对合作者的国别、地点和机构进行的统计显示，三个维度上均以同一国别、同一地点、同一机构的合作为最多，分别占到总数的 76.6％、54.3％和 52.1％

① 冯茜，陈强. 中外自然科学家合作研究的比较[J]. 情报理论与实践，1999(5).
② 黄晓鹏，安秀芬，郭景芬等. 我国自然科学期刊论文作者合作度的研究[J]. 医学图书馆通讯，1997(1).
③ 蒲慕明. 大科学和小科学[J]. Nature(Supp)，2004，432(11).

（见图 4-1）。跨国合作的论文比例总共为 23.4%，其中绝大多数作者的国籍集中隶属于 2—3 个国家，尤以中（包括中国大陆、中国香港和中国台湾）美合作为主。此外，超过半数高被引论文的作者集中在同一城市和同一机构。两个及以上城市和机构的合作要多于两个及以上国家的合作，但随着合作城市、机构数量的增加，占比减少。尽管如此，跨城市跨机构的合作总计均近半数，几乎和同城同机构合作旗鼓相当，表明其已是当前较为普遍的现象。梁立明等（2006）通过对欧盟 15 国任意两国之间合作发表的 157 668 篇论文进行计量分析，发现地理邻近和语言差异是影响 15 国科学合作最重要的因素，并且科学合作的强度随着地理距离的增加而降低，也随语言差异度的增大而趋弱。[①] 而华人学者的跨国合作倾向性显然与欧洲同侪表现不同。

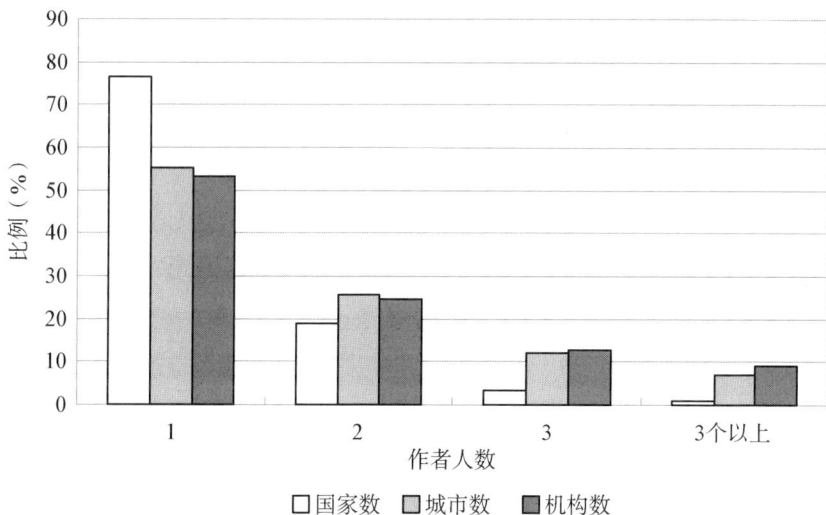

图 4-1 华人高被引科学家高被引论文作者人数分布图

从结果来看，尽管已经是"全球化"时代，但跨国研究仍非主导。原因可能有二：一是出于经济性和便利性的考虑，跨国的成本相对于国内还是要高很多；二是华人高被引科学家多数都在美国工作，那里有全世界最好的科研条件、研究人才，在众多领域占据着研究前沿，跨国的需求可能会小些。反过来，相对于科研需要急起直追的国家，跨国合作，特别是和科研发展水平高的国家合作的需求会

---

① 梁立明，张琳，韩强. 欧盟 15 国科学合作的地域倾向和语言倾向[J]. 自然辩证法通讯，2006(5).

比较强。例如，有统计结果表明，我国科学家的 SCI 合作论文数在 2001—2010 年间呈逐年增长的态势，表明我国科学家科学合作的国际化水平有所提高；以纳米领域为样本的分析发现，中美科学家的合作在 2007 年后出现较快增长，合作对象则以美籍华裔科学家为主，且多以美籍华裔科学家为主导。[①] 这个结果似乎和我们研究所发现的跨国合作中中美合作居多相呼应，也表明，对于华人精英科学家来说，在跨国合作中，族裔因素有时起到了一定的作用。

（三）合作模式

由于时间和精力有限，笔者无法确认 912 篇高被引论文的所有作者信息，本章暂以目前能够搜集到的部分合作者信息为基础，用以分析华人高被引科学家在从事自己最受关注的研究时主要采纳了何种合作模式。结果发现，华人精英学者发表高被引论文的合作类型主要包括师生合作、亲缘合作和同侪合作三种。

1. 师生合作

师生合作是华人高被引学者的优质成果最重要的产出途径之一。图 4 - 2 以 A - B 组合的形式描绘出了属于师生合作类型的高被引论文数量。A - B 的含义是：在 A 发表的 10 篇高被引论文中，有 n 篇是与 B 联合署名的。例如，魏军城-倪维明对应的数据为 1，意味着在魏发表的 10 篇高被引论文中，有 1 篇是

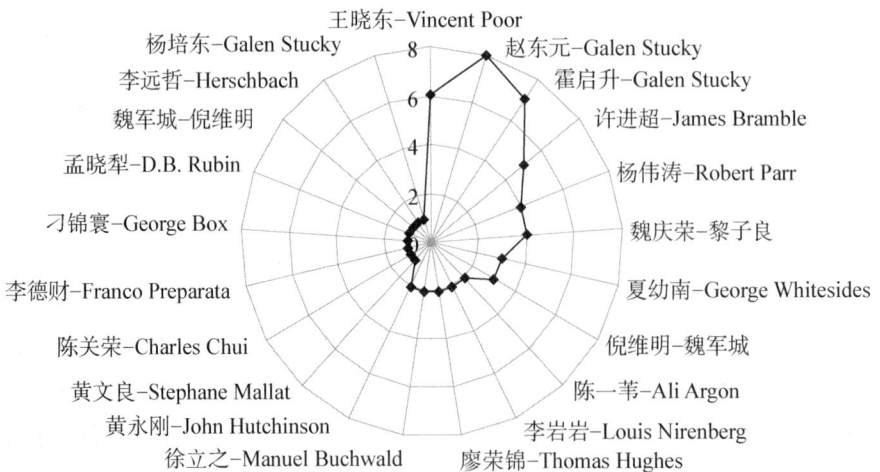

图 4 - 2　师生合作型高被引论文数量分布图

[①] 刘迪，王贤文. 美籍华裔科学家在中美科学合作中的作用：以纳米技术领域为例[A]. 中国科学学与科技政策研究会. 第七届中国科技政策与管理学术年会论文集[C]. 江苏南京，2011 - 10 - 22.

与导师倪合作完成的；而倪-魏组合对应 3，意味着在倪发表的高被引论文中，有 3 篇是与学生魏共同署名的。

统计显示，在 68 位能够确定导师信息的样本中，30.9%（21 人）的华人高被引科学家的最优科研成果是与其导师/学生合作发表的，且其中 19 人集中于数学、材料学、计算机科学和工程学领域。具体来看，合作发表 4 篇及以上高被引论文的有 6 对师生组合、2—3 篇的有 7 对、1 篇的有 8 对。而且，除了发表 1 篇高被引论文的师生组合中有 2 位样本 A 属于老年组科学家外，其余皆属于中青年组学者。从这一特征可以看出，在华人科学家的优势领域，中青年学者与导师合作更容易产出高质量的成果。或者反向推测，也许正是由于在这些领域，华人高被引群体有更多的机会与导师开展合作研究，才获得了更高的被引量，最终进入科学精英行列。

2. 亲缘合作

由于这种合作模式对配偶、亲属各方的职业类型、专业领域限制比较多，因而这种合作类型的案例相对较少，但一旦发生，基本上是以一种长期保持的非常稳定的合作模式存在。正因如此，偌瓦克将亲缘选择列入合作的几种主要机制之一。在本研究中，常媛与丈夫穆尔（同为 2001 版高被引科学家）合作发表过近百篇 SCI 论文，高被引论文中有 8 篇是与其合作完成的；唐南姗有 6 篇高被引论文是与前夫张子文共同署名的，除此之外还合作发表过十几篇 SCI 文章、共同申请过若干项重要专利。

3. 同侪合作

有学者对南斯拉夫化学家进行研究发现，不仅最高产的化学家合作最多，而且不同产出能力的化学家都倾向于选择高产的研究者与己合作（Pravdic N et al. 1986）。[①] 这一现象同样反映在华人高被引群体中。据我们观察，同一领域华人高被引科学家之间的合作频度也是比较高的。仅就本研究中采用的高被引论文这一小部分成果而言，11 位科学家之间即保持着或固定或交错的合作关系。例如，孟如玲的主要合作对象是朱经武；朱经武又与孟如玲和毛河光分别都开展过合作研究；赵东元、霍启升和杨培东两两之间分别有过共同发表经历。其

---

① 转引自：梁立明，武夷山. 科学计量学：理论探索与案例研究［M］. 北京：科学出版社，2006：223 - 224.

中,合作发表过 4 篇及以上高被引论文的科学家组合有 5 对,4 篇以下的有 7 对。这些样本分布在材料学、数学、工程学、物理学和生物学领域,且不存在年龄阶段集聚的特点。

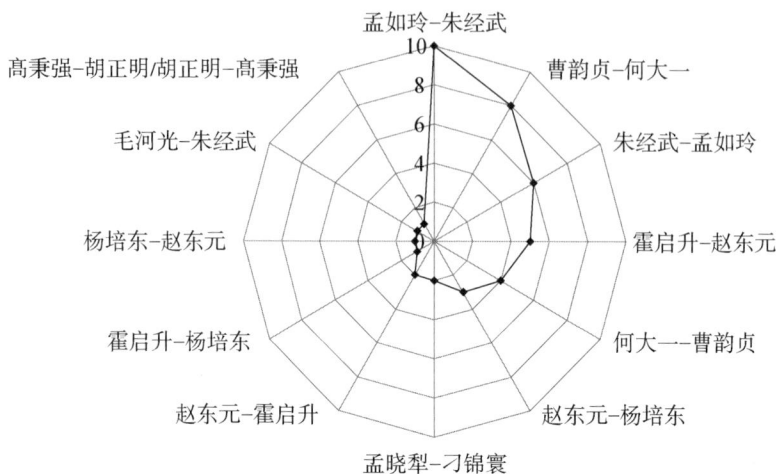

图 4-3　华人高被引同侪合作型高被引论文数量分布图

三、有效的科研合作及其发生条件

对华人高被引科学家的自述或报道资料进行的分析表明,合作对于他们做出高质量的研究成果具有重要意义。魏军城因解决困扰数学界 50 多年的 De Giorgi 猜测震惊了整个数学界,而这一成果就是他和合作者曼努埃尔·皮诺 (Manuel Pino)及迈克·科瓦尔奇克(Mike KowalcZyk)一起做出的。他还与严树森(S. Yan)一起完整地解决了 Lin-Ni 猜想,Ambrosetti-Ni-Malchiodi 猜想等问题,并提出了 Wei-Yan 现象及 Wei-Yan 猜想。[①] 王中林与宋金会(J. H. Song)合作 2006 年在《科学》上发表的文章则成为化学领域被引次数排名前十位的文章,仅仅在两年半时间内,被引用次数超过了 200 次。[②] 有的科学家正是因

---

① 湖北天门中学. 卓越数学家、香港中文大学伟伦讲座教授——魏军城[EB/OL]. [2012-08-17] [2013-10-03]. shtmlhttp://www.chinaxq.com/html/20128/n178336609.shtml.

② Thomson Reuters. Newsletter interview：Georgia Tech's Zhong Lin Wang new power generation [EB/OL]. [2008-12][2014-11-7]. http://archive.sciencewatch.com/inter/aut/2008/08-dec/08decZLWang/.

为遇到了合适的合作者,研究工作才得以取得突破。

(一) 有效的科研合作形式

从华人高被引科学家们的合作对象来看,既有与同事、学生的合作,也有亦师亦友的合作;从合作的内容看,既有相同学科内部的合作,也有跨学科的合作;从合作的方式看,既有通过非正式学术交流进行的合作,也有依托正式渠道(攻读学位、访学、做博后等)展开的合作。这与当代科学研究活动的开展越来越倚重科学家之间广泛合作的整体趋势是一致的。那么合作在华人高被引科学家的科研工作中体现为哪些形式呢? 笔者大致将其总结为如下三个方面。

(1) 专长上的互补推动研究。例如,梁赓义在 1980 年代初期开始进行 GEE(Generalized Estimating Equations,广义估计公式)设计时遭遇困难,其原有研究中用于非时间序列的方法不适用于长期的时间序列,"当时真是想破头,也不知道该怎么办!"后来,他发现系里另一位教授斯科特·泽格(Scott Zeger),正进行研究臭氧厚度的时间序列研究,其所擅长的正是梁赓义所缺乏的连续性时间序列研究,而泽格缺乏的也正好是梁赓义所擅长的类别式应变数,于是两人合作,后在 GEE 研究上取得重大突破,并一同入选汤森·路透集团 2001 版数学组高被引科学家行列。[1] 又如何志明,在遇到戴聿昌前本来在做流体科学,其时戴已经是微电子机械系统的知名学者,二人经一次讲座结缘,一起开创了一个新的研究领域叫做微流体(microfluidics),并合作在 *Annual Review of Fluid Mechanics* 上发表了相关的高被引论文。[2]

(2) 方向一致助推深入研究。例如,毛河光与他的同事贝尔合作很多,配合默契,在发展金刚石窗口压腔这一高温高压技术和探索地幔乃至于地核的秘密的漫长征途中做出了杰出的贡献。他们最著名的成就是他们在金刚石压腔装置中达到了 1.73 兆巴的压力(1978),这相当于地球外核的压力。毛河光和贝尔第一次观察到金刚石损坏的新形式——塑性流动。[3]

(3) 多方合作激发工作灵感。一些华人高被引科学家是较明显的"多合作

---

① 打造生物统计教育与研究环境梁赓义展现对大众生命无私关怀! [EB/OL]. [2014 - 8 - 8]. http://www. biopharm. org. tw/media/bioera/2003_8/.

② ESI Special Topics. An interview with professor Chin-Ming Ho [EB/OL]. [2005 - 05][2014 - 12 - 14]. http://www. esi-topics. com/mems/interviews/Chih-MingHo. html.

③ 翁克难. 毛河光—美国矿物学会 1979 年奖获得者[J]. 地质地球化学,1982(2).

者"，即先后与很多合作者联合工作。例如，丘成桐在一次演讲中就提及了
Schoen, Simon, Cheng, Meeks, Uhlenbeck, Hamilton, Donaldson, Taubes
and Huisken 等众多合作者[1]，刘军的很多研究成果都是和学生、老师、同事合作
做出来的。如他的一篇关于重点抽样方法的综述性文章被引用了 1 400 多次，
而这篇文章就是与合作者陈嵘一起完成的，这种方法则是和两位老师合作发明
的；2002—2003 年他与学生及合作者提出寻找 DNA 中相似度高的功能片段的
吉布斯抽样算法；如今主要从事的探索基因如何开启和关闭，如何参与和控制生
命活动的工作则是和纽约州立卫生部一个研究室的查尔斯·劳伦斯（Charles
Lawrence）合作进行的。[2]

(二) 科研合作对研究发挥积极作用的条件

合作者之间距离的远近会影响科研合作的效果早已得到相关研究的证实，
即空间距离越近，越容易产生科学合作；距离越远，科学合作越难以实现。如卡
茨（Katz）就发现，科研合作的频度随空间距离的远近呈现指数型关系。[3] 而诺
瓦克与北大伏锋的合作研究表明，与本土之内的移民相比，来自异域文化的移民
更能促进合作的深化。因此，大批中国科学家涌向世界各地，活跃在加州、伦敦
等地的实验室中，本身就是对当地科研合作的有力促进。[4]

不过，除了专业方面的条件（如前述兴趣的接近或一致、专长上的互补等）
外，科学家之间的合作仍然需要具备一定主观方面的条件，其中个性方面的契
合、交往过程中的融洽也非常重要。正如数学家李岩岩所说的，做数学也是在跟
人打交道，每个数学家的性格是很不同的。他在纽约柯朗研究所的导师和合作
者尼伦伯格（Nirenberg）教授的性格便有些与众不同，不轻易说话。"跟他说话
时，他总是坐在那里，也不说话，问他问题呢，一半的时间他都会说'不知道'，以
至于很多研究生不知道该怎么跟他打交道"。而李岩岩对尼伦伯格的个性就有
不同的理解，他认为"他坐在那里不说话也是在想问题的。我有时跟他说个问

---

① 摘自丘成桐于 2003. 9. 19 在香港中文大学的演讲《我的数学研究生涯》(*My Past Experience in Mathematics*)。

② 易蓉蓉. 哈佛终身教授刘军：生活在一个统计学的时代[N]. 中国科学报, 2012 - 07 - 09.

③ Katz, J S. Geographical proximity and scientific collaboration [J]. Scientometrics, 1994, 31: 31 - 43.

④ [美]马丁·诺瓦克, 罗杰·海菲尔德. 超级合作者[M]. 龙志勇, 魏薇译. 杭州：浙江人民出版社, 2013：中文版序, X.

题,如果他会提问,我就知道这个地方一定是很有意思的了。有时,他会突然丢给我两篇文章让我看。Nirenberg 教授的办公桌上堆满了很多的文章,他要从这么多文章中间挑出两篇让我看,我就知道这个文章他一定看过,想过,觉得确实有一些可以做的东西才会给我的"。① 这样一来,自然就能从尼伦伯格教授那里获得启发,和他开展合作。

刁锦寰的经历也表明在良好合作关系的建立中,合作者的个性特征与专业的匹配度都十分重要。从他对合作者乔洛·博克斯(George Box)的评论中可以看到,除专业方向的一致和对博克斯思考方式的欣赏外,博克斯的为人处世也是刁锦寰大为赞赏的。"于我而言,能与 Box 先成为师生后又成为同事实在是非常非常幸运的事! 他为人真诚,处事公正,与他合作过的人从来没有丁点抱怨,我们从他的思考方式中受益颇多。"②

此外,科学家之间能否进行良好的合作,不仅取决于合作者专长的一致或互补,还取决于他们相互之间能否处理好共同做出的研究成果的归属,也就是科学发现的优先权问题。按照默顿的解释,强调科学发现的优先权源于科学体制的规范要求。科学建制的目标是创新知识,因而科学家工作的原创性、独创性特别重要,而科学家的工作是否具有原创性、独创性则需要科学家公开自己的工作,接受同行或科学共同体的检验,如果得到科学共同体的承认,则作为报偿给予科学家以发现的优先权。简言之,科学体制对知识创新的要求推动了科学家对于优先权的追逐,对科学发现优先权的争议实际是"科学体制方面强调独创性在心理方面动机的配对物"③。不过在科学合作过程中,科研成果的归属问题往往比较复杂,甚至会引起争议,这种争议有时会损害甚至破坏科学家之间的合作关系,进而破坏科学研究。而华人高被引科学家中,就有因能够处理好与合作者之间成果优先权问题而获益的科学家。譬如梁赓义,若没有与泽格的合作,就没有 GEE 研究的突破,而"为了日后更长远的合作,梁赓义和 Scott Zeger 两人不争排名,论文发表决议由两人轮流挂名"。事实上,梁赓义被引次数最高的前 5 篇论文中,有 4 篇都是与泽格合作发表的,有的文章梁作第一作者,有的则是泽格作为

---

① 摘自李岩岩教授 2006 - 06 - 28 在中国科学技术大学与学生的座谈记录。
② Ngai Hang Chan. The ET interview: professor George C. Tiao [J]. Econometric Theory, 1999,15: 389 - 424.
③ [美]默顿. 科学社会学[M]. 鲁旭东,林聚任译. 北京:商务印书馆,2004: 529 - 530.

第一作者。这一个案也可算是合作者对于科学发现优先权问题的睿智处理。

第三节 亲属及其他"重要他人"

除了授业老师和合作者对华人高被引科学家工作的直接影响外，一些亲属及其他关系人也曾对他们的人生道路选择、成绩的取得等产生过间接的，但同时也是重要的影响。关于亲属对他们的影响，前文已有涉及，这里做进一步的归纳。

一、亲属对华人高被引科学家的影响

华人高被引科学家从亲属那里受到的影响亦可分为直接影响和间接影响。直接影响指的是这种影响主要指向的是他们的科研工作，这种影响虽说不是通过直接参与科研发生的（这里排除了部分女性科学家因与丈夫合作而可能受到的影响），但却可能通过方向选择、经验传递等对他们的研究工作发挥了一定作用。例如女科学家袁钧瑛，在上大学填报志愿的时候，便得到身为有机化学教授的祖父的建议，"学生物学吧，适合女孩子，化学也很有趣"，还说将生物与化学结合起来的生物化学将是未来的热门研究方向。[①] 这建议现在看起来是很有见地的。

不过最典型的还是朱经武，他是陈省身先生的女婿。陈省身和杨振宁两家交好，因此陈请杨做朱经武的博士论文导师，后来杨振宁又成为朱经武和夫人陈璞的媒人。有如此强大的"亲友团"指引支持，对朱经武的研究工作自然助力颇多。朱经武曾向岳父请教"成功秘诀"，陈省身告诉他：模仿不能通向成功之路。一个人应该自始至终严于律己，了解自己的能力与弱点，不骄傲自满，应以自己的兴趣与天性开拓自己，而不单为追求时髦做一些容易的事，因为一个人一旦发现了一件既新奇又有趣的事，就应当敢于接受并抓住不放。他谆谆教导道："要

① John Fleischman. ASCB Member Profile：Junying Yuan [J]. ASCB Newsletter, 2009. April：17 – 19；Patricia Thomas. Brainy women：at the frontiers of neuroscience [J]. Harvard Magazine, 2002. May/Jun：37 – 86；Nicole LeBrasseur. Junying Yuan：changing avenues without losing focus [J]. The Journal of Cell Biology. 2007,179(2)：174 – 175.

问自己工作是否尽力，而不是报酬多少。""应当从条条框框里跳出来，做一些别人没想过的事情。"并嘱咐道："你要做新的东西，要'日日新，苟日新，又日新'。""做事要执著。"还说："科学的乐趣在于走在别人前面，看别人没有看到的风景，呼吸别人没有呼吸到的新鲜空气。"岳父一再嘱咐他，从事研究不要走热门，因为跳进去时已经有很多人在那里打破头了，应该开创自己的路，而且要坚持，别一下子不行了就跳出来。[①]

而在他从事超导体研究期间，陈省身夫妇更是成为他研究工作最忠实的"啦啦队"成员，以至于打电话第一句话总是问"现在温度如何？"这样的经验传授，直接支持，难怪朱经武要说"受益终生"。

陈省身夫妇对于朱经武的影响，便属于在经验传递、道路选择、鼓励支持上兼而有之的综合性指引。的确，在科学的道路上能够得到前辈巨擘的引导，必可避免许多弯路，倘若这位前辈巨擘又恰好是自己的家人，那就更是多了"近水楼台"的便捷了，可谓"得天独厚"。只是，并非所有人都这般幸运，能够拥有身为科学巨匠的亲属家人。不过即使如此，事实证明，科学家们也可从自己的知识分子亲属身上得到熏陶教益，这种潜移默化的影响更多是借助家庭教育发生的，其虽未必直接指向科学家的科学事业，却可能为他们的个性品质、工作习惯、学业基础等产生重要影响。而这些方面的进步会对科学家从事研究起到间接支持。因此，本研究将其作为间接影响加以描述。

华人高被引科学家的家庭教育往往是春风化雨、以身示范的模式，或关心鼓励、后援支持，或重视教育、夯实基础。比如丘成桐的父亲非常重视培养子女的古典文学修养，但同时又深知古文难解，更多时候会和孩子坐在一起欣赏古典文学，相互切磋学问。[②] 何大一的父亲何步基是一位电脑工程师，家里的许多亲戚也都从事科学研究。在父亲的言传身教下，何大一与他的两个兄弟，个个以刻苦读书、追求知识为人生目标，三兄弟分头出击，在不同的领域各有建树。而在孩子们成长过程中，父亲在自己的专业领域里也取得了突破性的成就，可谓"一门四杰"，令人钦敬。[③]

有的优秀科学家的父母教子非常重视自然发展，甚至不让孩子参加补习班。

① 龙飞.朱经武：陈省身的校长女婿[N].天津日报，2008-11-22.
② 黄泽林.丘成桐传——数学王国的一代天骄[M].南京：江苏人民出版社，2014：49.
③ 王瑞良.他向艾滋病发起猛攻——记华裔科学家何大一博士[J].华东科技，1997(6).

比如张亚中的父亲就反对童年时期恶性补习，认为这样长期下来，有些学生弹性疲乏，等到不需要人家逼的时候，就会失去念书的兴趣。张亚中读初中时学校有暑期课业辅导，张父就不让他去，结果开学后被记旷课六十多节，张父还跑去替儿子理论。[①] 当然，有的科学家小时候也是补习的，但父母监督补习的方式却不失灵活趣味，且着眼于真本领，而非死功夫。例如，田长霖的父亲田永谦，本人就学术渊博，还精通多国语言，或许正因如此，非常重视孩子的外语学习，请名师教儿女外语。不过其对子女学习的抽查却又十分灵活，譬如在看电影后让孩子模仿对话，还运用歌剧和话剧等形式让孩子们全部参加排演，他则既当演员，又当导演，全家人一起在玩中学，学中玩。所用都是些既能激发兴趣，又利于融会贯通、活学活用的方法。[②]

从上述案例中可以发现，这些取得了很高成就的科学家们，其家庭教育环境往往是比较宽松的，对孩子的教育不能说不注重，但同样也很注意用一种尊重孩子的方式对他们进行教育，少有强迫、威逼。从科学家们对家长的回忆中可以看出，"身教"似乎作用更大，往往是父辈身上的优秀特质（如勤奋）和所取得的成就对他们的志向和行为产生了巨大的影响。这对我们思考当前的家庭教育现实不无启示。

二、其他人对华人高被引科学家的影响

这里所说的"其他人"，主要指导师、合作者、家人之外的一些人。他们通常既没有直接参与到科学家本人的研究当中，也不像家人那样，对科学家们产生过长期、深刻的影响，但却于生命中的某个时期或某个关头为他们提供了重要的帮助，对于科学家们获得成长的机会，或事业的发展与转折都曾起到重要作用，以至于我们会合理地怀疑，如果没有这些"贵人"襄助，科学家们的惊人才华还能否得到充分的展现，成为我们今天所敬仰的精英。

丘成桐进入香港中文大学崇基学院数学系后，先得到任教于该校的年轻几何学家萨列弗博士（Stephen Salaff）的欣赏，二人进行过多次合作。之后，萨列弗又将丘成桐引荐给美国加州大学伯克利分校的杰出数学家萨拉森教授。萨拉

---

① 郭旻静. 其乐无穷：张亚中的学习秘密："Follow your heart!"[EB/OL]. [2014 - 8 - 10]. http://alumni. ncku. edu. tw/files/15-1020-60235, c5322-1. php.
② 裴高才. 从黄陂走出的田长霖及其家世(上/下)[J]. 武汉文史资料,2003(2)(3).

森看到了这个年轻学子身上不同寻常的数学天赋,随即安排当时尚为大三年级本科生的丘成桐直接到伯克利攻读博士学位。其间又幸得著名几何学家陈省身先生的大力协助,丘成桐终于克服了跳级进入伯克利的制度障碍,来到了世界级的几何学研究中心。[1]

这些同窗师长毕竟与主人公有过比较深入的接触,他们的帮助不仅出于对主人公才能的欣赏,其中也不可避免地掺杂了情感因素。但也有一些科学家幸运地遇到同道中人完全出于科学精神的协助,让人感慨科学的世界还是充满着美好的。当年安芷生还是助理研究员时赴澳大利亚工作,对一位美国著名教授奥普戴克(Opdyke)的研究进行重新采样实施,结果发现奥普戴克教授关于澳洲西部湖泊的磁性地层研究结论不正确,便纠正了他的实验结果,解决了这一地区多年悬而未决的地层年代混乱问题。于是,著名的奥普戴克教授和澳大利亚国立大学的布勒(J. Bouler)教授愉快地和安芷生联名在《古地理·古气候·古生态》杂志上发表这一成果,而且把安芷生的名字放在了第一位。这是安芷生的名字第一次出现在世界性的著名刊物上,成为他走向世界的起点。[2]

在各种各样的"贵人"相助的案例中,有的科学家的故事甚至带有了一些传奇色彩,两位女性科学家的故事可算作其中典型。袁钧瑛当年断断续续上完高中后就进入工厂做工人,但她的一位高中老师很欣赏她的天赋,文革中帮她留在上海,又在恢复高考后坚持劝说她参加高考,在没有教科书的情况下,那位老师竟然在深夜闯进高中图书馆把需要的书偷出来帮助她复习。[3] 唐南姗有了两个女儿后,为了解决夫妻两地分居的问题,加入山陶克(Centocor)公司做诊断医生,但由于一直坚持做自己想做的研究,为此差点被公司开除。不服输的她直接拿着解聘信去找 CEO,不但令他回心转意,而且还为自己争取到了更优越的研究条件,令她十分感念公司主席和 CEO 有一种开放的眼光。[4] 高中老师为支持袁钧瑛帮她逃避上山下乡,甚至为她夜闯图书馆偷书;唐南姗为了研究险遭解

① 黄泽林. 丘成桐传——数学王国的一代天骄[M]. 南京:江苏人民出版社,2014:86-88.

② 夏培卓. 黄土恋歌——记中科院院士、地质学家安芷生[J]. 国际人才交流,1999(8).

③ John Fleischman. ASCB member profile:Junying Yuan [J]. ASCB Newsletter, 2009. April:17-19; Patricia Thomas. Brainy women:at the frontiers of neuroscience [J]. Harvard Magazine, 2002. May/Jun:37-86;Nicole LeBrasseur. Junying Yuan:changing avenues without losing focus [J]. The Journal of Cell Biology. 2007,179(2):174-175.

④ 摘自 2012 年 8 月发布的唐南姗的访谈实录 Nancy Chang:Biochemistry and the Business of Health。

聘，最终"逆袭"获得公司高层支持，继续其研究工作，都可说是极富戏剧性的情节，其超越常规之处似乎向我们表明，看似理性规律的科学世界其实也是充满偶然的。

本章小结

中国的俗语讲："一个好汉三个帮"。实际上，在阳春白雪的科学界这个道理依然成立。通过检视华人高被引科学家的求学经历和职业生涯可以发现，在他们人生的不同阶段，老师、科研合作者、亲属等"重要他人"都对他们的专业成长产生过重要影响，甚至可能不经意的一句鼓励、一个决定、一次出手相帮就改变了一个年轻人的生命轨迹，造就了一位科学奇才。

师承关系无疑是影响科学家成长的关键因素之一。在西方科学史上，还曾有过将研究结果秘而不宣只传徒弟的时期，选对师傅的重要性可见一斑。通过对质性资料的分析可以看出，华人高被引科学家中既有自小优等生，也不乏后来居上者，特别是不少人自幼受到过良好的人文环境熏陶，兴趣非常广泛。他们在基础教育阶段的老师最重要的作用是激励鼓舞科学家们在早年就形成了对某些科学门类的兴趣，其行为示范和人格熏染也潜移默化地影响了科学家幼时对世界与他人的认知。

本硕阶段的老师不少都成为了华人高被引科学家事业的"伯乐"，得其慧眼识才，大力举荐，获得进一步深造的机会。他们帮助尚处于学术共同体边缘的本科生发掘研究潜质，激发学生对某一领域的研究兴趣，为其打下了良好的学术基础。

而博士及博后阶段的导师对华人高被引学者的成才之路往往产生了更为直接的影响。从样本的情况看，多数华人科学精英师从本领域的知名学者，甚至超过 40% 样本的导师本身也是汤森·路透的高被引科学家。这种师承关系对科学家研究方向的确立、治学方法的习得、研究习惯的培养等对个人发展有深远影响的方面均颇有助益。另外，这些导师不但治学专精，而且胸襟广阔，很为学生的长远发展着想，向学生提供了优越的研究条件。

进入"大科学时代"，科学研究基本已成为团队合作事业。在此背景下，科研合作伙伴往往是成就华人精英科学家身份的重要人物,也是高被引学者杰出成果的共同缔造者。本章通过对自建的"华人高被引科学家的高被引论文数据库"进行统计得出,华人科学精英最有影响力的论文绝大多数都是合作研究的成果,且以2、3人的"小规模"合作和5人以上的"大规模"合作为主。分析认为,这种合作规模的选择是基于2—3人的小范围合作更有利于科学工作者之间充分有效地交流,有利于激发创造性的思路和开展创新型的实验,有利于营造培养年轻科学家所需的亲密师生关系的环境;而人数较多的合作可能更有利于一些复杂的、跨学科的重大课题的攻关。

就合作地域来看,华人高被引论文以同一国别、同一地点和同一机构的合作研究为最多,跨国研究未能占据主导的原因大致有二:一是出于经济性和便利性的考虑,已有研究揭示出科学合作的频度随着空间距离的增加而降低;二是由于大部分高被引科学家集中在美国,寻找跨国合作伙伴的需求较小。具体而言,多数华人科学精英的国籍隶属于2—3个国家,尤以中美科学家合作为主。表明在华人精英科学家选择国际合作伙伴时,族裔因素有时会发挥一定的影响。

师生合作、亲缘合作和同侪合作是三种主导华人高被引科学家代表性研究的合作模式。其中,在数学、材料学、计算机科学和工程学等华人科学家的优势领域,中青年学者与导师合作更容易产出高质量的成果。亲缘合作基本上是以一种长期保持的稳定合作模式存在,但由于对亲属各方的职业类型和专业限制多,因此这种案例相对较少。在同一领域,华人精英科学家之间的合作频度也比较高,可见高被引科学家也倾向于选择高产同行作为合作对象。

对质性材料的分析揭示出,合作对于华人精英科学家的研究主要有三层意义,分别是专长上的互补,方向一致助推,以及多方合作激发工作灵感。而且,华人高被引科学家之间开展合作需要具备一定的条件,除了专业方面的需求外,还取决于个性方面的契合度与私人交往是否融洽,甚至包括相互之间能否处理好科学发现的优先权问题。因此,作为一种更多时候以交往形式存在的科学合作,不仅仅是研究者专业匹配就能实现的。

亲属对华人高被引科学家的影响可分为直接影响和间接影响。华人科学精英的故事告诉我们,亲属同行不一定需要直接参与合作研究,他们可以在道路选择、经验传递、鼓励支持等方面通过兼而有之的综合性指引,对科学家的科研事业发挥正向作用。间接影响则主要指通过家庭教育,科学家们从知识分子亲属身上所获得的熏陶教益，对他们的个性品质、工作习惯、学业基础等产生了重要影响，而这些方面的进步对华人精英学者从事科学研究起到了间接的助推作用。已有案例表明，这些取得了很高成就的学者，其家庭教育环境往往是宽松的。这对我们思考当前的家庭教育现实不无启示。

除此之外还有一些人，虽然既没有直接参与到科学家的研究中，也不似亲人那样对科学家们产生过长期、深刻的影响，但曾于华人科学精英生命中的某段时期或某个关口向他们提供过重要帮助，对于科学家获得成长的机会，或事业的发展与转折都曾起过关键性作用。如果没有以上所有这些"重要他人"的合力，华人高被引科学家的惊人才能也许并不能得到充分的展现，成才之路可能会非常崎岖坎坷。

第五章
华人高被引科学家成长的环境因素分析

一个人的成长成才往往是自身与环境交互作用的产物。除个人素质外，环境的影响不可低估，有时甚至起决定性的作用。一般而言，人们会把一个人的成长环境划分为家庭环境、学校环境和工作环境等予以探讨。但具体到本研究的内容框架，家庭环境在前文中已多处涉及，对学校环境中的基础教育环境也进行了细致分析。因此本章主要从学校环境中的高等教育环境和工作环境两方面展开讨论。此外，考虑到华人高被引科学家们除了在单一组织内部进行学习工作外，还常常因进修、合作、人才流动等原因进行跨组织的职业流动。因此，本章进一步确立了由组织内部环境和组织外部环境组成的大框架，并在这一框架下对华人高被引科学家的高等教育环境、工作环境及职业流动等成长环境因素进行探讨。

第一节 组织内部环境

组织内部环境是组织内部的物质环境与文化环境的总和，是组织的一种共享价值体系及其体现。高等教育研究机构作为培育科学人才的重要基地，科学家既在这里接受教育，成长为独立的研究者；又继续服务于该组织，成为传道授业者中的一员，其内部环境对于他们的成长和发展影响甚大。

一、高等教育机构

通常而言，科学家接受高等教育的机构既包括取得学位的机构，也包括进修访学的机构。本节对两类机构分别进行描述。

（一）学历教育机构环境

对学术人来说，本科、博士是普遍必经阶段，硕士则更像是一种走进科学建制的过渡阶段。因此，不是每位科学家都有一段独立的攻读硕士学位的经历，但本科毕业院校和博士毕业院校一般都可以查到。

1. 本科毕业院校

本科教育是整个高等教育阶段的基础。统计发现，华人高被引科学家中除有 11.5％的学者是在海外获得的学士学位外，其余都在国内完成本科阶段的学习；其中就读于中国大陆和中国台湾高校的科学家的人数分别占 38.5％和 40.6％，毕业于中国香港大学的人数最少（9.4％）。在三地的高校中，台湾大学是华人高被引科学家获得学士学位人数最集中的高校，一共有 25 位科学家毕业于此，占总样本量的 24.5％。其余人数比较多的院校还包括香港大学（6 人）、台湾"清华大学"和成功大学（各 5 人）、北京大学和中国科技大学（各 4 人）等。

联系毕业于台湾大学的华人高被引科学家求学的时间及该阶段台湾大学的发展特点，我们分析，台湾大学"盛产"高被引科学家的主要原因可能有二：一是与台湾大学的办学水平高有关；二与台湾大学和国外高校保持密切的交流合作有关。

首先，从办学方面看，台湾大学是中国台湾地区的第一所大学，在中国台湾高等教育史上一直扮演着火车头的角色。1976 年诺贝尔物理学奖得主丁肇中 1955 年高中毕业时本已获得保送台湾成功大学的资格，但他一心向往学风自由、师资优良的台湾大学，所以放弃保送，参加大学联考。① 从这件事也可以看出当时台湾大学在中国台湾学子心中的地位。台湾大学毕业的 25 位高被引科学家中，其中 23 位皆是 1951—1971 间在台湾大学就读的，这二十年基本是钱思亮校长在任时期（1951—1970）。钱先生在傅斯年校长时代即担任台湾大学教务长，其时就对教学进行了大刀阔斧的改革。在掌舵台湾大学的十九载，主要依循傅斯年对台大的擘画继续前行。在教学方面，强调大一基础课程的重要性，聘请教学经验丰富、学有专长的教授任教。恢复了"大一课程委员会"，加强对大一教学的指导。在教员培养方面，通过多种渠道筹集资金，有计划地大量派遣在校的

---

① 丁肇中. 1976 年诺贝尔物理学奖获得者丁肇中自述[J]. 光谱实验室，2007(1).

教员赴欧美进修,同时不惜重金延聘世界一流大学学者来校讲学或任教,以提高台湾大学的教学和科研水平。这些措施的推行,使台湾大学的教育质量不断提高,成为中国台湾地区的一流大学。[①];

其次,台湾大学重视国际学术合作与交流。钱校长亦非常支持台湾大学学子毕业后赴世界一流大学深造。据说,那时台湾大学有一个不成文的惯例,凡平均成绩在75分以上者,钱思亮校长都愿意亲自写留学推荐信,有时还代为介绍相关专业的导师,出国之前他总要亲自召见学生,勉励、告诫一番。[②] 毕业于台湾大学的赖明诏即是由钱校长亲写推荐函,顺利申请到加州大学伯克利分校就读的。在这样的留学氛围下,台湾大学学生也得以对美国的学术有较早的了解,事先打好根基,赴美后自然收获更大。毕业于台湾大学的吴建福就曾说,台湾大学当年老师上课的质量并不尽如人意。但当时中国台湾地区好的大学里,无论教授水平如何,都采用和美国主流高校同样的英文材料,这对他日后在美学习帮助很大,因对教材熟悉,了解他们想问题的方式和写作习惯而可轻而易举地适应那里。[③] 按今天的话说,台湾大学很早就与美国接轨。考虑到美国科技在世界上的领先地位,那里走出众多国际级的科学家也就不足为奇了。

2. 博士毕业院校

博士生教育是科学家进入学术职业的最重要阶段,是其接受学术训练的关键环节,影响并在很大程度上决定着下一代学术人员的质量。在实践中,博士学位已经成为进入学术职业的必要条件,在高声望的研究型大学尤其如此。本研究样本中,绝大多数科学家均是博士学位获得者,受过完整的研究训练。只有三位出自中国大陆的高被引科学家没有取得博士学位,这与中国大陆自1982年才开始招收博士生的历史原因有关。

从获得博士学位的国别来看,93%的高被引学者是在海外大学取得的博士学位,博士毕业于中国大陆和中国香港高校的科学家分别仅占5.1%和2.0%。在海外大学获得博士学位的学者中,又有占总样本85.9%的华人高被引学者毕业于美国大学,仅有7.1%毕业于海外其他国家高校(见表5-1)。

① 清华人物.钱思亮:献身中国台湾科学和教育事业的人[EB/OL]. http://www.tsinghua.org.cn/publish/alumni/4000359/10087471.html.转自:凤凰网,2011年4月8日.
② 张昌华.百年风度——文化名人的背影[M].桂林:广西师范大学出版社,2012:186.
③ 艾明要.国际知名统计学家访谈——专访吴建福(C. F. Jeff Wu)教授[J].数理统计与管理,2009(7).

表 5-1　华人高被引科学家获得博士学位的地域表

	海外		中国	
	人数	百分比/%	人数	百分比/%
中国大陆学者	3	3.1	5	5.1
中国台湾学者	15	15.3	0	0
中国香港学者	13	13.3	1	1.0
海外学者	61	61.2	1	1.0
总人数	92	92.9	7	7.1

从获得博士学位的院校来看，毕业于加州大学伯克利分校的华人高被引科学家人数最多（12 人）。加上加州大学的其他分校，整个加州大学系统共产生了16 位华人高被引学者。其次是哈佛大学 8 人，威斯康星大学 5 人、斯坦福大学和纽约大学各 4 人，密歇根大学、普林斯顿大学和马里兰大学各 3 人。无论是根据泰晤士高等教育世界大学排名、QS 世界大学排名、上海交大世界大学学术排名，抑或是美新世界大学排名来看，这些学校都是当之无愧的世界顶尖大学。可见，绝大多数华人高被引学者都是在美国一流研究型大学接受的博士生教育。这大概与美国雄厚的科研实力以及高质量的博士教育有关。

此外，在整个样本中，只有 5 名学者本科和博士毕业于同一所院校。其中2 名本、博皆毕业于吉林大学，2 名毕业于香港大学，1 名毕业于麻省理工学院。也就是说，绝大多数科学家从本科到博士经历了不同的学校。

二战后，美国借助一系列包括人才积累、政策制定、经费投入等方面的措施，成为新的世界科技中心。"据统计，战后资本主义世界的重大科技发明有 65%是美国首先研发成功的，75%是美国首先付诸应用的。在自然科学的基础理论方面（包括化学、物理、医学三项），美国科学家获得了战后颁发的诺贝尔奖金的半数左右。"[1]时至今日，美国作为世界科技中心的地位依然得以保持稳固。作为其科技人才战略的一部分，美国十分重视招收海外留学生，为他们提供良好的学习条件（如奖学金等），并为他们毕业后留美工作提供各种各样的便利条件。

---

[1] 崔维，黄梦平.美国科技发展的重大战略措施及其对经济的影响[A].中国科学技术促进发展研究中心编.美国科技发展问题研究论文集[C],1983：11.

如此一来就能够在世界范围内延揽优秀的科学苗子加以培养,再留下他们为其所用;反过来,全世界最优秀的人才因为美国拥有良好的科研环境和最高的科研水平,也十分愿意去美国学习深造。于是,在美国领先的科研实力和留学生教育之间便形成了良性循环。这在整个教育体系的顶端——博士生教育中体现得非常明显。

博士生教育的核心在于培养学生从事科学研究的能力并提高其学术水平。张英丽认为,美国大学的博士生培养综合了多样化的课程设置、学习方式和指导力量,为博士生提供了宽广的知识基础,从多个方面训练了博士生的科研能力,也集跨学科研究与众导师之专长,促进了博士生的全面发展。[①] 因此,美国大学对于国际学生的吸引力远远超过其他国家,一直稳居世界榜首。对华人高被引学者博士学习最集中的 1960—1999 年的美国大学国际学生来源地进行分析发现,绝大多数留美学生来自亚洲,中国、印度和韩国是留学生人数最多的三个国家。[②] 就中国大陆来说,在邓小平的大力推动下,1978 年年底派出了"文革"后首批留美人员,重启了中国大陆与美国科学界的交流,也成为中国改革开放最具代表性的政策之一。在这之后,大批内地学子赴美攻读博士学位,造就了不少优秀的科学人才。对中国台湾而言,由于与美国一直保持着紧密的关系,美国博士生教育又以高质量的人才产出著称于世,赴美读书也就成为大学毕业生一个顺理成章的选择。此外,在海外华人学者的倡议和帮助下,一些赴美留学项目也相继设立,为更多平民学子提供了出国读博的机会。例如,本书中的王中林和袁钧瑛等都是通过 1979—1989 年间实施的中美联合培养物理类研究生计划(CUSPEA)实现出国攻博的。如此一来,华人高被引科学家大多在美国名校取得博士学位也就不足为奇了。

(二) 非学历教育机构/海外研修

上文已经揭示了在海外大学接受过学位教育的高被引学者占样本总量的92.9%。实际上,其他毕业于本土的科学家也基本都有两年以上的海外研究经历(包括专职研究和非专职研究两类),只有一位大陆学者的相关信息不详。整体来看,在 102 个样本中,97 名学者有留美经历,还有 3 人留学英国/德国、日本

---

① 张英丽. 学术职业与博士生教育[M]. 武汉:华中科技大学出版社,2009:123-126.
② 张英丽. 学术职业与博士生教育[M]. 武汉:华中科技大学出版社,2009:118.

和加拿大。可见，目前海外教育或海外研究经历，基本已成为华人高被引科学家的必备特征。接下来本研究将从时间和工作性质两个维度来对目前在国内（包括港台）任职的 38 位高被引科学家的非学历海外研究经历进行具体分析。

1. 时间

大陆高被引群体中，有 3 位科学家是在海外获得的博士学位。另外 5 位在本土获得博士学位的科学家均有 2 年以上的海外博士后或访学经历。这 8 位高被引科学家的平均海外非学历研究时间为 8.7 年。中国台湾地区的所有样本均是在海外完成的博士教育，不过有的学者博士毕业不久就回台服务，有的则在海外工作超过 30 年后才回台履职。统计显示，中国台湾高被引科学家的非学历海外研究的平均时间超过 21.3 年。中国香港地区仅有 1 位学者从本科至博士阶段都在中国香港本土完成，博士毕业后赴美从事了三年博士后研究，其他学者均是在海外获得的博士学位，平均海外研究时间至少达到 19.2 年。很明显，中国台湾和中国香港的高被引学者在海外工作的年限远远多于中国大陆学者，这是由于中国台湾和中国香港的科学家基本属于"人才回流"，而中国大陆科学家由本土院校培养的比例更大。

喻恺对日本高被引科学家的海外工作经历进行分析后发现，超过七成的高被引学者曾在日本之外的其他国家工作过，且以短期工作为主。海外研究年限在 5 年以内的占样本总体的 73.7%，其中又以 2 至 3 年的为最多。[①] 将本研究样本的情况与日本高被引科学家进行对比能够看到，中国高被引科学家无论从有海外研究经历的人员比例，还是海外研究的年限，都远高于邻国日本的高被引学者同期群。

2. 性质

海外研究工作大体有专职研究和非专职研究两种类型。其中，专职研究人员包括博士后、终身轨教职、非终身轨研究助理等角色；非专职研究人员主要指访问学者、客座教授/研究员等。目前隶属于中国科学机构的 38 名华人高被引学者中，有 86.8% 都曾以专职人员的身份在海外从事过研究工作，只有 7.9% 的学者在海外从事过非专职研究。另有 2 位科学家获得美国大学博士学位后立刻回国工作，1 人信息不详。一般认为，专职研究人员能够接触到该机构最前沿的

① 喻恺，田原，严媛. 日本高被引科学家的成才路径研究［J］. 教育学术月刊，2013(10).

研究工作。另外受晋升、聘任等因素的影响,对科研工作的投入程度一般更高。

图 5-1 描述了中国高被引学者初次海外工作的职务情况,接近 1/3 的样本有海外科研机构的博士后经历;约 1/4 的科学家在博士毕业后直接进入终身轨教职体系成为助理教授;再次是研究助理等专职研究人员大约占 21%;博士毕业后直接以访问学者或客座研究人员的身份赴海外工作的仅占 10%;还有 5 位中国高被引科学家无海外工作经历或信息不详。

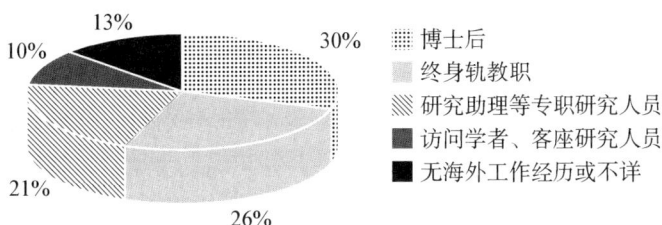

图 5-1 中国高被引科学家初次海外工作的职务分布图

与日本高被引科学家的初次海外工作性质(见图 5-2)进行比较会发现,两个群体差异最大的指标主要有非专职研究人员和终身轨教职人员的占比。首先,日本高被引同期群的第一份海外工作是访问学者或客座研究者性质的占到

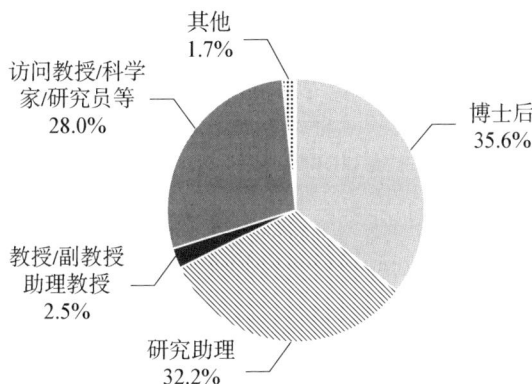

图 5-2 日本高被引科学家初次海外工作的职务分布图

(资料来源:喻恺等,2013[1])

---

[1] 喻恺,田原,严媛. 日本高被引科学家的成才路径研究[J]. 教育学术月刊,2013(10).

28%，远高于中国学者的相应比例。另外，他们之中仅有 2.5% 的学者博士毕业后立即进入了日本大学的终身轨教职系统，远低于中国高被引科学家直接从教的比例。分析原因，日本的研究型大学及科研机构已经能够为从业者提供一流的教学与科研环境，因而日本杰出科学家多在本土获得博士学位，并选择在本土工作。日本博士生毕业后直接进入大学终身轨教职系统的难度是很大的，利用科研黄金年龄赴海外高水平研究机构开展合作研究既有利于开拓眼界，也顺应了当前国际化的潮流，不啻为一项好选择。

二、工作机构

（一）所属地区

汤森·路透集团的首批高被引学者名册发布于 2001 年，此后每年会根据新的统计数据更新名册。由于无法通过当前数据库查到历年新增人员名单，作者只能查阅以往研究来追踪不同时期华人科学家的人数变化。2007 年，王国龙统计出中国的高被引学者共 21 名。其中，大陆高被引科学家仅有 3 人，其次是中国台湾（7 人），来自中国香港的人数最多（11 人）。[①] 蒋莉莉、杨颉于 2011 年统计发现大陆高被引学者有 8 名，中国台湾共 14 名（包括社科领域），中国香港 21 名（包括非华人学者在内）。[②] 2012 年，易勇和戚巍对我国高被引科学家的科学覆盖地图特征进行了计量分析，得出华人高被引学者（包括社科领域）在大陆、中国台湾和中国香港的分布人数分别为 7、16 和 17 人。[③] 而本研究于 2013 年的发现则是 9 人、16 人（包括一名社科领域的学者）和 14 人。可见，至少从 2007 年开始，中国的高被引学者的人数总体呈增长态势。特别是大陆地区的高被引科学家数量在不到十年间增加了两倍。这要归功于近年来中国内地经济的崛起以及人才项目政策的支持，吸引了部分海外和境外的学者回国发展，赵东元、张涛、霍启升等皆在此列。

尽管如此，身处海外的华人高被引科学家样本量是最大的，比例达到 62.4%。作为当代世界科学的中心，本研究中有 60 位华人高被引学者目前任职

① 王国龙. ISI 高被引作者概述[J]. 中国索引，2007(2).
② 蒋莉莉，杨颉. 未来 10 年我国高校高层次知识创新人才预测——基于高被引科学家的研究视角[J]. 科技管理研究，2011(22).
③ 易勇，戚巍. 我国高被引科学家科学覆盖地图特征的计量分析[J]. 科技进步与对策，2012(15).

于美国的科研机构，其余4位分布在澳大利亚、英国和加拿大的大学中。可以推测，科学精英的培养及成才后的留驻度与一个地区的社会环境和机构的学术环境有紧密关系。本研究的数据也再次证明了美国大学及学术职业对于世界各地的优秀学者和高层次人才具有极大的吸引力，其他国家难以望其项背。

（二）机构性质与排名

大学是科研创新的重要母体。目前华人高被引学者绝大多数在大学工作（人数比例为80.4%），仅有少部分任职于科研院所（15.7%）和商业机构（3.9%）。其中，大学与科研院所之间存在人才互相流动的案例，但大学/科研院所与商业机构之间却只有单向流动，即便是精英群体也不例外。本研究样本中有4位华人高被引科学家目前任职于公司，其中3人在海外，1名任职于中国华为集团。这几位高被引学者在踏入商界前无一例外都有过在海外大学或科研院所长期研究的经历。之后或被聘加盟或自创公司，并非出身于商业机构。可见，高被引群体很难直接由商业机构的研发部门培养出来，这也许与高被引文章更偏向基础研究有关。

我们对不同地区的情况进行具体分析后发现，高等院校绝对是中国香港科研精英的最大聚集地。中国香港地区的所有样本均来自大学，分布在香港中文大学（4人）、香港城市大学、香港理工大学（各3人），以及香港大学和香港科技大学（各2人）五所院校。66.7%的中国大陆科学家样本和85.7%的海外华人科学家样本也都集聚在大学。6名中国大陆高被引科学家分别就职于北京航空航天大学、复旦大学、吉林大学、苏州大学、上海交通大学和中国科技大学，全部属于中国政府"985工程""211工程"重点院校；还有2名科学家在中国科学院系统工作。本研究中，近一半的中国台湾地区高被引科学家目前都供职于不同研究所。他们中仅有一位学者在海外获得博士学位后旋即回台效力，绝大多数都有历时多年的海外科研经历及丰富的学术履历。另一半高被引科学家分布在台湾成功大学、台湾交通大学、台湾科技大学等院校。

64名海外华人科学家广泛地分布于海外三十余所大学，包括贝勒研究院（Baylor Research Institute）、华盛顿卡耐基研究院（Carnegie institute of Science）等在内的数家科研院所，还有爱派克斯（Apex）、基因泰克（Genentech）等科技公司。样本量排名前四位的机构分别是哈佛大学、佐治亚理工学院（各4人）、加州大学伯克利分校和罗格斯大学新布伦瑞克分校（各3人）。这四所院校在 2019 年世界大学学术排名中分别位列全美第 1、46—58、5 和 46—58[①]。总体来看，海外华人高被引学者任职的机构多是该领域科研实力雄厚的研究型大学或科研院所。相较之下，学校整体排名的影响却并不十分显著。哈佛大学和加州大学伯克利分校在多个学科都位列前茅。其余两校虽称不上世界顶尖学府，但根据 2016 年的软科世界大学学科领域排名，佐治亚理工学院在工程技术与计算机科学领域排名世界第 12，罗格斯大学新布伦瑞克分校在自然科学与数学领域排名 51—75，在该领域的实力也不容小觑。这似乎也是精英人才集群现象的一种表现。华威大学对高被引物理学家和生命科学家迁移情况的分析发现，"每所大学通常都仅在几个领域拥有高被引科学家"，而这种精英人才的集群现象对人才成长有优势累积的效应。[②]

三、实验室环境

对于从事自然科学研究的科学家而言，实验室是他们最直接的工作环境。随着科研工作日益复杂，实验室的组织涉及的因素也越来越多。团队的组成、资金的调配、活动的组织管理等因素，都可能对具体的科研活动及其成果产生影响。人们自然而然会提出"什么样的实验室环境最有利于科研产出"的问题。华人高被引科学家作为高产研究者，他们的实验室环境能够为我们回答这一问题提供很好的参照。

（一）开放、自由、民主与学术至上的组织文化与氛围

对质性材料中有关实验室环境的部分进行分析发现，实验室的氛围或组织文化是华人高被引科学家提及最多、尤为重要的一个要素。具体而言，一种开放、自由、民主的氛围对实验室的有效运转十分重要。例如，在安芷生领导的黄土与第四纪研究实验室里就充满了这种学术气氛。来自各个学科的科学家们都可以分享实验室中的资源，包括贵重的仪器设备，甚至出国工作的机会。这种宽松的学术气氛吸引了各个学科的科学家们前来工作，带来了丰富的信息和多年

---

① http://www.shanghairanking.cn/.
② 邓侨侨，王琪，刘念才. 国别迁移：高被引科学家美国集聚的特征与原因分析[J]. 清华大学教育研究，2014(2).

的研究结晶;而实验室也从这些科学家身上获得养分,壮大了自己。[①] 朱经武在谈及自己的实验室时也提到小组成员"相处得非常好"。小组内每样东西都是公开的,每个成员都能了解彼此在做什么,为什么这样做。而且很注意承认合作者的贡献,使得大家感到能参与这个工作、一起合作很难得,结果才做出了那么多成绩。[②]

实验室作为微观科研环境,其有利于科研产出的特征很可能也适用于整体的科研环境。这一点在一些华人高被引科学家的直接间接描述中也有体现。在美国留学、工作20多年的朱健康从整体科研氛围的角度对有利于自身成长的环境氛围做了概括:一是肯给年轻人机会,言外之意是少论资排辈现象;二是多专注学术,言外之意是淡化功利;三是独立思考,言外之意是学术独立与自由。三个方面概括起来,无非就是开放、自由、民主,以学术为本的研究氛围。发生在袁钧瑛身上的颇富传奇色彩的故事又为这种氛围做了一个令人印象深刻的注脚。当年身为哈佛大学医学院学生的她想加入麻省理工学院的霍维茨团队做细胞凋亡方面的研究,竟说服了哈佛大学的项目主任继续为她支付奖学金,后来还为她在麻省理工学院的所有教育买单,实在令人惊讶。尽管这是袁钧瑛自己争取来的,不过从中似乎也能隐约看出朱健康总结的"肯给年轻人机会"、"学术至上"的学术氛围的作用。可以想见,在这样的氛围中从事科研工作肯定有助于创新。

(二) 影响实验室科研产出的其他因素

什么样的实验室组织最有利于知识生产? 相关研究还为我们揭示出其他一些"好"实验室的特征。原长弘和姚缘谊(2010)的研究表明一种知识共享的氛围非常重要。他们采用跨层次分析的方法对科研团队内部知识共享氛围对成员知识创造的影响进行了扎实的理论研究。他们认为,科研团队内部的知识共享氛围对成员的知识创造既有直接影响,又有间接影响。其中间接影响主要是通过促进个体知识增长,增强创造性人格对知识创造的促进作用实现的。[③]

比尔兹、爱德华和谢赫(Beards,Edwards & Sheikh)试图通过研究世界上

---

① 李晓明. 他用黄土释"春秋":记陈嘉庚地球科学奖获得者安芷生院士[N]. 中国国土资源报,2008 - 07 - 10.

② 科技导报编辑部. 朱经武教授访谈记[J]. 科技导报,1988(2).

③ 原长弘,姚缘谊. 科研团队内部知识共享氛围对成员知识创造影响的跨层次分析[J]. 科学学与科学技术管理,2010(7):192 - 199.

最成功的实验室是如何运作的来给出答案。[①] 他们访谈了 12 位世界级的学术创新者，其中包括诺贝尔奖获得者、麦克阿瑟天才奖（McArthur Genius Award）得主还有世界上被引量最高的科学家，并且将 15 个有着不同表现水平的工业实验室和几所学术实验室进行比较。结果发现尽管"顶级实验室"（top labs）通常在做着不同种类的研究，但在 5 个方面却非常相似：策略决策、人员管理、方案项目管理、问题解决和合作。好的实验室都有为期 3～5 年的、清晰的策略聚焦于由相互联系的项目构成的方案上；有自己的一套招募、评价、激励、培养团队成员的办法；有制订、调整计划，分配资源、组建团队等方面的考虑；以及如何解决实验过程中的问题，处理团队课题和个人兴趣的关系，如何面对失败等措施。同样，"一种开放、共享的文化对于产出是重要的"。为此，有的实验室会采用"期刊摘要俱乐部"（Journal Abstract Club）的方式帮助成员共享研究发展态势，通过组织来自不同团队或学科的人员交流，甚至在同一地点办公来促进彼此的沟通合作。

　　实验室环境中有哪些要素会影响个人的学术产出呢？诸多研究发现，实验室成员的平均年龄、实验室规模、任职机构的声望、同事研究论文的质量，以及非固定成员等，都会对研究产出产生影响。

　　博纳科尔西和达里奥（Bonaccorsi & Daraio）分析了意大利国家研究委员会（Italian National Research Council，CNR）的实验室，发现研究者的平均年龄与研究产出之间有负向关系。在他们看来，实验室中研究者的平均年龄反映了它的吸引力和活力，而声望越高的机构越能得到更多的资源给年轻的研究者，从而增强其吸引力。该研究还发现，实验室的研究产出与实验室的规模有关。如果以实验室的固定成员数表征实验室规模的话，其与产出并未表现出正向关系，在某些领域，甚至表现出负向关系；在所有领域中，最高产的实验室都是最小的，不过最低产的实验室则有大有小。[②] 此外，在早期研究中，任职机构的声望被认为与研究产出有关。在声望越高的机构供职，产出越多（Cole & Cole 1973；

---

① Beards, M, Edwards, M & Sheikh, M. The secret of high productivity in the research lab [M]// Zemmel, R, Sheikh, M. Invention reinvented: McKinsey perspectives on pharmaceutical R&D. Pharma R & D Compendium, 2009: 7 - 12.

② Bonaccorsi, A, Daraio, C. Age effects in scientific productivity: the case of the Italian National Research Council (CNR)[J]. Scientometrics, 2003,58: 35 - 48.

Hansen *et al.* 1978）。而朗和同事的两项研究（Long & McGinnis 1981；Allison and Long 1990）表明似乎确实存在这种"部门效应"（departmental effect）。对 6 个组织背景中的生物化学家进行的研究发现，被雇佣的可能性不大受发表和引用的影响。而一旦为特定机构雇佣，个人的产出很快就和该机构的特点一致起来。对科学家工作变动的分析显示，流动到更高声望机构的科学家的发表率和引用率都增加，而去低声望机构的科学家则表现出产出的实质下降。

至于科学家的研究产出是否会受到实验室的同事影响？梅埃斯和特纳（Mairesse & Turner）考察了法国 CNRS 高分子物理领域的全职研究者，发现同事对产出数量的影响不大，但其质量对研究者自身论文的平均质量有很强的影响。而卡拉科尔和麦特（Carayol & Matt）的研究则发现，实验室的非固定成员（non-permanent researchers），例如博士、博士后，对每一个固定成员的研究产出都有很大影响。他们的另一项研究通过检验路易·巴斯德大学（Louis Pasteur University）1 000 多名成员的科学研究产出，试图从个体和集体因素两方面来解释个体产出的数量和质量。结果发现：与岗位职位（专职科研或教学科研兼顾；晋升因素：从副教授到教授、从研究员到研究主管）相关的个体变量作用显著；实验室的规模对表现有负面影响，实验室中同事的研究活动的密度和质量对个人研究有益；公共合同资助（public contractual funding）是唯一影响产出数量的资助类型；个体研究产出数量会因去国外做博后而得到显著提升。[①]

在各种科研组织建制中，科研团队不仅有利于满足科学研究集体协作的需要，而且越来越成为学术人成长的"初级团队"。年轻的学术人在早期加入的科研团队中完成最初的研究方向和选题的确立、研究方法的训练、研究者身份的建构、社会关系网络的初步形成乃至研究优势的初步累积。不过，科研团队在有可能为科研和人才培养带来益处的同时，倘若不能处理好合作机制、利益冲突等问题，也同样会损害科研效益，或者给学术人的早期学术成长带来负面影响。因此，科研团队能否有利于学术人的成长，取决于该团队的科研环境或合作氛围。

阎光才（2013）认为，理论上一个团队能否运行顺畅和成功，兼顾研究和人才

---

① Carayol，N & Matt，M. Individual and collective determinants of academic scientists' productivity [J]. Information Economics and Policy，2006(18)：55 - 72.

的双丰收,取决于四种不同取向——任务取向、制度取向、人的发展取向和文化取向之间能否维持一种平衡或者达成一种理想的和谐状态。"在这四种不同取向之间,如果过于偏重任务取向和制度设计偏好,它或许有利于行动的一致性和任务的完成,却未必有益于个体间的合作与创造性的发挥。而如果偏重于人的发展和文化取向,因为强调价值的多元、差异的包容和个体的创造性发挥,团队内部的氛围较为和谐,环境可能会有利于个人的成长,但是,研究目标可能会因为组织化或结构化的不足而难以实现。"①尽管从华人高被引科学家的资料看,人的发展取向(个体满足)、文化取向(环境氛围)似乎得到了他们更多的推崇,但综合上述其他研究结果,可以看出任务取向、制度取向也非常重要。这样一个四维度模型大体能够概括有效科研团队的特征(见图5-3)。

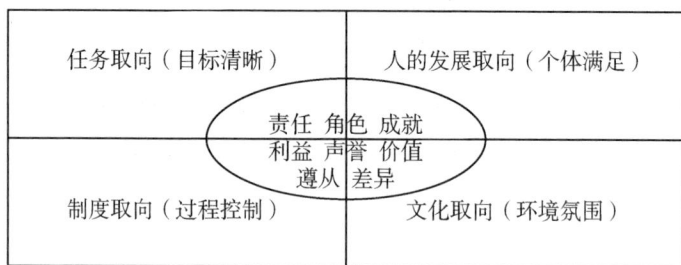

任务取向（目标清晰）	人的发展取向（个体满足）
责任　角色　成就 利益　声誉　价值 遵从　差异	
制度取向（过程控制）	文化取向（环境氛围）

图5-3　有效科研团队的四维模型

(资料来源：阎光才,2013②)

四、专业学会组织的影响——以泛华统计协会为例

专业学会具有学术共同体的特征,是帮助同领域科研人员建立科学价值观、促进学术交流的重要载体,是一种有别于实体研究机构的特殊组织。一直以来,数学和统计学都是华人的优势学科。反映在现实层面,华人数学家在国际学术界享有盛誉,摘过多项数学大奖。而绝大多数美国大学的统计学系不仅有华人教授,且华人学者往往担任过美国名校的统计学系主任,如斯坦福大学,加州大学伯克利分校和哈佛大学等均在其列。本研究中,拥有最多样本量的学科恰恰

---

① 阎光才.学术团队的运作与人才成长的微环境分析[J].高等教育研究,2013(1)：32-41.
② 阎光才.学术团队的运作与人才成长的微环境分析[J].高等教育研究,2013(1)：32-41.

也是数学①(共 28 人),其中从事统计学研究的学者又占到相当比例。在浏览这些科学家的质性材料时,有一个学术组织的名称屡次映入眼帘,这就是"泛华统计协会"(International Chinese Statistical Association,简称 ICSA)。进一步查找华人高被引数学家和统计学家的论文发表与专业荣誉,发现他们的科学研究及其他学术活动也都与这个组织有着千丝万缕的联系。那么,"泛华统计协会"是一个什么样的组织? 它与这些华人高被引数学家与统计学家到底有着怎样的渊源? 是否曾对他们的学术职业生涯产生过影响? 接下来本研究将以泛华统计协会作为个案,一方面试图明晰以上疑问,同时着力于分析华人学术共同体对精英科学家成长可能产生的影响。

资深个案研究学者殷认为,个案研究常用的资料主要来源六类,分别是:文件、档案记录、访谈、直接观察、参与观察和人工实物。② 笔者通过泛华统计协会的官方网站搜集到自 1975 年以来的学会简报(ICSA Bulletin)和会员通讯录③,以及主要创会人和组织者的访谈资料中涉及协会的部分,对其内容进行分析。泛华统计协会简报的内容主要包括学会重要会议的记录、活动的图片、知名统计学家(以华人为主)的访谈对话、最新消息通告,协会成员的研究介绍、新近研究论文、财务公示、未来活动预告等。ICSA 简报 1975—1991 年为年刊,每年出版一册;1992 年起改为半年刊,每年 1 月、7 月各出版一册。使用语言从早期以中文为主逐渐变为以英文为主。

(一) 泛华统计协会的创建历史

科学精英往往是学会组织建立和发展的直接推动者,泛华统计协会也不例外。ICSA 的创建最早要追溯到美国威斯康星麦迪逊市的一户华人学者家中。伴随着 20 世纪 60 年代统计学的勃兴,美国很多大学开始组建统计学系。年轻的刁锦寰 1962 年从该校经济学系毕业后加盟乔治·博克斯教授于 1960 年创建的统计学系,成为威斯康星大学麦迪逊分校的一名助理教授。其时,威斯康星开始聚集起一批中国学者和学生,但华人统计学者并不多。刁锦寰晚年忆起 1961

---

① 在汤森·路透的学科分类中,"数学"包括纯数学与统计学。

② Yin, Robert K. Case study research: design and methods (3rd Edition)[M]. Thousand Oaks: SAGE Publications, 2003: 86.

③ 官方网站上 1976—1980 年、1982—1987 年、1991 年、1992 年 1 月、1997 年 7 月、2002 年 1 月、2003 年 7 月、2004 年、2005 年和 2006 年 1 月刊缺失。

年第一次参加美国统计学会年会时的情景仍心有戚戚焉："那时候年会有很多人，统计也有差不多 2 000 人。这个年会我去了三四天，就看见三个中国人。那时候那种孤独感，你不能想象的，看不见中国人，当时的确很孤独、很孤单……"。[1] 早期赴美的留学生往往有一种家国情怀，特别是如刁锦寰这样接受传统中国教育长大，又经历过政治更迭、举家迁移的人，对祖国更有一份特殊的感情。1967 年，刁氏夫妇在威斯康星购置了房产，并从第二年开始，每年感恩节都在家中组织家庭聚会，招待来自中国的学生和学者。这一传统一直延续了 20 多年，从最初的十几个人扩大到 100 多人。

谁曾想，为留美中国统计学者成立一个组织的想法正是在这些家庭聚会中产生的。端详着照片中慈眉善目的刁先生，可以想象在那些个故国羸弱，异国满是乡愁的岁月里，同乡聚会给旅美学子带来的温暖和激励。直到现在，每到感恩节总会有人打电话问候，大家都记得那段与刁先生和太太共度的时光，刁教授的身边自然也聚集起了一批拥趸。1969 年，威斯康星大学的中国统计学者和学生创建了"留（旅）美中国统计学会"（Chinese Statistical Society in US），也就是 ICSA 的前身，并于次年出版了第一本旅美中国统计学者通讯录。后来该组织又先后更名为"留美中国统计同乡联谊会"和"中国留美统计协会"（Chinese Statistical Association in America）。几经更迭，会员们的信心却渐渐稳固起来。1987 年 8 月，"泛华统计协会"在美国加州旧金山市正式宣告成立。主要创建者包括刁锦寰、傅权、郑惟孝、韩建佩、魏立人、吴建福等。那次会议上，宣读 ICSA 成立决议的主席是魏立人，他与吴建福同时担任协会首届理事会成员，刁锦寰教授则被推选担任 ICSA 的首任会长。

ICSA 成立初期规模很小，在会员们的努力下逐渐发展壮大。之后的 20 多年，伴随着统计学作为一门独立领域的成熟，ICSA 已经发展成一个在国际统计学界拥有很大影响力的活跃的国际性组织，为统计学科的发展和统计学人的交流做出了重要贡献。截至 2013 年，ICSA 拥有超过 3 600 名会员，主要分布在美国、中国台湾、中国大陆、加拿大和新加坡五个国家和地区。[2] 在 2000 年 ICSA 会员通讯录上我们看到了这些熟悉的高被引科学家的名字：李克昭、梁赓义、刁

---

[1] 韩际平. 统计大师刁锦寰[J]. 中国统计，2010(4).

[2] Chen，Fang. A snapshot and a look ahead—members of the ICSA [J]. ICSA Bulletin，2014，Jan：15 - 20.

锦寰、孟晓犁、范剑青、黎子良、林丹瑜、刘军、王永雄、吴建福、魏立人、魏庆荣、蔡瑞胸。此外,还有 2006 年 COPSS 会长奖得主林希虹、新竹清华大学统计所所长赵莲菊等华人统计学界的"大腕"。有趣的是,同一时期,中国科技精英也掀起了一股"办会热潮",中国科协下属的各种专业学会如雨后春笋般成立起来。[①]

(二) 泛华统计协会的运作及其与华人精英科学家的联系

应当说,ICSA 的诞生源于华人族群的凝聚力,更多受乡谊情感的孕育和滋养。但作为专业学会组织,靠情感纽带来维系绝不是长久之计。因此在成立后,ICSA 加快健全了内部治理结构,形成了自身的组织形态,并逐渐演变为一种制度化的专业学会组织。这一变化从一个小细节可见一斑。受早期技术条件的制约,笔者能够搜集到的 1981 年以前的 ICSA 简报还是采用中文手书,内容以会员通讯录与通报会员近况、新著为主,字里行间情系祖国与华人同胞。1995 年以前的简报目录、编者按、会议记录和简报等栏目均采用中文;之后逐渐演变为规范通用的学报体例,基本上全部使用英文,每期会刊载一两篇中文文章,以体现其华人特色。可见,ICSA 在发展中形成了一个科学共同体所共有的"范式"。在库恩看来,科学共同体是由同一专业领域中受过近似专业训练的工作者组成的,共同体成员把自己视为,同时也被人视为是拥有同一"范式"的成员。在这种团体中,交流相当充分,专业判断也非常一致。[②]

有研究者将专业学会从事的活动大致分为三类:①以交流为目的的学术会议或演讲;②以知识流通为目的创办的刊物;③以服务为目的的科技咨询和论证。[③] 还有学者通过分析中国各类历史学会的发展发现,但凡运作良好、影响较大的学会,大都具备了三个基本要素:第一,学会成员的学术志趣和处事态度总体上比较趋同;第二,至少有一本稳定出版,甚至声誉较高的会刊;第三,经费筹措比较成功。[④] 时至今日,ICSA 已经有三项常规的活动和两本固定出版的专业刊物,会员们也保持了长久的科学合作关系。接下来本研究就从正式/非正式两

---

① 王国强.二十世纪八十年代学会潮——中国科协所属全国学会体系研究[M].北京:中国科学技术出版社,2014:72.

② [美]托马斯·库恩.科学革命的结构(第四版)[M].金吾伦,胡新和译.北京:北京大学出版社,2012:148.

③ 王国强.二十世纪八十年代学会潮——中国科协所属全国学会体系研究[M].北京:中国科学技术出版社,2014:63.

④ 胡逢祥.现代中国史学专业学会的兴起与运作[J].史林,2005(3).

个方面来论述华人高被引统计学家在 ICSA 中的交流途径。

1. 正式的学术交流

1）专业会议

根据学会章程，ICSA 每年会在北美地区组织一场泛华应用统计学研讨会（ICSA Applied Statistics Symposium）。自 1990 年开始每三年在亚洲组织一场国际统计学会议，ICSA 简报会对这些重要活动进行预告和记录。历年专业会议的参会人数着实不少，2012 年参加应用统计学研讨会的新会员人数即超过250 人。在这些会议上，总少不了华人高被引统计学者和高被引数学家的身影。他们中有的是会议的报告人，有的则承担起会议组织者的角色。

固定的学会会议作为一种正式的学术交流网络，是专业学会制度化的重要标志。ICSA 的创办宗旨中最重要的就是构建一个华人统计学者交流沟通的平台，以推动他们的研究工作，并建立全球统计学同仁的联系网络。[①] 在马尔凯看来，学术网络这一无形的学术群体与新兴专业领域的发展和科学家的迁移存在紧密的联系。新的研究范式、问题与研究方向为科学家提供了获得专业认可的大量机会，[②]学者们在此基础上通过正式或非正式的交流建立起无形学院，就某些问题达成共识。ICSA 的扩张正是伴随着统计学作为一门新领域的兴起而获得快速发展的典型案例，这个"无形学院"为有志于此业的华人科学家提供了大量新的研究生长点，构建起一个统计学人相互交流的平台。而且作为国际统计学会的重要成员，ICSA 不仅增加了会员在华人统计学界内部获得同行承认的机会，更重要的是将他们推向了国际统计学界的竞争舞台。毕竟，在高度分层的科学界，跻身精英行列最终需要获得国际科学共同体的认可。

相比之下，中科院科技政策与管理科学研究所课题组面向我国科研人员进行的大范围调查结论显示：近 1/3 科研人员表示平常很少和科技团体接触，一半以上认为本地区的科技团体不够活跃，近 8% 表示对某个科技社团有一些了解，仅有不到 3% 的科研人员对社团情况比较了解、给出了"印象不错"的评价。[③] 可见，在我国，本应在发挥学术规范、塑造科学价值观、促进学术交流方面

① 韩际平.统计大师刁锦寰[J].中国统计，2010(4).
② ［美］托尼·比彻，保罗·特罗勒尔.学术部落及其领地：知识探索与学科文化[M].北京：北京大学出版社，2008：97.
③ 冷民，宋奇.我国科研环境状况调查与评估：让科研人员专心做研究[N].光明日报，2014-04-01.

发挥重要载体和中介作用的学术社群和专业协会未能充分发挥作用。加强"学术共同体"自身建设、提升科研人员的价值认同是中国科学界当前发展的薄弱环节。

2) 创办会刊

在一个专业学会的运作过程中，编撰刊物可以说是一项最常规的工作。它既是展示学会活动成效并提升专业层次的标志物，又是向社会传递某种学术主张和影响力的主要途径。会刊犹如学会的喉舌，一个学会办得好不好，很大程度上与会刊塑造的形象有关。高质量的会刊与运作良好的学会相得益彰，从而大大拓展其在学术界的影响力；反之，即使学会人员的实力再强，如果没有一本持续出版的会刊，其社会影响也会大打折扣，有的甚至如泥牛入海，难觅踪影。[①]

ICSA 的创建者们显然深谙这一要义。刁锦寰和傅权在刊登于 1988 年 ICSA 简报上的《泛华统计协会之起源、发展与期望》一文中如是说"最近几年，我们同仁相聚时，大家时常讨论到一些有关统计在中国的发展问题。环顾所有统计先进的国家，他们都有全国性的统计学会与学报，在他们的国家中，统计学会与学报在统计的应用与发展的过程中，都扮演了重要的角色。例如美国的 American Statistical Association 与他们的学报 *JASA*，英国的 Royal Statistical Society 与他们的学报 *JRSS*，加拿大的 Statistical Society of Canada 与他们的学报 *CJS*，日本有 *Annals of Institute of Statistical Mathematics*，印度也有 *Sankhya*，唯独我们同仁分布在全球各地尚没有一个能广泛号召的 Association，也没有一份够国际水准的统计学报。如果能够成立一个属于我们'中国人'的统计学会与学报，相信它将带给我们许多的益处：它不但能加强中国统计工作同仁之间的交谊、联系，藉以交换工作经验与研究心得，同时更盼能以此来促进统计研究及实用工作，在中国各地区的发展。"[②]

目前，除了简报外，ICSA 还有两本固定出版的专业刊物。其中比较成熟的是与中国台湾统计科学研究所合办的《中华统计学志》(*Statistica Sinica*)，发行时间近 30 年，算是当今国际统计学领域高知名度的期刊之一。《中华统计学志》的首刊发行于 1991 年 1 月，首批编委会成员及历任主编几乎就是华人高被引统计学家的集合。首任主编为刁锦寰，同届编委会包括黎子良、魏立人、吴建福、王

① 胡逢祥. 现代中国史学专业学会的兴起与运作[J]. 史林，2005(3).

② 刁锦寰，傅权. 泛华统计协会之起源、发展与期望[A]//泛华统计协会. 会刊暨通讯录[J]. 1988.

永雄、魏庆荣和蔡瑞胸等在内（见表5-2）。接着，吴建福出任了第二届主编，他在回顾创刊经过时认为，《中华统计学志》恰好创办于一个最佳时期。那时在欧美工作的华人统计学者人数激增，大家亟需一本面向华人的统计期刊作为研究阵地。几位筹办者正是看准了这一时机，借创办刊物来推动统计在华语社会的发展，使之成为亚洲的 *Biometrika*（这也是吴建福在主持编委会时的口号）[①]。第四、第六和第七任主编先后为李克昭、孟晓犁和梁赓义，第八届三位共同主编（Co-editors）之一是蔡瑞胸（见表5-3）。

表5-2 《中华统计学志》最早的编委会成员

编委：刁锦寰（主编），黎子良、魏立人、吴建福、傅权、赵民德
副编委：王永雄、魏庆荣、蔡瑞胸等
顾问编委：哥尔兰特（Gurland，高被引学者刘锦川的导师）

表5-3 华人高被引科学家担任《中华统计学志》主编的时间

姓名	担任主编的时间	姓名	担任主编的时间	姓名	担任主编的时间
刁锦寰	1991—1993	李克昭	1999—2002	梁赓义	2008—2011
吴建福	1993—1996	孟晓犁	2005—2008	蔡瑞胸	2014—2017

Web of Science 的科学引文报告一般需要期刊有两年的发行记录才有可能被收录进数据库。不过《中华统计学志》自1992年起即被 JCR 收录，算是以极快的速度获得国际学术界的承认。当年一同入选的共有44份刊物，根据影响因子排名，《中华统计学志》位列第22，超越了日本的 *Annals of the Institute of Statistical Mathematics*（排名第24），北欧的 *Scandinavian Journal of Statistics*（排名24），加拿大的 *Canadian Journal of Statistics*（排名26）等发达国家的代表性统计学期刊，可谓"出师大捷"。[②] 在如此短时间内就取得成功，吴建福将其归因于编委会成员的努力与付出，还有恰当的时机。"我们创刊时，正值人们迫切需要一本高水平期刊，也恰恰在其他各类期刊蓬勃发展之前。并且，

① 艾明要. 国际知名统计学家访谈——专访吴建福教授[J]. 数理统计与管理，2009(4).
② Chen, Fang. A snapshot and a look ahead—Members of the ICSA [J]. ICSA Bulletin, 2014，Jan：15-20.

我们做了一些正确的决策,有一些特殊主题的专辑。这样,即便在早期也可以有效地吸引人们投稿。……并且,我们处理来稿快速及时,审稿效率很高。特别是孟晓犁教授接任主编后,他是唯一一个能真正地承诺,如果审稿意见没有在一定时间内反馈给作者,他将为接受发表做努力。"①

本研究中的华人高被引统计学家几乎都在《中华统计学志》发表过文章,少则一两篇,多则 10 篇以上(见图 5-4)。可见,《中华统计学志》确已成为华人统计学者发表成果的重要阵地。另外,本研究中有 5 篇高被引论文也发表在这份刊物上。总体来看,这本刊物与华人统计学者们的成长和发展已经形成了良性互动关系:一方面,它是由华人高被引统计学者一手建立,同时又在投稿方面给予积极支持;另一方面,它又为华人统计学家创造了更多被国际统计学界认可的机会。另一本专业期刊《生物科学统计学》(*Statistics in Biosciences*)则相对年轻得多,创刊于 2009 年,因而影响力也弱得多。

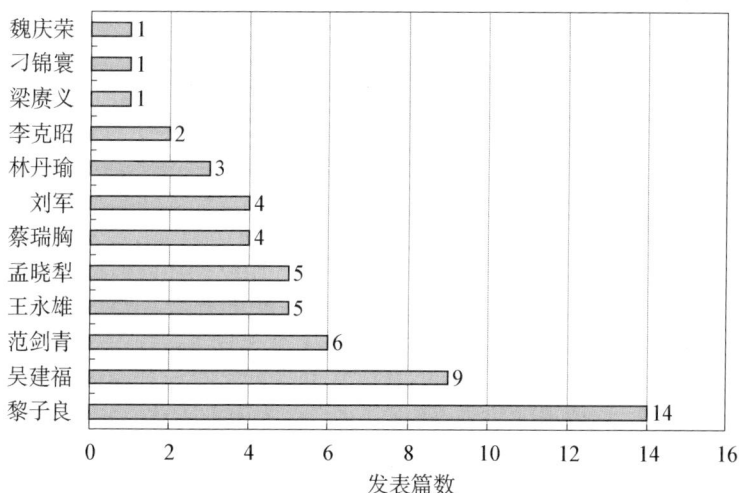

图 5-4　华人高被引统计学家在《中华统计学志》上的发表量图

(仅计算研究性论文和综述)

2. 非正式的学术交流

ICSA 每年的另一项固定活动是在北美地区最大的国际统计学会议"联合

① 艾明要. 国际知名统计学家访谈——专访吴建福教授[J]. 数理统计与管理,2009(4).

统计学大会"(Joint Statistical Meeting)召开后,在当地的中餐厅组织一场会员聚餐(the Wednesday membership meeting as well as banquet during each JSM)。看起来,华人聚会的社交功能似乎也延续到了学术界。刘国权对我国1 000多名专任教师的调查发现,面对面的交往方式(包括见面、吃饭、聚会)所带来的社会资本和科研绩效显著大于非面对面的交往方式(主要包括电话、邮件、口信等)。① 我们举例来说,2012年ICSA的应用统计学研讨会邀请了哈佛大学丘成桐教授做特邀宴会报告(Honorable Banquet Speaker)。2011年的研讨会在纽约召开,吸引了大量参会者。ICSA的终身会员林丹瑜在会上做了主题报告"Statistical Analysis of Recurrent Event Data"。6月28日晚,270名会员参加了纽约法拉盛的聚餐活动,一边享受地道的中式佳肴,一边聆听刁锦寰教授的宴会报告"ICSA的早年时光：1968—1998;梦想、梦想! (The early years of ICSA,1968—1998;Dreams,dreams)"。开场,孟晓犁教授用风趣幽默的语言对刁先生的生平及其对ICSA的贡献做了介绍。可见,几十年过去了,这个组织的核心成员依然保持着比较紧密的联系,还会在各种非正式场合聚首。

　　这种非正式的学术交往及私人交情常常能带来意想不到的效果,从一个事例可见一斑。改革开放以来,复旦大学培养出了大量的统计人才,以1978级的孟晓犁、范剑青和1977年考上研究生的郑祖康最为著名,有复旦"统计三杰"的美誉。细究起来,这"三杰"与ICSA皆颇有渊源。孟晓犁和范剑青自不必说,不仅是ICSA的资深会员,而且都担任过会长,孟晓犁还曾担任ICSA会刊的主编。另一位郑祖康虽不属于本研究的样本,但在中国大陆统计学界也有很高的声望,曾先后担任过复旦大学统计系主任、副校长和上海参事室主任等职务。他与导师黎子良1993年合著的应用数学专著《生存分析》在国际统计学界具有很大的影响力。受"文革"影响,郑祖康没有上过大学,1977年直接参加复旦大学的研究生考试,成为苏步青教授"文革"后招收的首批研究生。此后仅过了两年多,得谷超豪院士举荐赴哥伦比亚大学攻读博士学位。但在入学注册时遇到了困难：哥大历史上从没有既无本科学历,硕士又未毕业的学生直接攻读博士学位的先例。幸而他遇到另一位贵人周元燊教授的襄助,最终得以入读哥大,并师从黎子

---

① 刘国权.科研导向下高校教师交往中的社会资本投入研究[J].湖南商学院学报,2011(8).

良教授。[①] 这位周教授正是 ICSA 早期的重要成员。1981 年的《中国留美统计协会通讯录》中"会员动态"一栏特别提及"周元燊教授于 1980 年暑假参加院士会议，为"中研院"统计所的催生尽了很大的力量。外传周教授很可能负责统计所成立筹备处的工作。"周教授之所以能成为顺利促成郑祖康赴美的关键人物，源于他既与谷超豪同为浙大校友，又与黎子良同为哥大校友。试想，纵然郑祖康教授有着过人的数学天赋和勤奋的求学精神，但如果不是谷超豪和周元燊二位教授动用私人关系竭力担保，恐怕也很难获得这种破格读博的机会。人生道路上逢贵人相助可遇而不可求，一个学术组织成员之间的交往与信任却可能在早年为科学精英的起步创造机会。

因此，有研究者在探讨学术人的交往机制时提出，支撑科学知识发展的是科学家的社会关系网络及网络中科学家们人际间的学术交往。科学知识的建构和共享很大程度上依赖于个体之间的交流与合作，[②]也就是克兰所说的专业领域中暗含着社会关系网络运作的"社会圈子"。不过，这种非正式的学术交流对于参与者的脾气秉性、个性喜好等个人素质的契合度要求比较高。如果参与者的学术理念乃至处事为人彼此分歧太大且难以磨合，必然会影响到该团体的稳定发展。学会作为一个会员间加强学术交流和合作的知识团体，有些学会成立时似乎意气风发，人强马壮，但其行不远，甚至很快消声匿迹，个中原因，便与此有关。[③]

第二节　组织外部环境——职业流动经历

组织外部环境一般指组织所处的社会环境，相关内容前文已有涉及。在本书中，由于特定时代背景的影响，华人高被引科学家所处的社会环境与以往和当下相比均差异巨大，启示借鉴意义有限。因此，本节主要从职业流动的角度对组织外部环境进行探讨。爱因斯坦曾经说过"在科学探究落后的地方，知识分子的

① 陈新光. 从复旦走出的"统计三杰"[EB/OL]. [2015 - 03 - 13]. http://shszx. eastday. com/node2/node4810/node4851/node4864/u1ai87146. html.
② 于汝霜. 高校教师跨学科交往研究[D]. 华东师范大学，2013.
③ 胡逢祥. 现代中国史学专业学会的兴起与运作[J]. 史林，2005(3).

生活是停滞的，也意味着一国丧失了未来的发展机遇。"①因此，职业流动无论对于科学家自身，抑或是一国的学术创新能力都有着重要的意义。亨特（Hunter）等认为，已有文献大多关注了大规模人才外流的现象，却很少有研究者聚焦于顶尖学者的流动问题。② 这里我们就以华人高被引科学家为对象，对他们的职业流动规律进行分析。

一、初职机构与近亲繁殖

华人高被引学者博士毕业后有博士后或者初级研究助理经历的人数比例为41.6%，其他基本都直接申请到教职或者专职研究岗位。85.5%的科学家学术职业生涯始于美国，还有5.3%的研究对象的初职机构位于海外其他地区。第一次工作单位在中国大陆、中国香港或中国台湾的样本仅有9个。整体来看，人数分布最集中的初职机构包括加州大学系统（9人）、哈佛大学（7人）、普林斯顿大学、麻省理工学院、马里兰大学和密歇根大学（各4人），贝尔实验室和威斯康星大学（各3人）。此外，科学家们还分布在加州理工学院、北卡罗来纳大学、美国西北大学等其他一流大学。可见，高被引科学家学术生涯的第一份工作大多就职于世界知名的研究型大学和科研机构，高起点为他们提供了以后发展的良好基础。

在能获得相关信息的样本中，绝大多数华人高被引学者在完成最高学位教育后都去到其他地方开展研究工作，博士毕业后直接留在毕业机构的仅有9人（8.9%）。其中，中国大陆有4人，占大陆高被引科学家的44.4%，海外有4人（6.3%），中国香港1人（7.1%）。最终学位在本校获得，毕业后即在本机构承担教学和科研工作的情况属于学术近亲繁殖的典型表现。有学者曾对中国高校教师进行调查，发现研究型大学一半以上的教师为近亲繁殖，而且理工农医类近亲繁殖的比例相较其他学科更高。③ 通过比较可以看出，华人高被引科学家中近亲出身的人员比例非常低。这也从学术质量的角度反向证明了麦吉（McGee）④、哈

① Einstein，A（1934）. The world as I see it，English translation，Carol Publishing Group Edition（1999）. US：Carol Publishing Group：30.

② Hunter，Rosalind S，Oswald，Andrew J & Charlton，Bruce G. The elite brain drain［J］. The Economic Journal，2009，119（*June*）：231 - 251.

③ 林杰. 中美两国大学教师"近亲繁殖"之比较［J］. 高等教育研究，2009（12）.

④ McGee，R. The function of institutional inbreeding［J］. The American Journal of Sociology，1960，65（5）：483 - 488.

金斯和法尔(Hargens & Farr)[①]、达顿[②]、索莱尔(Soler)[③]、阎光才[④]、霍尔塔等(Horta et al.)[⑤]等诸多学者关于学术近亲人员在研究产出上并无优势,甚至存在劣势的结论。霍尔塔等对墨西哥科学家的研究揭示出,近亲繁殖对科学家的学术产出有负影响,即便在顶尖大学也是如此。近亲学者发表的同行评议著作比非近亲同侪平均少15%。

　　目前学界对近亲繁殖不利影响的归因主要是:对大学发展来说,与其他机构和外部资源的连接是非常重要的。有研究显示,近亲学者与外部科学共同体的交流平均少40%。[⑥] 所以,过多雇佣本机构的毕业生会导致学术活动主要局限于机构内部,造成系统的封闭和专业领域的狭隘,束缚了学者的思想和视野,这是学术地方主义或乡土主义的典型表现。认识到近亲繁殖的危害后,其他国家和地区或从制度上,或从实践中纷纷限制这一现象的发生。例如,德国大学实施强制流动的机制,规定博士毕业后到最终晋升教授之间必须更换一次工作机构,从根本上杜绝了学术近亲繁殖。美国大学虽然没有明文规定不留本校毕业生,不过目前已经形成近亲繁殖的防范机制,高校能够自觉规避留任本校毕业生。中国香港一直谋求走国际化路线,因此延聘了大量的非本土人才、采用英文授课、模仿欧美的学术组织和评价标准等,高校近亲繁殖的比例是比较低的。中国台湾的高校和科研机构中也曾经高比例地留任自己的毕业生,不过近几十年来,它们转变策略,通过吸引留学海外的中国台湾学者回本土工作来提升重点大学的科研水平。[⑦] 相比之下,中国大陆高校近亲繁殖的程度是比较严重的。长期以来,大学的师资来源主要依靠本校毕业生,学缘结构单一。这也许是造成大

① Hargens, L. L., Farr, G. M. An examination of recent hypotheses about institutional inbreeding [J]. The American Journal of Sociology, 1973,78(6): 1381-1402.

② Dutton, J E. The impact of inbreeding and immobility on the professional role and scholarly performance of academic scientists [M]. Washington DC: National Science Foundation. RANN Program, 1980: 1-20.

③ Soler, M. How inbreeding affects productivity in Europe [J]. Nature, 2001,411: 132.

④ 阎光才. 高校学术"近亲繁殖"及其效应的分析和探讨[J]. 复旦教育论坛,2009(4).

⑤ Hugo Horta, Francisco M. Veloso, Rócio Grediaga. Navel gazing: academic inbreeding and scientific productivity [J]. Management Science, 2009,56(3): 414-429.

⑥ Hugo Horta, Francisco M. Veloso, Rócio Grediaga. Navel gazing: academic inbreeding and scientific productivity [J]. Management Science, 2009,56(3): 414-429.

⑦ Altbach, Philip G. The Asian higher education century? [J]. International Higher Education, 2010, 59: 3-5.

陆地区高被引科学家人数少的原因之一。不过，2000 年以来开展的高校人事制度改革开始触及这方面，许多研究型大学对毕业生的留校比例做出了限制。

二、初次职业流动的时间与趋势

这里，我们考察了华人高被引科学家的初次职业流动时间，发现绝大多数样本第一次更换工作单位时都不超过专业年龄 5 岁（见图 5-5），且初次职业流动的平均专业年龄为 6.7 岁（标准差 8.478）。对不同地区进行比较发现，海外华人高被引科学家初次职业流动的专业年龄最小，为 4.91 岁（标准差 6.094），中国台湾同期科学家的平均专业年龄最大，有 10.18 岁（标准差 10.432），中国大陆和中国香港地区则分别为 8.81 岁（标准差 8.375）和 7.80 岁（标准差 12.900）。究其原因，海外华人高被引科学家多有博士后或者初级研究助理的经历，有的甚至在职业生涯的前三年就更换过 2 个研究机构，因而初次职业流动的专业年龄最小；而中国台湾高被引学者中有不少是在海外某科研机构晋升为教授，功成名就后才被引进回来的，职业更替的专业年龄自然就偏大。

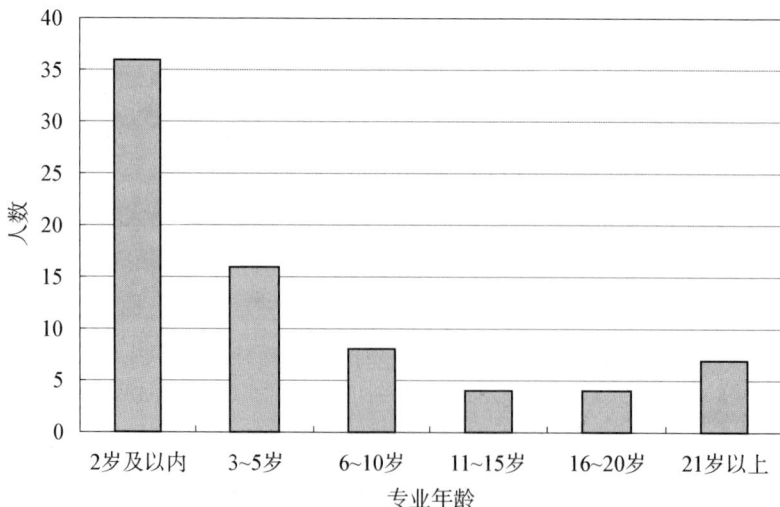

图 5-5　华人高被引学者初次职业流动的专业年龄分布图

邓侨侨等研究发现，高被引科学家从初职到现职阶段呈现从美国逆向集聚的现象。他们通过问卷调查发现，73％的高被引科学家认为工作环境是影响其迁入现职的非常重要的原因。且在相关性分析中，工作环境与薪资水平、个人专业发展、机构声誉、职业发展与晋升、家庭诸因素皆显著相关。由此可见，对于已经进入成熟期的高被引科学家而言，适宜的工作环境是影响他们迁移的主要原因。故初职到现职阶段的国别迁移过程中，高被引科学家从美国逆向集聚，可能与其他国家加强了工作环境建设，增强了自身的集聚力有关。[①]

亨特等对高被引物理学家的研究发现，全球近一半的高被引物理学者是从其他国家流动到当前所在国的，属于移民。顶尖科学家大量向科研经费支出庞大的富裕国家流动，迁入人数最多的是美国和瑞士。30％的物理学家在迁出国获得第一学位后流动到美国。不过这些移民科学精英的 h 指数与本地精英持平。因而不能说流动对提升科学产出有影响。[②]

三、职业流动的频率

本研究统计了华人高被引学者自博士后经历开始的职业流动情况。需要说明的是，如果先从某机构流动到其他机构，若干年后再流动回来，我们按照流动两次来计算。结果显示，绝大多数华人高被引科学家都有过职业流动经历，曾在 3 个及以上不同机构工作过的比例最大（61.6％），有 61 人；曾有过一次职业流动经历，也就是说曾在 2 个不同单位工作过的有 29 人（29.3％）；迄今为止，一直服务于同一机构的仅有 9 人（9.1％）。而且，这些没有职业流动经历的科学家，大多也曾在任期内担任过其他机构的兼职或客座研究人员，意味着他们与其他机构是有学术联系的。

与中国大陆研究型大学教师的职业流动情况进行对比能够看出，华人高被引科学家的职业流动频次显著高于普通华人科学家，这也验证了本研究的假设六（华人高被引科学家的职业流动特征明显，职业流动频次高于一般科学家）。林杰对中国高校教师的大样本调查发现（见表 5-4），绝大多数研究型大学教师都没有职业流动的经历，普通本科院校和高职高专院校教师的职业稳定度更

---

① 邓侨侨，王琪，刘念才. 国别迁移：高被引科学家美国集聚的特征与原因分析[J]. 清华大学教育研究，2014(4).

② Hunter, Rosalind S., Oswald, Andrew J. & Charlton, Bruce G. The elite brain drain [J]. The Economic Journal, 2009,119(*June*)：231-251.

高。① 刘进和沈红对近年中国研究型大学教师职业流动状况的研究显示，三至四成研究型大学的教师有过流动经历。这个频率略高于中科院系统，大大高于地方本科高校和高职院校教师。不过他们的样本量较少，仅有 300 余人。②

表 5-4　我国不同层次高校教师的职业流动情况表

学校数量	研究型大学		普通本科院校		高职高专院校	
	频数	有效百分比/%	频数	有效百分比/%	频数	有效百分比/%
1 所	666	81.9	1 968	84.6	1 086	92.8
2 所	123	15.1	311	13.4	76	6.5
3 所	21	2.6	40	1.7	6	0.5

（资料来源：林杰，2009③）

教师职业的高度流动，是成熟学术劳动力市场的重要特征。霍尔塔发现，职业生涯早期的流动对于学术表现和科学产出有重要的影响。低流动可能导致低产出。迪茨和博兹曼（Dietz & Bozeman）认为，地理迁移是学术知识创新的关键因素。职业流动使得学术人能够参与到更广泛的网络中，不仅有不一样的知识，而且有机构之间的信息交换。这种优势是非流动性学者不具备的。这也验证了埃文斯（Evans，2010）的结论，即学术流动对于知识的创生和扩散都是有好处的。④ 非流动性的学者主要集中关注他们学校内部的交流，不能充分挖掘和利用知识网络和资源。

本章小结

华人高被引科学家的成长无疑是在自身与环境的交互作用下完成的。本章

---

① 林杰. 中美两国大学教师"近亲繁殖"之比较[J]. 高等教育研究，2009(12).
② 刘进，沈红. 中国研究型大学教师流动：频率、路径与类型[J]. 复旦教育论坛，2014(1).
③ 林杰. 中美两国大学教师"近亲繁殖"之比较[J]. 高等教育研究，2009(12).
④ Hugo Horta. Deepening our understanding of academic inbreeding effects on research information exchange and scientific output: new insights for academic based research [J]. Higher Education, 2013, 65(4): 487 - 510.

即在组织内、外部环境的大框架下,对影响华人高被引科学家取得成就的环境因素进行了分析。组织内部环境包括高等教育机构、工作机构、实验室和专业学会组织;组织外部环境则主要指向科学家的职业流动经历。

从高等教育机构的统计情况来看,绝大多数华人高被引科学家都是在国内完成了本科阶段的学习,而后赴美国一流研究型大学接受的博士生教育。其中,中国台湾大学是华人高被引科学家获得学士学位人数最集中的高校。联系台湾大学的历史与发展特点笔者认为,台湾大学"盛产"高被引科学家的主要原因一是与其高质量的办学水平有关,二与台湾大学和国外高校保持密切的交流合作有关。而华人高被引科学家博士毕业院校排名第一的是加州大学系统高校(特别是伯克利分校),这缘于美国大学雄厚的科研实力和高质量的博士生教育的吸引,同时还有一些赴美留学项目(如 CUSPEA)的设立,为更多学子提供了出国深造的机会。

海外教育或海外研究经历,基本已成为该群体的必备特征。大部分华人高被引科学家都曾以专职人员的身份在海外从事过研究工作,中国台湾和中国香港的高被引学者在海外工作的人均年限约在 20 年左右,远远多于大陆学者,基本属于"人才回流"模式。尽管 2001 版的样本多数任职于海外科研机构,但近年来大陆地区的高被引科学家数量增势喜人。

目前,华人高被引学者绝大多数在大学工作,仅有少部分任职于科研院所和商业机构,尤其集中在美国的科研机构。这也从一个侧面反映出科学精英的培养及成才后的留驻度与一个地区的社会环境和机构的学术环境有紧密联系。且由于高被引论文一般更偏向于基础研究,高被引学者很难直接由商业机构的研发部门培养出来,大学/科研院所与商业机构之间仅有单向流动。

实验室是从事自然科学研究的学者最直接的工作环境。质性材料分析显示,实验室的氛围或组织文化是影响华人高被引科学家成长的关键因素,特别是一种开放、自由、民主的氛围对实验室的有效运转十分重要。此外,其他研究还发现,实验室成员的平均年龄、实验室规模、任职机构的声望、同事研究论文的质量,以及非固定成员等,都会对科学家的研究产出产生影响。

有别于上述几类实体研究机构,专业学会是在更广阔的范围内帮助同领域科研人员建立科学价值观、促进学术交流的专业组织。本章以质性材料中屡屡出现的泛华统计协会作为个案,运用案例研究法,着力探讨华人学术共同体对华人高被引科学家成长可能产生的影响。分析发现，首先，从泛华统计协会的创建历史来看，华人高被引统计学者（刁锦寰先生等人）是学会组织建立和发展的直接推动者。协会在成立初期更多受乡谊情感的孕育和滋养，但在发展过程中逐渐健全内部组织结构，演变为一种制度化的、拥有科学共同体共有"范式"的专业学会组织。其次，泛华统计协会自建立以来，通过正式（定期组织专业会议、创办会刊）和非正式两种渠道帮助会员开辟发表阵地、创造更多被科学同行认可的机会，并有助于他们之间建立长久稳定的合作关系，对华人高被引统计学家的成长发挥了积极的影响。

　　就组织外部环境而言，本章聚焦于受关注较少的华人高被引群体的职业流动情况。统计发现，大部分华人高被引科学家的职业生涯始于美国，第一份专业工作多就职于世界知名的研究型大学和科研机构，有很高的学术起点，且均在获得最高学位后去到其他地方开展研究工作，较少出现近亲繁殖的现象。这也从侧面为近期繁殖可能带来不利影响提供了证据。绝大多数华人高被引科学家都有过职业流动经历，第一次更换工作机构的时间多在博士毕业 5 年之内，且曾在 3 个及以上不同机构工作过的人数最多。对于已经进入成熟期的高被引科学家而言，适宜的工作环境是影响他们迁移的主要原因。而这种职业的高度流动性对于科学家自身创新能力的发展有着重要意义，同时还是成熟的学术劳动力市场的外在表现。

第六章
中国文化与科学精英的成长

科学社会学者默顿认为,科学家的行为不仅是科学家的个人特性和所在地周围环境的产物,也是他们所处的更广大的社会结构和文化的产物。[①] 而华人高被引科学家在高被引群体中最具特殊性的就是他们的族裔身份了。联想到中国历史与现实中与科学有关的种种辉煌、屈辱、失落、期盼,以及围绕着中国与科学所进行的经久不息的争论,都会令人在面对华人高被引群体时脑海中不知不觉又浮现出那个老问题:中国文化与现代科学之间关系到底如何? 中国文化是否如某些论者所言是现代科学产生与发展的障碍?

关于文化的定义众说纷纭,学者早有阐发,其广泛,犹如本尼迪克特所说"文化是通过某个民族的活动而表现出来的一种有别于其他任何民族的思维和行动方式"[②],也如梁漱溟先生所说:"文化,是吾人生活所依靠之一切。总的来说,文化应包含:经济、政治、教育学术三大部分。"[③]从最为广泛的意义上说,但凡是打上人的烙印的都可称之为文化。倘若要对这个意义上的文化与科学家成长的关系进行探讨,将会非常庞杂。而且人们通常所关心的中国文化与科学家成长的关系,也不是这个广泛意义上的文化,而是指一个国家或民族的人们长期延续的,为成员所共有的各种价值观念和心理特质。由于中国在历史上曾经发生过由盛转衰的情况,而科学上的落后常被认为是原因之一。如今中华民族正处在

---

① [美]默顿. 科学社会学(下)[M]. 鲁旭东,林聚仁译. 北京:商务印书馆,2010:520.
② [法]维克多·埃尔. 文化概念[M]. 康新文等译. 上海:上海人民出版社,1998:5.
③ 梁漱溟. 中国文化问题略谈[M]//梁漱溟. 我们如何拯救过去——梁漱溟谈中国文化. 南京:江苏文艺出版社,2013:13.

走出低谷，谋求民族复兴的途中，中国文化与科学发展的关系就尤为引起人们的关注。科学家作为科学创造的主体，其成长与中国文化的关系，自然也在关注之列。对这一问题的探索，不但关系到科学发展，也关系到文化建设的路径选择，进而影响到国家社会的发展。这诚然是一个十分庞大的问题，非本章甚至本书能够承担，这里我们仅打算在相关讨论的基础上，结合华人高被引科学家的成长情况，对这一问题稍作探讨。

一、中国文化与科学发展和科学家成长的关系

有关中国文化与科学发展、科技人才成长的关系，一直处在讨论的漩涡中。概而言之，大致有三种观点：一种倾向于认为中国文化对于科学发展、科技人才成长具有促进作用；一种认为中国文化对于科学发展、科技人才成长主要起阻碍作用；还有一种认为中国文化的作用是双重的，是一把双刃剑。接下来我们首先梳理这三种观点，然后结合华人高被引科学家的成长经历和他们的观点，尝试对这一问题做出我们自己的回答。

（一）关于中国文化对科学发展影响的已有观点

1. 促进作用说

持促进作用的学者认为中国文化曾经，并且未来仍会对科学发展起到积极促进作用，无视这一点是妄自菲薄，"数典忘祖"。持这一观点的不仅有人文学者，还包括一些著名科学家。检视不同学者的论证方式，其论证思路也略有不同。

有学者从科技史的角度进行论证，即通过对中国科技发展的历史考察来探究中国文化与科技发展的关系，用历史事实来说话。当年李约瑟采取的就是这一思路。他经过半个世纪的努力，以鸿篇巨制的扎实成果反驳了"中国无科学"的论调，肯定了中国古代科技发展取得的巨大成就，并且指出中国文化并非造成中国科学后来落后的原因。"我越深入中国的科学技术成就在像其他一切种族的文化河流一样汇入现代科学的汪洋大海前的详细历史，便越确信科学突破之所以只发生在欧洲，乃是与文艺复兴时期盛行的特殊的社会、思想、经济诸条件有关系的，而绝不是用中国人的精神缺陷，或思想、哲学传统的缺陷就能说明的。在许多方面中国人的这一传统较之基督徒的世界观与近代科学要合拍

得多"。① 在他看来，中国科技的落后乃是由于一定的经济社会制度原因造成的。

当代学者中也有继续采用这一思路者。如知名自然科学史专家王渝生也是通过扎实的历史回溯来论证中国文化对于科技发展的促进作用。对于传统文化阻碍科技发展的观点，他反驳说，中国古代在科学技术上取得了巨大的成就，如果说传统文化阻碍了中国古代科技的发展，这种成就又如何能取得呢？进而用详细的史实说明，在中国传统文化中包含着丰富的科学知识、科学精神，对西方的经济发展、社会变革，乃至今天国内外的科学和社会进步都起到了巨大作用。"在知识经济和信息时代，中国传统科技基因，完全可以古为今用，促进当代科技发展和创新，实现中华民族的伟大复兴。"②

第二种论证方式大体上基于经验判断，主要是著名科学家出于长期的科学研究和实践经验，结合对现实的观察提出的对中国文化与科学发展关系的看法。典型的如著名华人物理学家、诺贝尔奖得主杨振宁先生，他在1993年香港大学所做演讲《近代科学进入中国的回顾与前瞻》中认为，一个国家的科技发展需要有四个条件：人才、传统、决心和经济支持。关于传统，他指出：儒家文化注重忠诚，注重家庭人伦关系，注重个人勤奋和忍耐，重视子女教育。这些文化特征曾经，而且将继续培养出一代又一代勤奋而有纪律的青年。……能培养出勤奋而有纪律的青年是中国文化传统的一个特征，同时也是对发展近代科学极有利的一个因素。③ 反过来，他不看好西方文化，特别是当代美国文化，认为其"不幸太不看重纪律，影响了青年教育，产生了严重的社会与经济问题"。

需要说明的是，无论是第一种论证方式，还是第二种论证方式，最终常常落在精神文化要素，如思维方式、价值观等上面。也有的作者直接从这一视角出发，说明中国文化有助于科学发展。例如认为整体论的思维方式有助于克服近代科学中过于强调还原论思维的弊端，符合学科交叉综合的发展趋势；"天人合一"的自然观有助于矫正现代科技发展造成的生态失衡与破坏；崇学重教的传统有助于科技人才的培养等。有学者结合科学未来的发展趋势，认为道家文化对

① 李约瑟. 东西方的科学与社会[M]//刘钝，王扬宗编. 中国科学与科学革命：李约瑟难题及其相关问题研究论著选. 沈阳：辽宁教育出版社，2002：84.
② 王渝生. 传统文化与中国科技发展[N]. 光明日报，2012-5-14-5.
③ 杨振宁. 中国文化与近代科学[J]. 民主与科学，2006(1).

于未来科技方向与发展具有借鉴意义。① 此外，还有学者从历史比较和国际比较的角度来反驳"儒家文化阻碍科学发展"的说法，认为历史上儒家文化兴盛时期(汉、宋)往往同时也是中国古代科技最发达的时期。日本、韩国尊儒传统一直未断，科技也并未落后，这些都不支持儒家文化阻碍科学发展的说法。②

不过，尽管有一些学人和科学家对中国文化之于科技发展的作用持一种"力挺"的态度，但更多的人还是认为中国文化对科学发展具有阻碍作用，甚至呼吁要"正视"这一点，以免落入狭隘的民族主义窠臼。

2. 阻碍作用说

认为中国文化阻碍科学发展的观念由来已久，一些现代史上知名的学者文人就曾提出过这样的看法。如林语堂就认为国人的心性特点不适于自然科学的发展。他的观点归纳起来大概有两个方面：一方面是国人所追求的学问与欧美学人追求的学问不同。欧美学人追求的学问是专门化的，且往往出于求真的目的；国人追求的学问则是笼统的，且往往目的在实用。他在《吾国与吾民》中讲道："尊敬智识阶层已成为中国文明之出类拔萃的特性。但这尊重学问的意义又与西方通常的解释略有不同。因为像许多中国学者终身孜孜不倦以专注于其笼统的所谓学问，欧美学者像几位大学教授乃聚精会神以研究某一特殊的专门科目，其治学精神有时几等于病态的矜夸与职业的嫉妒，故所予人之印象远较为深刻。中国人之尊敬学者，基于另一不同之概念，因为他们尊敬学者的那种学问能增进其切合实用之智慧，增进其了解世故之常识，增进其临生死大节严重关头之判断力，这一种学者所受的尊敬至少在学理上是从真实的价值得来的。"

另一方面则是方法的不同。"中国人的思考方法是综合的、具体的而且惯用俗语的。……中国人解释宇宙之神秘，大部依赖其直觉。"③而希腊人、埃及人拥有一个分析的心灵。而且，"因为科学方法除了分析外，常包含愚拙而顽强的苦役的钻研。有许多呆笨苦役里头，包含着一部分真实的科学功绩。只行真实的科学训练，能使科学家乐于研究细微事物如蚯蚓之类。科学之逐渐发展达于今

---

① 金吾伦. 道家文化与当代科技发展[J]. 哲学研究，1998(增刊).
② 王蒲生. 儒家阻碍了科技发展？[J]. 百科知识，2005(6).
③ 林语堂. 吾国与吾民[M]. 黄嘉德译. 西安：陕西师范大学出版社，2008：121.

日灿烂光辉的阶段,也自此等细小的发现积累而来。而中国人则信赖普通感性与内省的微妙之旨,疏于分析。同时缺乏这种科学眼光,轻视研究蚯蚓或金鱼生活之努力,觉得此等事,读书人不屑为之云。"①

另一位著名学者梁漱溟在谈论中国文化的时候,则区别了中国与西洋之理的不同。他说中国人的"理"是指情理,如父慈子孝公平信实等;西洋的"理"多是数理论理和自然科学社会科学之理。情理存于主观,物理属于客观。人类所以能明白许多情理,由于理性;人类所以能明白许多物理,由于理智。② 虽未明言中国文化与科学发展之关系,但其说法与指称中国的伦理型文化不利于科学发展的观点暗合。

林、梁二人的观点在当代对中国文化与科技发展关系的探讨中亦有回响。注重经世致用的实用思想不利于深入的学理探讨,整体直观的思维方式不利于分析实证,伦理型文化关注长幼尊卑,压抑创新批判,时至今日也依然是批评中国文化不利于科学发展的重要着眼点,也使得当代学者可以在此基础上加以更为全面的分析。如有学者从基本观念、价值追求、思维方式、行为习惯等方面对中国传统文化中为何缺少产生科学的文化基因进行了逐一分析。③ 首先是主张"天人合一"的世界观难以把自然界对象化为认识对象,难以培养对自然知识的态度和兴趣;其次注重向内探求,关注人伦,将完善自我作为获得自由的途径,导致很少有人关注自然科学;再次,思维上以整体性、直观性和模糊性见长,文化中缺乏严格的推理形式和抽象的理论探讨;复次,行为习惯方面重读书、轻动手,重思考、轻实证,重继承、轻创新。从这样的分析中,可看到前人的影子,也可见到新的挖掘与综合。

3. 双重作用说

比较有趣的是,中国文化对于科学发展具有促进作用还是阻碍作用有时并不像我们在前面的梳理中所说的那样泾渭分明。有时甚至对于同一要素,也有截然相反的两种看法。例如,重视礼教(指规则教育)、师道尊严,有人就认为妨碍了孩子的自由发展、批判创造;而有的人则认为对于建立家长和教师的权威,

① 林语堂. 吾国与吾民[M]. 黄嘉德译. 西安:陕西师范大学出版社,2008:127-128.
② 梁漱溟. 中国文化问题[M]//梁漱溟. 我们如何拯救过去——梁漱溟谈中国文化. 南京:江苏文艺出版社,2013:7.
③ 马勇军,张笑梅. 中国传统文化与科学教育的互动研究[M]. 北京:光明日报出版社,2013:64-70.

从而使得教育发挥作用是非常重要的。① 大概正因如此，一些学者提出了有关中国文化与科学发展的第三种观点，认为中国文化对科学发展既有积极作用，也有消极作用；或者说中国文化中的有些因素对科学发展有积极作用，有些则有消极作用。

例如有学者（林坚、马建波，2006）指出，"中国传统文化中既有丰富的科学精神，又有与现代科技精神相背离的一面。"传统文化中有机自然观的世界观、整体性的思维方式，丰富的"自然国学"等，都有利于科学克服自身弊端，为未来新的科学知识系统的建立提供源泉、灵感；而重人伦轻自然、重人文轻科技的学术倾向，传统思维方式和文化观念的粗糙性和封闭性，中庸取向的价值观和保守倾向，重群体、礼教，轻个体的特点等，都对科学发展有消极影响。② "西方文化中缺少一种统一性、整体性的文化基质，而这正是中国文化中固有的东西"，而且与系统科学、复杂性科学等科学的新发展是相契合的。"传统文化在帮助人类认识民族传统的同时，也为人类发展新文化提供了丰富的源泉和充足的动力"。③

（二）对中国文化与科学发展和科学家成长关系的进一步讨论

通过对已有观点的梳理，我们大致可以看到当前对于中国文化与科学发展问题认识之概况。从合理性看，我们认为双重作用说较为辩证，从事实出发也更为客观。一味否定中国文化对于科学发展曾起过积极作用，的确无法解释一些已成定论的历史事实；而丝毫不承认中国文化对于科学发展的阻碍作用，恐怕也要面对中国为何在近代科学发展中落伍的现实。进行这样的讨论固然是为了澄清事实，但更为重要的是，其结论对于我们未来文化路径的选择有着重要的意义。倘若中国文化对于科学发展的意义全为消极，那么出于当代科学进步对社会发展之重要性的考虑，我们应当对中国文化进行全盘清理；如果全为积极，则又会得出相反的路径选择。无论哪一个，都不符合文化自身的特点和发展的逻辑。

除了更为辩证地看待中国文化与科学的关系，我们认为还应增加长时段的历史视角及历史与未来结合的思路，也就是不局限于对某一阶段状况的考察，仅

---

① 黄鹤升. 欧洲华人家庭教育与中国传统文化［EB/OL］.［2015 - 03 - 12］. http://www. huanghesheng. org/wenzhang/15-2013-11-12-16-31-45. html.
② 林坚，马建波. 论中国文化传统对科技发展的双重作用［J］. 自然辩证法研究，2006(11).
③ 同上。

仅通过对这个阶段情况的分析就得出普遍性的结论。这类似于有学者提到的用"变焦镜头"从不同尺度、不同层面看历史,而不是对准历史上某一时期的某些事件,以一种焦距观察得出结论。① 以这种眼光来看中国文化与科学发展的关系,我们认为,对中国文化与科学发展的关系不能一概而论。其中有自始至终都有利于科学发展的因素;也有在一定历史时期发挥积极作用,而在其他历史时期则产生了消极作用的因素;还有一些要素却是一直具有消极作用的。自始至终都发挥积极作用的因素,如崇文重教;以消极作用为主的因素,如过于尊崇权威;在一定历史时期发挥积极作用,而在其他历史时期则产生了消极作用的因素,如整体性的思维方式,在以分析思维为主要基底的近代科学发展的过程中,的确对中国科学的发展有负面作用,但是随着科学的交叉化综合化发展阶段的来临,却可能对科学发展产生积极影响。又如天人合一的思想,在科学不发达的时期,可能由于倡导遵循自然,而不是能动地改造自然,阻碍科技的发展;但在科技发展后对自然造成破坏的时候,却能够对环境保护,生态改善有所助益。这大概也是一些西方科学家特别看好中国传统对于未来之意义的原因吧。

二、从华人高被引科学家的成长看中国文化与科学发展

结合华人高被引科学家们对自身成长经历的描述,以及他们的相关言论,可以帮助我们从一个侧面审视中国文化与科学发展的关系。作为华人科学精英的特殊身份使得这种审视具有一定的代表性和说服力。

总体来看,华人高被引科学家们对中国文化之于科学发展的作用,评价积极正面与消极负面的兼而有之。如陈省身认为,一个中国数学家不可以没有中华文化的涵养,他的数学研究深受道家"无为"观点的影响。丘成桐的中国古典文学功底相当深厚,熟读《史记》,博览诗词,有一般数学家难以企及的文采和境界。② 但也有负面评价,相对而言,前者更多一些。

(一) 华人高被引科学家对中国文化的积极评述

1. 对文化中师生伦理关系作用的积极评述

师生关系是中国文化中最为重要的人伦关系。古代文化中不仅有板着面孔

① 刘华杰. 谈文化传统对科学的影响——简评席泽宗院士的一个观点[EB/OL]. [1999 - 12 - 07][2015 - 03 - 12]. http://shc2000. sjtu. edu. cn/030104/tanwen. htm.
② 张莉. 华人数学家陈省身与丘成桐比较谈[J]. 山西大学学报(哲学社会科学版),2008(2).

的师道尊严论，还有充满情谊的师友关系论，更有互促共进的师生交相成论。这一点被一些科学家认为与自己的成长有非常密切的关系。弗吉尼亚理工学院李泽元教授说："一个人做人做事，最重要的是态度。我能取得一定的成功，与我生长的环境、背景和遇到的老师都息息相关。"李泽元表示，导师从技术和做人做事的态度上，都给了他很多启示，他们现在仍是好朋友。"这其实也是中华文化的影响，一日为师，终身为父。"①如果说李泽元是从学生的角度描述师生关系，吴建福则是从为师之道出发来思考的。在吴建福看来，在中国的文化中，做一个尽职的老师远比西方文化所要求的高得多。他不主张美国式的师生关系，相反，儒家的师生关系更有利于扶助人才成长。他认为，老师与学生之间的"缘分"不应该随着论文的完成而终结。尽管"一日为师，终身为父"的做法已经不切合当代的现实，但这种"终身"的师生关系却是可取的。老师可以利用学术长者与先行者的资源与经验，长期辅助学生，帮助他们攀登学术高峰。吴建福自己就与大多数学生保持着终身交往，在他们需要时施以援手。在他的扶持下，他的学生中有 13 位取得了会士（fellow）的荣誉，登上了学术高峰。②

2. 对文化中理想人格的积极评述

中国文化对于理想人格的塑造向来极为注重。勤奋刻苦、温良平和、达观克己等人格特质是中国文化传统一直倡导的理想人格特质，为华人高被引科学家们所继承，并对他们的工作风格、人生态度产生了很大影响。"理直气和，义正辞婉"这八字箴言一直被赖明诏院士奉为人生的座右铭。范剑青认为，正是因为自己身上"流着中华的血"，促使他刻苦努力、拼搏不止，才使他获得国际统计学大奖（更准确地说，应该是移民身份带来的危机感）。何大一的父亲为儿子取的名字实际源自老庄哲学，即"其大无外谓之大一"。他教导大一也是无为而治。当何大一开始从事针对艾滋病的药物学研究时，他的内向性格逐渐改变，他变得很开朗，而且惊人的豁达。当他的同事因为工作发脾气时，何大一会很有礼貌地用中国古代的哲学家们的格言，对他的同事提出忠告。他崇尚老庄哲学。老子的哲学提到最多的就是"以柔克刚"。回顾自己在美国的成长经历时说："一个人来到了他的新世界，我们要在这块土地上开辟新的道路，在这里，人们应该用自

---

① 陈一鸣，彭立.美国华裔院士谈成功之道：融合、创新[N].人民日报，2011-02-14.
② 洪蔚.专访美国工程院院士吴建福：大学者有所为，有所不为[N].科学时报，2011-01-27.

己的劳动,换取高水平的生活,并用美德来维护社会的伦理道德。……一个人应该保持一点在竞争中处于劣势的心理状态,只要他工作勤奋,并能埋头苦干,经过一段时间的努力,处于劣势的人也一样会有他们的出头之日。"①吴建福曾提出了一个"德"贯中西的思想。他认为,对于中国科学家来说,我国自己的文化土壤也提供了优秀的精神滋养。例如,来自儒家的"修身"理想,在目前国内考评体系不佳的状况下,有利于科研人员进行自身调节。吴建福说,儒家思想要求人不能仅依赖于外在世界的评价标准,更要注重个人内心的价值尺度,并以此来规范自己的行为。②

3. 对思维方式的积极评述

中国传统思维方式尽管可能确有阻碍近代科学产生与发展的一面,但如果从长时段的历史出发,或从历史与现实结合的角度来审视,却未必全无是处。例如多次提及的整体性思维,对于以分析思维为主的近代科学发展可能具有消极作用,但在科学发展日臻注重系统、复杂性思维的今天就有了重要的借鉴意义。何志明告诉记者,科学家的研究工作到了一定高度,便会更多地受到哲学、艺术和本人文化背景的影响。由于受到中华文化的影响,每当自己的研究取得突破时,给他带来灵感的往往不是方程式,而是身心中积淀的文化元素。"举个例子说,我研究的纳米只有 1 米的十亿分之一那么长,从事纳米研究没有整体思维是不行的。中国文化向来不是单看一个点,而是整体论,这种文化积淀对我的研究很有助益。"③

4. 对良好教育传统的积极评述

中国有着优良的教育传统,崇文重教的风气千古流传。在中国人看来,读书受教有时甚至比吃饭穿衣还重要。正是这一传统,对一些虽出身贫寒但终成大器的华人高被引科学家助益良多。中华文化对于教育不仅仅是重视,而且还拥有高超的教育艺术。从华人高被引科学家的成长历程看,很多人都既拥有较自由的成长环境,同时又对自己的父辈十分尊重。不过这种尊重更多地是依靠父辈的率先垂范,而不是声色俱厉得到的,即所谓"身教重于言教"。例如何大一的父亲本身即孜孜不倦于追求知识,其言传身教的效果极佳恐怕与此不无关系。

---

① 钮海燕.96《时代》周刊的风云人物——何大一[J]. 国际人才交流,1997(3).

② 洪蔚. 专访美国工程院院士吴建福：大学者有所为,有所不为[N]. 科学时报,2011-01-27.

③ 陈一鸣,彭立. 美国华裔院士谈成功之道：融合、创新[N]. 人民日报,2011-02-14.

反观现实中的一些家庭教育，父母对孩子提出的要求，很多他们自己都没有做到，又如何能树立起真正的权威？其次，所谓的管教与自由发展之间恐怕也不是对立关系。宽严有度、相互结合可能才是最好状态。倘若能够以身示范加以"管教"，辅以提供充分的自由发展空间，对孩子的成长应该是较好的支持。在这方面，李远哲的父亲就是一个很好的例子。

（二）华人高被引科学家对中国文化的消极评述

1. 容易依从权威

丘成桐通过观察中国数学的发展史发现，中国学者过于遵循前辈开创的道路。以中国古代杰出的数学家刘徽为例，他花费毕生精力研读古算书《九章算术》，以这种方式取得了突出的数学成就，但这毕竟不同于创造尖端科学的原创研究。① 此外，这种思想还与师生伦理关系有关。前已述及，中国文化中的师生关系具有丰富的内涵，但如果不能全面把握，只取其一端，特别是僵化的师道尊严，则容易产生依从权威，放弃独立思考的结果。在丘成桐看来，中国的教育和研究系统与美国正相反。他在香港中文大学读书时，一位来自美国普林斯顿大学的教师布罗迪有一套独特的教学法令年轻学子印象深刻。他找来一本高深的数学著作，要求学生在书中找寻错误，并提出改正方法。通过此举告诫学生不要盲从权威，对书本采取存疑的态度，培养独立思考的精神。② 而中国做学问的方式仍是典型的师徒制，师傅越老越好。他认为这种观点非常错误，反而主张资深学者多与年轻人切磋学问，互相激励。③

2. 较为封闭保守

中国文化相对封闭保守，对于开放、合作等现代科学社区倡导的互动方式往往不易做出主动适应。刘太平在与数学研究所的两位同行对话过程中谈到，在欧美，研究是一种生活方式，做好的研究是一件可遇不可求的事，受到个人、环境等因素的综合影响。在中国台湾则太强调以成败论英雄，无法互相欣赏，就会妨碍整个学术生态。做研究不应该关起门来。"我有一些感慨，在美国大家讨论数

① 丘成桐.中国与印度数学的过去、现在和未来[M]//丘成桐等编.数学与人文（第一辑）：数学与人文.北京：高等教育出版社,2010：36.

② 丘成桐主编.数学与生活[M].杭州：浙江大学出版社,2007：8-9.

③ 丘成桐.中国科学院面临的挑战[M]//丘成桐等编.数学与人文（第九辑）：回望数学.北京：高等教育出版社,2013：13.

学时,态度直接单纯。他只想理解你讲的东西,没有别的缘故。在中国台湾有兴趣谈某人解决了一个问题,得了什么奖项,但对于这个问题却谈得比较少。……我们办公室的门常是关闭的,不想有人打扰。"另一位教授回应:"我想开门可能跟文化背景有关,我们东方认为重要的或是严肃的东西一定要关着门做。"①丘成桐在评论中西基础教育的特点时认为,中国学生往往以考试成绩作为评价自我的标准,这也是家长和社会的期望。而美国学生好奇、好发问,愿意走一条前人未走过的路,最终实现创新。这有文化背景的差异,也是从小学到大学刻意教育培养的结果。②

(三) 提倡中西文化结合

华人高被引科学家们多兼有中、西教育和工作经历,对两种文化的切身体验使得他们往往能对如何处理两者的关系作出更为准确的判断。不少科学家认为应注意将两种文化结合起来,相互取长补短。2010 年当选美国工程院院士的加州大学伯克利分校教授张翔认为,中国文化讲究对学问的追求,中国人还有着勤劳、钻研和刻苦的精神。尽管西方对系统性的研究要早一些,但中华文化本身更具有系统性和全局眼光。"融合两种文化之所长,会有很好的效果。"③何志明通过自身对中西教育的亲身体验,指出东方教育可以训练出很好的工程师,但不易培养出顶尖的高级工程人才。"我实验室里来自中国、美国和欧洲的学生各占1/3,中国学生知识最丰富,美国学生最有想象力。""像中国这样的大国,需要各种类型的人才,但更需要顶尖人才。中国的教育应当在保持自身优势的同时,吸取其他国家的长处。"④这与人文学者们的观点可谓不谋而合。如叶秀山认为,古希腊文化以科学理论的态度探讨"自然"和"人",但由于自然与人文之间的内在矛盾,使得人文逐渐从科学中分离出来。中国则相反,人文的传统大于科学。因而两者面临的任务不同,但又有一定的互补性。"西方人要把在'科学'束缚下的'人文精神'释放出来,中国人则要把在'人文精神'笼罩下的'科学'发扬出来。"⑤或许未来的论题将不再是单一的文化对科学发展的作用问题,而是如何

---

① 谢天长录.专访刘太平院士[J].数学传播(中国台湾),2000,24(3).
② 黄泽林.丘成桐传——数学王国的一代天骄[M].南京:江苏人民出版社,2014:173.
③ 陈一鸣,彭立.美国华裔院士谈成功之道:融合、创新[N].人民日报,2011-02-14.
④ 陈一鸣,彭立.美国华裔院士谈成功之道:融合、创新[N].人民日报,2011-02-14.
⑤ 叶秀山.中国文化与科技发展[J].哲学研究,1994(4).

整合不同文化以有利于科学发展，这可能是一个更富有建设性的问题。

三、创新文化、文化创新与科学发展

越来越多的研究支持科学与文化的密切关系。有研究者对历史上科学中心和文化中心的国家分布及其对应时期进行了计量分析，发现"从总体上讲，世界文化中心与世界科学中心在同一国家几乎是伴生的，即同时出现或前后相随，孤立出现的科学中心或文化中心则较少，且其兴隆期不超过 30 年"[①]。但如果要弄清科学与文化之间的作用机制，甚至哪些文化特质有利于科学发展，可能还需要更多的研究和探讨，也要考虑更多的因素。文化因素虽然重要，但绝不可能是唯一的影响因素。

随着对文化发展之于科学发展重要性认识的提高，对于加强文化建设以促进科学发展的呼声也越来越高。诚然，"文化是培育科学技术进步的母体，是促进科学技术发展的土壤；文化从世界观、价值观、思维方式、行为规范等方面影响着一个国家科学技术的发展"，[②]但这更多地是从文化对于科学发展的制约作用这一角度描述的。前述无论是中国文化对科学发展的促进作用，还是阻碍作用，体现的也都是文化对科学发展的影响。但科学发展并不只是被动接受文化的影响，其本身亦具有促进文化发展的作用。吕乃基分别以科学和文化为基点，探讨了科学对文化的诱导效应以及文化对科学的制约效应、引导效应和中性效应。[③] 林坚、马建波也指出了科学精神对传统文化价值所具有的破坏断裂效应、诱导重建效应和平衡融合效应。[④]

科学发展不仅受制于文化，对文化亦有促进作用，在各个历史时期均如此。究其原因，科技改变生活，而文化又总是和一定的生活方式相关的，因此科技的变化会对文化产生影响。因此我们在呼吁建立创新文化，促进科学发展的同时，不可忽视创新文化的发展本身就是个文化创新的过程。科学发展并非仅仅依赖于这一过程，自身也可为这一过程贡献力量。而在这个过程中，科学家们（当然

① 冯烨，梁立明. 世界科学中心转移与文化中心分布的相关性分析[J]. 科技管理研究, 2006(2).

② 王学健. 中国科协学术沙龙：中国科技专家需要什么样的文化基础[A]. 中国科学技术协会. 新观点新学说学术沙龙文集11：我国科技发展的文化基础[C]. 北京, 2007 – 07 – 13.

③ 吕乃基. 科学对文化的破坏效应和诱导效应[J]. 自然辩证法研究, 1994(2)；吕乃基. 文化对科学的制约与引导[J]. 江苏社会科学, 1995(3).

④ 林坚，马建波. 论中国文化传统对科技发展的双重作用[J]. 自然辩证法研究, 2006(11).

也包括华人精英科学家)可以通过自己的研究,以及参与社会活动等方式推动文化创新,反哺科学发展,使之形成良性循环。

　　具体而言,科学家们除了通过做出科学发现来影响文化发展,还可以通过参与社会活动对文化发展做出贡献,在华人高被引科学家中就不乏这样的例子。如美国顶尖大学的首位华裔校长田长霖,通过自身的不懈奋斗,冲破了美国社会笼罩在亚裔头顶的“玻璃天花板”。他不仅在加州大学伯克利分校校长任内努力推动平权政策,致力于构建一个多元而卓越的校园文化。辞职后还曾出任美国科学技术委员会委员、美国亚洲基金会主席等重要职务,积极为美国社会的华裔群体发声,为东西方文化交流做出了巨大贡献。[①] 既从事科学研究,又积极推动文化建设,这或许正是时代赋予科学家们的新使命,其中可能也孕育着“人文科学家”的崭新形象。

---

① 张克荣.田长霖:做事要极端,做人要中庸[J].新闻周刊,2002(35).

结　语

　　作为身处科学舞台中心的明星人物，无论是理论界还是社会公众，对于科学精英的兴趣一直有增无减。但科学事业本身漫长、艰辛的历程与科学家整体的低调性，使得已有研究对诺贝尔自然科学奖得主和国家科学院院士群体之外的其他精英科学家关注不足。本研究通过对近年来迅速崛起的华人高被引科学家成长经历的管窥，试图发现华人高被引科学家成长过程的特征及其影响因素，以对未来高层次科学人才的选拔、培养和使用提供一定的研究依据。

一、本研究的发现

　　本研究采用量化研究与质性研究相结合的方法，一方面基于华人高被引科学家的学术简历、SCI 期刊论文历年发表数据、高被引论文及发表期刊的文献计量学特征等信息建立起"华人高被引科学家的个人特征数据库""华人高被引科学家的 SCI 期刊论文数据库""华人高被引科学家的高被引论文数据库"和"华人高被引科学家的高被引论文发表刊物数据库"四个数据库，运用 SPSS 软件进行统计分析；另一方面通过网络和纸质媒介搜集了样本的传记、访谈、演讲与座谈记录等超过 20 万字中英文质性材料，对其进行编码分析与类属分析。在此基础上，围绕华人高被引科学家的成长过程特征及影响因素展开了探索性研究，对提出的六项研究假设分别进行了检验。主要发现如下：

　　（1）华人高被引科学家的论文产出力总体表现稳定，发表数量呈现一个持续相当长高产时间的梯形曲线，且存在多个出版高峰。具体而言，① 他们在职业生涯早期（专业年龄 0—6 岁）即已表现出卓越的科研潜质，相比普通科学家发表了明显更多的 SCI 论文,且师生合作是他们在职业生涯早期比较常见的合作类型。这一点与以往对西方科学精英(如诺奖得主)的研究结论一致,也就是说"早期发表优势具有信号效应"这一规律再一次在华人高被引群体身上得到了印证。

② 华人高被引学者的 SCI 论文发表均值不仅显著高于普通科学家,在整个国际高被引群体中亦表现不俗。不过,他们的论文产出力存在比较显著的学科差异,优势学科包括数学、工程学、材料科学和计算机科学,生物学相关专业表现欠佳(但在 2014 版之后的高被引科学家名录中,生物学领域出现了一批杰出的中国学者)。推测这种学科表现的差别主要是由我国早年学科发展的基础所决定的。生物科学虽然近几十年发展势头迅猛,但在 20 世纪 80 年代以前,由于国内硬件设施和人才资源都非常欠缺,属于我国基础薄弱的学科。

③ 华人高被引学者职业生涯前段的论文发表量一般是稳步上升的。总体看,首个明显的发表高峰通常在博士毕业后 10 年前后到来,此时大多数研究对象已晋升为正教授,但依旧毫不松懈;而拥有大约 20 年科研从业经验的科学家是开始处于多产期,且表现最稳定的群体。有的老年科学家更是后劲惊人,甚至在专业年龄 40 岁以上还会迎来发表爆发期。应当说,华人高被引科学家的发表曲线在早期与普通科学家表现并无本质性差别,特殊之处在于晚年依旧能够保持持续的高发表状态。分析认为,这种科学界"莫道桑榆晚,为霞尚满天"的现象一方面是源于科学家个体对学术追求的坚持和超过常人的辛苦付出,另一方面不能排除精英学者到了晚年享受到"马太效应"带来的累积优势的影响。

④ 华人高被引青年科学家(专业年龄 23 岁以内)与中老年科学家(专业年龄 23 岁及以上)在论文产出力方面表现出显著的代际差异。青年组科学家的论文出版数量显著高于中老年组前辈,且这种遥遥领先的优势几乎贯穿在他们迄今为止学术生涯的所有阶段。这一点应当是受"世代效应"的影响:不同历史时期科学家的受教育经历、学科发展的重点、科学界的竞争强度等等都存在差别,而这些因素也间接影响到同时期科学家的研究表现。

(2) 华人高被引群体的优质研究成果(本研究中主要指高被引论文)多出现在职业生涯的中后段,且呈现明显的多高峰特征。这符合既有研究对科学家做出重要发现的年龄在推后的判断。科学家的成长需要一定的积累时间,而且随着时代的发展,他们做出突破性发现的难度在增加。因而,挖掘当代资深学者的创新能力不容忽视。这些高被引论文多数是原创性研究成果。我们认为，华人高被引学者在步入学术生涯的成熟阶段后，职业抗风险能力显著提升，也不再有职称晋升的压力，可以承担一些失败率更高的原创性研究课题。因此，根据本研究的发现，将创新性研究寄希望于"初生牛犊不怕虎"的青年科学家，在当今的科学界恐怕是不适用的。

经统计，华人高被引科学家的高被引论文主要发表在欧美高影响力的知名刊物上，表现出明显的"期刊集聚特点"。这也符合当前欧美科学中心地位的现实，该群体高被引论文的发表模式可总结为两种：①"受欢迎作者＋知名期刊"的强强联合模式；②"受欢迎作者＋普通期刊"的带动提升模式。前一种取向的原因可归纳为，在知名刊物上发表论文虽然难度更大，但可能获得更广泛的关注度、更大的引用机会和随之而来的各种奖励。而且一旦成功，特别是如果获得了良好的反响，科学家在此刊物上再次发表的概率会更大，这也是"马太效应"的体现。而后一种模式相对特殊一些，需要具体到科学家本人来进行解释（详见本书相关章节），但这种现象又是确实存在的。

不过，与我们先前的预测不同，仅有很少一部分高被引论文发表在本领域超高影响因子的顶尖期刊上。即便在各专业内部，高被引论文对应刊物的计量指标（影响因子与特征因子）的离散度依然很明显。其中，发表于本领域排名前10%的专业期刊上的高被引论文数约占高被引论文总数的一半，甚至有超过1/4的高被引论文所对应的期刊分布在 Q2、Q3 和 Q4 区。基于以上结论，我们认为有必要对当前国内研究机构在人才延聘、职阶晋升和发表奖励环节越来越明显的"影响因子崇拜式"科研政策做出反思和调整。

（3）华人高被引群体获得专业认可的速度和声望远高于普通科学家。主要表现在他们的职阶晋升速度明显更快，当选院士的平均年龄小于主要国家或地区院士当选时的平均年龄。且当选院士时，多数高被引科学家实际上正处于优质成果产出期的中间时段。也就是说，大多数学者在获得院士称号后仍然有一段高质量论文频出的事业黄金期。总体来看，他们基本上都是所在专业领域科研奖励系统的优胜者，曾经获得过国内外各种重量级科学奖项，这也从侧面验证了默顿关于科研奖励系统与学术产出良性互动的观点，证明了当前的科学奖励系统大致处于良性运行的状态。

质性材料的分析结果表明，个人特征、"重要他人"和组织环境三个维度的诸多因素都对华人高被引科学家的成长产生了重要影响。

　　（4）个人特征包括科学家的年龄、性别、家庭出身、勤奋与兴趣、志向与理想以及专业眼光等因素。其中，通过年龄可回溯华人高被引科学家同期群成长的时代特征，为世代效应的分析找到了依据；性别失衡无疑是科学界普遍存在的问题，有理由认为，这是"劣势累积效应"在女性科学家身上的体现；占有更多文化资本的家庭对于子女的职业选择和科学道路助益颇多，但华人族群千百年来重视教育的传统使得来自普通家庭的华人高被引科学家亦不在少数；勤奋与兴趣、志向与理想也许是所有事业取得成功的前提，但在华人高被引科学家身上表现尤为突出；精准敏锐的专业眼光是科学家成为顶尖人才的关键，跨学科的训练有助于形成这种宝贵的素质。

　　（5）"重要他人"包括所有教育阶段的老师、科研合作伙伴、亲属等。师承关系无疑是影响科学家成长的关键因素之一。基础教育阶段的老师激励鼓舞了科学家在早年就形成了对某些科学门类的兴趣；本硕阶段的老师不少都成为了华人高被引科学家事业的"伯乐"，得其大力举荐才能获得进一步深造的机会；多数华人高被引学者在博士阶段师从本领域的知名学者，这种师承关系对科学家研究方向的确立、治学方法的习得、研究习惯的培养等均产生过深远的影响。而亲属通过直接与间接两种途径，对华人高被引科学家在道路选择、经验传递、鼓励支持等方面进行了综合性指引，对他们的个性品质、工作习惯等产生了重要影响。

　　在"大科学时代"，科学研究已成为一项团队合作事业。统计发现，华人高被引科学家最有影响力的论文多数都是 2～3 人小范围合作或者 5 人以上大规模合作的成果，跨国合作研究未能占据主导，且研究对象选择华人同行合作的现象比较普遍。师生合作、亲缘合作和同侪合作是该群体代表性研究成果的三种主导合作模式。华人高被引科学家之间开展合作需要具备一定的条件，除了专业方面的需求外，还取决于个性方面的契合度与私人交往是否融洽。对合作伙伴的关注也引发了我们对普通科学家群体的思考，毕竟科研政策的设置不能仅仅指向科学界金字塔顶端的精英科学家，他们与广大普通科学家是一种共生关系。如果没有娴熟的研究助手，精英科学家绝无法单枪匹马实现自己的科研抱负，因此关注其他同侪的发展同样重要。

　　（6）组织环境与个体因素交互影响着科学家的发展。本研究从接受高等教育的机构、工作机构、实验室环境及专业学会组织四个维度分析了影响华人高被引科学家成长的组织内部环境；再从科学家的职业流动经历着眼分析影响高被引学者的组织外部环境。绝大多数华人高被引科学家目前供职于大学，尤其集中在美国的科研机构。他们都是在国内完成了本科阶段的学习，而后赴美国一流研究型大学接受的博士生教育。海外研究经历基本已成为该群体的必备特征。开放、自由、民主的氛围或组织文化是影响实验室有效运作并最终取得突破性发现的关键因素。此外，华人学会组织通过正式（定期组织专业会议、创办会刊）和非正式途径帮助华人学者之间建立长久稳定的合作关系，创造更多被同行认可的机会，对华人科学家的成长发挥了积极的影响。

职业的高度流动性是成熟的学术劳动力市场的外在表现。绝大多数华人高被引科学家都有过职业流动经历，他们谋得的第一份正式教职多在美国知名研究机构。一般来说，高被引科学家的职业迁移呈现一种平级流动的趋势，也就是从一所高水平研究机构流动至另一所高水平研究机构。适宜的工作环境是影响他们迁移的主要原因。

（7）华人高被引科学家特殊的族裔身份是本研究无法忽视的因素。科学社会学者认为，个体的行为是个人特性与他们所处的更大范围的社会结构与文化的产物。因此，本研究在最后部分从理论上初步论证了中国文化（特别是传统文化）与华人高被引科学家成长之间的双重影响（既有积极影响又有消极影响），以及华人高被引科学家与中国文化发展之间的双向互动（既受文化制约又参与文化创造）关系。

二、本研究的创新点与不足

在本书行将收尾之时回顾整个研究，笔者认为，本研究的创新点可以归纳在研究对象、研究方法和研究架构的选择方面。

第一，从研究对象来看，本书以华人高被引科学家作为华人科学精英的代表，弥补了以往对该群体关注的不足。目前，高被引科学家已成为国际高水平创新成果的主要产出者。对该群体成长历程及影响因素的探索有利于丰富我们对高层次人才成长规律的认识，并为解决我国高科技创新型人才的培养问题提供镜鉴。

第二，从研究方法来看，本研究使用了量化研究与质性研究相结合的方法，综合运用文献计量分析法、传记研究法、个案研究法和文献研究法来对问题展开讨论。特别是笔者根据科学家的发表信息,自行建立了四个数据库,比较完整地呈现了华人高被引科学家的学术发表变化历程。

第三,从研究的整体架构来看,本研究较为系统地探索了影响华人高被引科学家成长的三种因素。既着眼于从科学家的个人素养、重要他人与组织环境三个维度分别进行探讨,又注重了分析三者之间的相互作用。

与此同时笔者也注意到,本研究还存在着无法忽视的遗憾和不足:一方面,本研究的量化数据主要来源于科学家的学术简历和 Web of Science 数据库,质性材料主要来源于公开发表的访谈、传记等资料。尽管笔者在搜集数据的过程中付出了最大的努力,但受制于数据库的建设水平和公开信息的完整性,仍有部分样本的相关数据缺失。另一方面,受到作者时间、精力和已有研究的限制,没能对华人高被引科学家与其他族裔高被引科学家做深入、细致的比较,也是憾事一件。最后,受作者专业背景的局限,对某些科学现象背后的成因分析可能还不够全面深刻。这些都需要在以后的研究中进一步予以完善。

三、反思与展望

对华人高被引科学家成长历程及其影响因素的探索,既有出于满足个人好奇心的渴望,也充满现实需求带来的紧迫感。所谓个人好奇心,来源于科学家作为一种高声望的职业,人们自然而然地想了解"精英科学家是如何炼成的";而现实需求的紧迫感则是在诸多内外部因素作用下,我们迎来了一个人才战略发展的历史契机,表现为我国正由过去单纯的人才外流为主,转变为人才回流或人才环流兼具。如何抓住这个契机,制订科学的政策,营造优越的环境,扭转我国在人才竞争中的不利局面,很可能关系到我国当前的经济结构转型及未来的社会发展。

总体而言,经过改革开放三十余年的努力,我国的科技人才队伍建设取得了重大突破,在科技发展方面也获得了不俗的成就。当前正处在新一轮战略发展的关键窗口,务实的、有充分研究基础的人才政策是打开这一窗口,眺望更美好远景的核心。中国政府近年来一直在加强人才战略研究,致力于完善人才政策,并且越来越注重将两者结合,使政策的制订和调整建立在科学研究的基础之上。不但在国家层面上形成了人事主管部门与相关机构合作,使研究与政策制订相结合的机制;一些地方还依托相关研究单位,成立了专门的人才政策服务与咨询机构。这些显然都是有利于提升人才政策制订水平与实施效果的措施。但与此同时，我们也看到，无论是现有政策的运作效果，还是科技工作者对科研环境的体验，都还存在一些不尽如人意之处，甚至制约了高层次人才的成长及其作用的发挥。解决这些问题没有捷径可走，只能靠进一步加强研究，并以之为基础不断完善相关政策。

在这方面，本书虽然针对的只是精英科学家中的一个小群落，即华人高被引科学家，但因注重了样本的华人身份及其成长经历与大中华文化圈的交集，或许对我们人才政策的制订和调整更具有针对性。从结果来看，本书取得的发现，在验证了部分既有研究结论之外，也的确存在一些与已有经验的矛盾之处。而这些经验的实践应用导致我国现有的人才引进、资助、奖励政策与制度中包含了不符合精英科学家成长规律的内容。例如，华人高被引科学家科研产出（包括优质成果产出）的多高峰特点不支持现有某些科研资助政策对单一年龄的刚性规定；华人高被引科学家优质研究成果发表的期刊分布特点不支持部分机构"紧盯"少数国际顶级期刊的科研奖励政策。此外，华人高被引群体的专业分布特点也要求我们的人才引进政策更多考虑不同学科的实际情况。而华人高被引科学家成长的连续性特点更是提醒我们不能仅仅在培养的某个阶段重视其选拔，而应着眼于更长远的整体规划。

当代科技发展的规模急速膨胀，科学人才层出不穷，但如牛顿、爱因斯坦等天才式的科学巨匠却似乎很久不曾出现了。茨威格在《人类的群星闪耀时》中曾写道："在一个民族内，为了产生一位天才，总是需要有几百万人。一个真正具有世界历史意义的时刻——一个人类的群星闪耀时刻出现以前，必然会有漫长的岁月无谓地流逝。"[①]也许，当前我们正处在这样一段积累等待的时期。幸好，我们还有大批科学天才之外的精英科学家，我们还有对未来的期许。反思已有研究，笔者有一个很深的感受：单一性是创新的大敌，多样性是创新的朋友。正如同有了生物的多样性，自然世界才能斑斓；有了文化的多样性，人类世界才会多彩一样。我们坚信，有了符合精英科学家成长规律的政策的多样性，才可能培育出我国科技人才发展与科技创新的盛世百花园，才可能在华夏大地迎来一个科学群星竞相闪耀的辉煌时代。

---

① ［奥］斯蒂芬·茨威格.人类的群星闪耀时[M].舒昌善译.北京：生活·读书·新知三联书店,2009：序言.

参考文献

1. [法]P. 布尔迪约, J. -C. 帕斯隆. 继承人——大学生与文化[M]. 邢克超, 译. 北京: 商务印书馆, 2002.

2. [法]维克多·埃尔. 文化概念[M]. 康新文等, 译. 上海: 上海人民出版社, 1998.

3. [美]杰里·加斯顿. 科学的社会运行——英美科学界的奖励系统[M]. 顾昕等, 译. 北京: 光明日报出版社, 1988.

4. [美]马丁·诺瓦克, 罗杰·海菲尔德. 超级合作者[M]. 龙志勇, 魏薇, 译. 杭州: 浙江人民出版社, 2013.

5. [美]默顿. 科学社会学[M]. 鲁旭东, 林聚仁, 译. 北京: 商务印书馆, 2010.

6. [美]默顿. 十七世纪英格兰的科学、技术与社会[M]. 范岱年等, 译. 北京: 商务印书馆, 2012.

7. [美]乔纳森·科尔, 斯蒂芬·科尔. 科学界的社会分层[M]. 赵佳苓等, 译. 北京: 华夏出版社, 1989.

8. [美]史蒂文·瓦戈. 社会变迁(第5版)[M]. 王晓黎等, 译. 北京: 北京大学出版社, 2007.

9. [美]托马斯·库恩. 科学革命的结构(第四版)[M]. 金吾伦, 胡新和, 译. 北京: 北京大学出版社, 2012.

10. [美]托尼·比彻, 保罗·特罗勒尔. 学术部落及其领地: 知识探索与学科文化[M]. 北京: 北京大学出版社, 2008.

11. [美]朱克曼. 科学界的精英——美国的诺贝尔奖金获得者[M]. 周叶谦, 冯世则, 译. 北京: 商务印书馆, 1979.

12. [匈]豪尔吉陶伊. 通过斯德哥尔摩之路——诺贝尔奖、科学和科学家[M]. 节艳丽, 译. 上海: 上海世纪出版社, 2007.

13. [英]约翰·齐曼. 元科学导论[M]. 刘珺珺等, 译. 长沙: 湖南人民出版社, 1988.

14. 陈其荣, 廖文武. 科学精英是如何造就的: 从STS的观点看诺贝尔自然科学奖[M]. 上海: 复旦大学出版社, 2011.

15. 陈向明. 质的研究方法与社会科学研究[M]. 北京: 教育科学出版社, 2000.

16. 仇立平. 社会研究方法[M]. 重庆：重庆大学出版社,2008.

17. 方骏,熊贤君. 香港教育史[M]. 长沙：湖南人民出版社,2010.

18. 高嘉社. 科学社会学[M]. 北京：科学出版社,2011.

19. 郭奕玲,沈慧君. 诺贝尔奖的摇篮——卡文迪许实验室[M]. 武汉：武汉出版社,2000.

20. 黄泽林. 丘成桐传——数学王国的一代天骄[M]. 南京：江苏人民出版社,2014.

21. 艾凉凉. 从诺贝尔自然科学奖看现代科研合作——以 2008—2010 年诺贝尔自然科学奖为例[J]. 科技管理研究,2012(10).

22. 艾明要. 国际知名统计学家访谈——专访吴建福(C. F. Jeff Wu)教授[J]. 数理统计与管理,2009(7).

23. 班立勤. 与科学家对话——访哈佛大学医学院袁钧瑛教授[J]. 科学中国人,2001(4).

24. 编辑部. 视野,决定飞翔的高度——与王中林"面对面"谈科研[J]. 物理,2007(1).

25. 曹伟. 青年诺贝尔奖得主科研选题的类型和特点分析[J]. 科技导报,2010(23).

26. 陈巴特尔,黄芳,陈安吉尔. 剑桥大学何以造就科学精英——基于教育生态平衡的研究[J]. 清华大学教育研究,2013(4).

27. 陈九龙,刘琅琅. 从科研主体角度探讨外籍华裔科学家获得诺贝尔奖的缘由[J]. 西安交通大学学报(社会科学版),2010(4).

28. 陈其荣. 诺贝尔自然科学奖与跨学科研究[J]. 上海大学学报(社会科学版),2009(5).

29. 卜晓勇. 中国现代科学精英[D]. 合肥：中国科学技术大学,2007.

30. 段志光. 诺贝尔生理学或医学奖成因研究[D]. 武汉：华中科技大学,2005.

31. 杨丽. 中国女性科学家群体状况研究[D]. 合肥：中国科学技术大学,2010.

32. 于汝霜. 高校教师跨学科交往研究[D]. 上海：华东师范大学,2013.

33. 祁力群. 韶华青春[N]. 光明日报,2002 - 10 - 27.

34. 王渝生. 传统文化与中国科技发展[N]. 光明日报,2012 - 5 - 14 - 5.

35. 向杰. 支志明：精心科研随性人生[N]. 科技日报,2007 - 4 - 18.

36. 林惠珠. 享受数学记镇海籍杰出青年数学家林芳华[N]. 宁波日报,2008 - 01 - 29.

37. 罗倩. 赵东元：搞科研很累,可我就是喜欢[N]. 中国教育报,2008 - 2 - 22.

38. Annette Lykknes et al. For better or for worse? Collaborative couples in the sciences [M]. Basel：Springer Basel AG. 2012.

39. Bruer, J, Cole, J and Zuckerman, H. The outer circle：women in the scientific community[M]. New York：Norton, 1991.

40. Bun, C. K. , Chiang, S. N. Stepping out：the making of Chinese entrepreneurs [M]. Singapore：Prentice Hall,1994.

41. Cao,Cong. China's scientific elite[M]. New York：RoutledgeCurzon, 2004.

42. Dix, Linda S. Women：their underrepresentation and career differentials in science and engineering[M]. Washington,DC：National Academy Press, 1987.

43. Dutton, J E. The impact of inbreeding and immobility on the professional role and scholarly performance of academic scientists[M]. Washington D. C. ：National Science Foundation. RANN Program, 1980.

44. Einstein, A. The world as I see it(English translation)[M]. US：Carol Publishing Group, 1999.

45. Keeves, J P. Educational research, methodology, and measurement: an international handbook[M]. Adelaide: Pergamon, 1997.

46. Lehman, Harvey C. Age and achievement[M]. Princeton, N J: Princeton University Press, 1953.

47. Maehr, P and Steinkamp, M W. Advances in motivation and achievement [M]. Greenwich: JAI Press, 1984.

48. Alberts, B, Fulton, K. Election to the National Academy of Sciences: pathways to membership[J]. Proceedings of the National Academy Sciences of the USA. 2005,102 (21): 7405 – 7406.

49. Allison, Paul D. and Stewart, John A. Productivity differences among scientists: evidence for accumulative advantage[J]. American Sociological Review, 1974,39(4): 596 – 606.

50. Altbach,Philip G. The Asian higher education century? [J]. International Higher Education, 2010,59: 3 – 5.

51. Baldwin, Roger G. and Blackburn, Robert T. The academic career as a developmental process: implication for higher education[J]. The Journal of Higher Education, 1981,52 (6): 598 – 614.

索引